U0275036

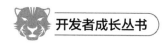
开发者成长丛书

Chrome浏览器插件开发

微课视频版

乔 凯◎编著

清华大学出版社
北京

内 容 简 介

本书是一本全面深入介绍浏览器插件开发的教程,旨在帮助读者理解并掌握创建功能强大的浏览器插件的技术和方法。本书不仅详细介绍了插件开发的理论知识,还提供了丰富的实战代码,使读者能够通过实际操作来巩固和提升技能。

全书共 12 章。第 1~3 章为背景与理论介绍,包括浏览器发展背景介绍、Chrome 浏览器插件基础,以及对 Manifest 新特性的介绍,如 Service Worker、DeclarativeNetRequest API、Promise 等。第 4~11 章则是每个知识点的分章节介绍,包括插件的基本架构、权限详解、弹出界面与配置界面详解、内容组件详解、Background 脚本详解、扩展与浏览器 API 详解、网络通信等内容,每章都配有对应的实战代码,使理论知识得到实际应用。第 12 章是项目实战,通过完整的项目案例,帮助读者快速上手,将前面学习的知识融会贯通。

本书的特色在于理论与实战并重的教学方式。每章的理论介绍都配备了对应的实战代码,使读者可以在理解原理的同时,通过编写和测试代码来提升技能。这种强调实践的方法,使本书成为那些希望快速上手浏览器插件开发的读者的理想选择。无论你是初学者,还是有一定基础想要进一步提升的开发者都能从本书中获益。

本书适合希望扩展浏览器功能的开发者、对 Web 或者浏览器插件技术感兴趣的技术爱好者,以及计划开发商业插件的企业团队阅读。

版权所有,侵权必究。举报: 010-62782989, beiqinquan@tup.tsinghua.edu.cn。

图书在版编目(CIP)数据

Chrome 浏览器插件开发:微课视频版 / 乔凯编著. --北京:清华大学出版社,2025. 2. --(开发者成长丛书). -- ISBN 978-7-302-68307-0

Ⅰ. TP393.092

中国国家版本馆 CIP 数据核字第 2025B32L09 号

责任编辑: 赵佳霓
封面设计: 刘 键
责任校对: 郝美丽
责任印制: 刘海龙

出版发行: 清华大学出版社
　　　网　　址:https://www.tup.com.cn,https://www.wqxuetang.com
　　　地　　址:北京清华大学学研大厦 A 座　　　邮　　编:100084
　　　社 总 机:010-83470000　　　邮　　购:010-62786544
　　　投稿与读者服务:010-62776969,c-service@tup.tsinghua.edu.cn
　　　质量反馈:010-62772015,zhiliang@tup.tsinghua.edu.cn
　　　课件下载:https://www.tup.com.cn,010-83470236
印 装 者: 三河市天利华印刷装订有限公司
经　　销: 全国新华书店
开　　本: 186mm×240mm　　　**印　　张:** 21.25　　　**字　　数:** 478 千字
版　　次: 2025 年 4 月第 1 版　　　**印　　次:** 2025 年 4 月第 1 次印刷
印　　数: 1~1500
定　　价: 89.00 元

产品编号:105508-01

前言
PREFACE

在这个信息爆炸的时代,浏览器已经成为人们获取知识、沟通交流、工作与娱乐的重要门户。浏览器插件作为这个门户的自定义工具,通过增加新的功能或特性,极大地丰富了我们的网络体验。从早期的网景浏览器到今天的 Chrome,浏览器的演进历程就是互联网发展的缩影。

一开始浏览器仅是一个简单的信息查阅工具,而如今随着 AI 技术的进步,尤其是 ChatGPT 等大型语言模型的出现,我们已经进入了全新的智能时代,在这个时代,浏览器插件不再只是简单的工具,它们被赋予了更复杂、更智能的功能,如 Monica、ChatGPT for Google 等扩展,它们正在改变我们与网络内容的互动方式。例如,Shulex Copilot 这样的浏览器插件结合了 AI 技术,为电商提供了前所未有的数据分析能力,而 Evernote Web Clipper 则让信息的收集和整理变得十分简单。这些插件不仅增强了功能,更提高了效率,改善了用户体验。浏览器插件已经转变为一个强大的平台,能够通过各种插件和扩展,实现高度定制化的用户体验。

在本书的编写过程中,笔者面临着资料混杂的挑战——自 2009 年谷歌公司推出浏览器插件平台至今市面上没有系统地介绍如何开发插件的书籍,现有的资料零散、繁杂且都缺乏更新。正是在这种背景下,笔者边实践边写作,将个人的探索和总结凝结成书,可以说,书中的每一页都蕴含着笔者的汗水和智慧。笔者不仅提供了理论基础,更通过亲身实践的案例,展示了如何将抽象的概念转换为实际可行的解决方案。

本书将从实战出发分三部分详细介绍浏览器插件开发。首先,第 1~3 章侧重于理论基础,为后续的实战做好充分的铺垫。这部分会详细介绍浏览器插件的基本原理,包括插件的工作机制、开发环境的搭建及一些核心的编程概念。虽然这部分内容可能相对抽象,但是它们是理解后续实战内容的必要基础。接下来,第 4~11 章以模块化的方式,结合具体的实战案例,详细讲解了浏览器插件开发的各个环节。每章都围绕一个主题,如界面设计、权限介绍、网络请求等,通过实际的代码和详细的解析,帮助读者掌握浏览器插件的开发技巧和方法。最后,第 12 章是项目实战,笔者以一个完整的项目为例,对前面介绍的知识点进行整合,让读者能够在实践中看到各个知识点的运用,并理解它们如何协同工作,共同构建出一个功能完善的浏览器插件。

在 Chrome 浏览器插件的发展史中,我们看到了一个不断扩张的生态系统。从最初的扩展支持到如今的商店里拥有超过十万个扩展,Chrome 的成功不仅体现在市场份额上,更重要的是,它为开发者和用户提供了一个充满可能性的平台。

本书将一步步引导你走进浏览器插件开发的世界。无论你是一名有抱负的开发者,还是一名对浏览器插件充满好奇的用户,本书都将为你提供必要的理论知识和实战技巧,帮助你在这个令人兴奋的领域中找到自己的位置。让我们一起开始这段探索之旅吧。

阅读建议

要想深入掌握浏览器扩展开发,光靠理论学习是远远不够的。在本书中,笔者不仅分享了丰富的理论知识,更重要的是,还把自己在工作中的实践经验融入了写作之中。本书不仅是一个知识库,也是一个实际操作的手册,笔者通过亲身实践,为读者提供了一系列切实可行的案例和解决方案。

本书的价值在于实践。希望读者不仅要阅读和理解,更要动手尝试和实验。通过实际编码和调试,你将能够更深入地理解浏览器扩展的开发过程。此外,书中的知识点和经验教训都是笔者在现实工作中一点一滴积累起来的,因此,每次实践都是在与笔者的工作经历对话,让你在学习的道路上少走弯路。

与此同时,不断回顾和复习所学知识,与他人讨论和分享你的发现和挑战都能够帮助你更深刻地理解书中的内容。最终,通过不断实践和探索,你将能够熟练地运用浏览器扩展开发的技能,甚至创造出属于自己的独特插件。本书是你旅程的起点,实践则是你通往成为专家道路上的加速器。

资源下载提示

素材(源码)等资源:扫描目录上方的二维码下载。

视频等资源:扫描封底的文泉云盘防盗码,再扫描书中相应章节的二维码,可以在线学习。

致谢

感谢我的妻子和岳母对我的大力支持并承担了所有的家务,使我得以全身心地投入写作工作中。

由于时间仓促,书中难免存在不妥之处,请读者见谅,并提出宝贵意见。

乔 凯

2024 年 12 月

于北京

目 录
CONTENTS

教学课件(PPT)

本书源码

浏览器插件发展背景概述

▶ 22min

浏览器扩展是使用广为熟知的网络技术（HTML/CSS/JavaScript）构建的软件程序，通过增加功能或者特性来让用户自定义浏览器的浏览体验。

整个互联网的发展史就伴随着浏览器的进化史。本章从互联网的诞生和浏览器的早期发展开始，然后延伸到浏览器扩展的起源和发展历程，直到当今浏览器扩展的领域及各种典型用例，让开发者从源头开始了解互联网与浏览器技术的发展及浏览器扩展的演进过程。

1.1　引言

互联网的演进始于几十年前，在那个时代，一切都是崭新的需要探索的未知领域。从最初的 ARPANET 的简单连接到今天人们生活中不可或缺的互联网，其发展历程令人叹为观止，而在这个过程中，浏览器技术扮演着至关重要的角色。它们是与世界交互的窗口，见证了互联网从概念到现实的转变。让我们回顾那些激动人心的时刻，探索互联网诞生和浏览器技术早期发展的故事。

1.1.1　互联网和浏览器的早期发展

1. 互联网的诞生

1）ARPANET 的诞生

ARPANET 是互联网的鼻祖，它在 20 世纪 60 年代末和 70 年代初由美国国防部高级研究计划局（ARPA，现在的 DARPA）创建。ARPANET 的目标是建立一种去中心化的通信网络，能够在不同地点的计算机之间进行通信和数据共享。这项技术革新在网络通信领域带来了深远的影响。

ARPANET 的建立依赖于分组交换技术，这是一种先将数据拆分成小的数据包，然后通过网络传输的方法。这项技术的创新在于它的分散式、弹性和稳健性，即使网络中的某些节点失效了，数据仍能够找到新的路径进行传输，使网络具备了自我修复的能力。

1969 年，ARPANET 的第 1 个节点在加利福尼亚大学洛杉矶分校（UCLA）建立。随后，另外 3 个节点在加利福尼亚大学圣巴巴拉分校(UCSB)、斯坦福研究所和美国研究计划局(Bolt，Beranek and Newman，BBN)建立，连接了 4 个地点的计算机。这些节点使用了当时先进的接口控制消息协议(Interface Message Processor，IMP)，为数据包交换提供支持。

ARPANET 的发展成为互联网的基石，它引领了很多网络技术的发展，如电子邮件、远程登录、文件共享等。此外，ARPANET 也为今天的因特网所具备的去中心化、开放性和可扩展性奠定了基础。虽然 ARPANET 于 20 世纪 90 年代早期逐渐被因特网所取代，但它的贡献被认为是信息时代和数字化社会发展中不可或缺的一部分。

2) TCP/IP 的诞生

在 20 世纪 70 年代，TCP/IP 的发展成为互联网通信的基石。Vinton Cerf 和 Robert Kahn 是这一重要阶段的关键人物，他们共同设计和发展了 TCP/IP，使不同类型的计算机和网络能够互相通信，促成了互联网的形成。

Vinton Cerf 和 Robert Kahn 合作开发了 TCP/IP 的两个主要组成部分：传输控制协议(Transmission Control Protocol，TCP)和互联网协议(Internet Protocol，IP)。这两个协议分别负责确保数据在网络上的可靠传输(TCP)及在不同网络之间进行路由和寻址(IP)。

TCP 负责将数据分割成小的数据包，并确保这些数据包在网络上按顺序到达目的地。它提供了一种可靠的、面向连接的通信方式，以确保数据的完整性和可靠性。

IP 则负责定义数据在网络上的传输方式，它负责处理数据包的寻址和路由，使数据能够在不同的网络之间传输。IP 的设计使各种不同类型的网络能够互联互通，构建了互联网的基础架构。

Cerf 和 Kahn 的贡献不仅在于他们设计了这些协议，更重要的是，他们倡导了开放的标准化方法。他们确保 TCP/IP 是一种公开的、可供所有人使用的标准，而不是专有技术，这为互联网的开放性和可扩展性奠定了基础。他们的工作推动了互联网的发展，并使互联网成为全球范围内通信和信息共享的基础设施。他们的贡献被广泛地认为是互联网发展史上的重要里程碑。

2. 早期互联网的关键技术发展

1) 协议和网络架构的进步

TCP/IP 在互联网发展的过程中扮演了关键角色。随着互联网的扩张和普及，TCP/IP 作为互联网的通信基础架构被广泛采用和推广。这套协议解决了早期网络的多个问题。首先，它实现了异构网络的互联互通，克服了不同网络间的通信障碍，其次，TCP 的可靠数据传输机制解决了数据丢失和损坏的问题。最重要的是，TCP/IP 作为开放且通用的标准，促成了全球范围内的连接和通信。

域名系统(DNS)是互联网的重要基础设施之一，它的出现极大地推动了互联网的发展，并在网页访问和网络通信中扮演着关键角色。在互联网早期，设备间的通信主要依赖于 IP 地址，这些数字串难以记忆、不直观，并且在广泛应用中使用不便。DNS 的出现解决了这一难题，它将复杂的 IP 地址转换为更易于理解和记忆的域名，例如将 www.example.com 映射到对应的 IP 地址上。这项技术的引入极大地提高了互联网的可用性和可访问性。

DNS 的工作原理基于分层次、分布式的结构,由多个 DNS 服务器组成。当用户输入域名时,系统会查询本地 DNS 缓存或向本地 ISP 提供的 DNS 服务器发出查询请求。该请求沿着 DNS 服务器的层次结构向上查找,直到找到能提供所需域名与 IP 地址对应关系的服务器。一旦匹配成功,IP 地址就会返给用户设备,使其能够发起连接。

DNS 对互联网的发展有着深远影响。

(1) 便捷性与用户体验提升:DNS 使用户可以使用易于记忆的域名访问网站,摆脱了记忆复杂 IP 地址的困扰,极大地提升了用户体验。

(2) 网络扩展与资源识别:DNS 允许新的网站和服务通过分配域名来提供服务,并更容易被用户找到和识别,推动了互联网的持续扩展和发展。

(3) 系统的分布式与稳定性:DNS 采用分布式系统,避免了单点故障,提高了互联网的稳定性和稳健性。

总体来讲,DNS 的出现和发展解决了 IP 地址复杂性的问题,提高了互联网的可用性、可扩展性和用户友好性。它是互联网基础架构中至关重要的组成部分,为人们在互联网上进行各种活动提供了便利与支持。

2) 早期网络服务的兴起

早期的网络服务(如电子邮件和 Usenet 新闻组)是互联网发展历程中的重要里程碑。它们为大众提供了最初的互联网体验,推动了网络技术的进步,并在用户界面和交互设计方面发挥了关键作用。

电子邮件是互联网上最早和最重要的服务之一。它使人们能够通过网络快速、方便地发送和接收消息,从而彻底改变了信息传递的方式。这项服务不仅促进了用户界面设计的进步,随着时间的推移,电子邮件客户端变得更加直观和易用,而且也推动了网络协议的发展与标准化。SMTP 和 POP/IMAP 等协议为电子邮件的传输和访问定义了规范,为现代电子邮件系统奠定了基础。

另外,Usenet 新闻组是一个分布式的讨论系统,为用户提供了类似于现代网络论坛的功能。它为各种主题和兴趣提供了讨论的场所,鼓励用户之间的信息交流和共享。这项服务促进了网络社区的形成和互动,对后来的社交网络的演变产生了深远影响。

这些服务不仅是技术上的创新,更是为了提高用户体验和社区参与。它们推动了用户界面设计的进步,使互联网服务更易用和直观。此外,它们激发了人们对网络社区和信息共享的兴趣,为后来社交网络的兴起奠定了基础。

1.1.2　浏览器技术的关键发展

互联网浏览器的演变经历了从最早的文本界面到图形界面的转变,这个过程影响了用户的上网体验,也在很大程度上塑造了互联网的现代形态。

1. 从文本到图形

早期的互联网浏览器,例如 Lynx,采用文本界面,用户通过命令行输入 URL 来访问网

页。这种浏览器以纯文本的形式呈现网页内容，没有图像或多媒体内容，主要以超链接形式
展示文字内容。尽管用户界面简单、功能有限，但它们迈出了互联网普及化的第 1 步，提供
了人们第 1 次接触互联网的机会。文本界面浏览器的优点在于速度快、资源消耗低，适合于
网络速度较慢的情况下浏览信息，但缺点也显而易见，界面单调、信息呈现单一，无法满足用
户对多媒体内容和视觉体验的需求。

2. 图形界面浏览器的兴起

Tim Berners-Lee 在 1990 年创建了世界上第 1 个网页浏览器，名为 WorldWideWeb，后
来改名为 Nexus。这个浏览器是为了让用户更容易地访问和浏览互联网上的信息，标志着
互联网的重大变革。

WorldWideWeb 的特点在于它的图形用户界面（GUI），这种界面以图形化的方式展示
文本、图像和超链接，使用户能够更直观地浏览网页。它使用了最早的 HTML（超文本标记
语言）版本，允许用户创建和浏览超文本链接，从而在页面之间进行跳转。这种创新性的设
计为后续浏览器的发展奠定了基础。

WorldWideWeb 的贡献主要有以下几方面。

（1）图形用户界面的引入：这是最显著的特点，它将互联网浏览从仅限于纯文本的阶
段推进到了图形化的阶段。这种直观的用户界面成为后续浏览器的基础，启发了用户友好
性和可视化浏览的重要性。

（2）超文本链接的创新：WorldWideWeb 首次引入了超文本链接的概念，使用户可以
在不同网页之间进行跳转和链接。这为后来的网页互相链接、构建网站和导航页面提供了
范例。

（3）HTML 的推广：作为第 1 个使用 HTML 的浏览器，WorldWideWeb 推广了这种
标记语言的应用。HTML 成为创建网页的基础，为后续浏览器的标准化和网页内容的丰富
化奠定了基础。

浏览器的影响不仅在于它本身的创新性，更在于它所开创的思路和理念。它的成功激
发了对互联网用户体验改进的需求，鼓励了其他开发者进一步地改进和创新浏览器技术。

随着互联网的发展和用户需求的增长，图形界面浏览器开始崭露头角。1993 年，NCSA
的 Mosaic 浏览器出现，它是首个流行的图形界面浏览器，具备了图像显示和多媒体支持的
能力。Mosaic 的突出特点是它将文本、图像和超链接集成在一个界面中，为用户带来了全
新的上网体验。

Mosaic 的成功激发了对更先进、更快速浏览器的追求，并成功地催生了后来 Netscape
Navigator 和 Microsoft Internet Explorer 的诞生，它们更进一步地改进了图形界面浏览器
的功能和用户体验，如图 1-1 所示。

Netscape Navigator 在 1994 年发布，由 Mosaic 的开发者之一 Marc Andreessen 领导，
Netscape Navigator 在 Mosaic 的基础上进行改进，引入了许多先进的功能，包括安全加密
连接、JavaScript 支持及插件扩展等，如图 1-2 所示。它成为互联网浏览器竞争中的领导者，
为后来的浏览器设计和开发奠定了基础。

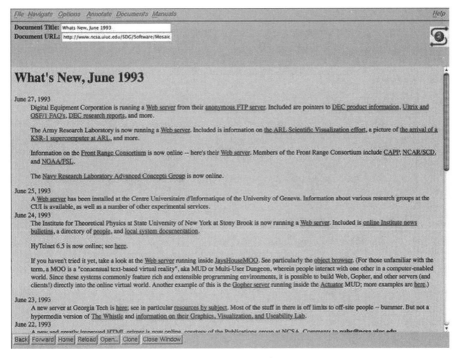

图 1-1　Mosaic 浏览器

图 1-2　Netscape 浏览器

Microsoft Internet Explorer 于 1994 年发布,由微软推出,这是对 Netscape Navigator 的竞争产品,如图 1-3 所示。微软将 IE 捆绑到 Windows 操作系统中,推动了 IE 在浏览器

市场的份额增长。

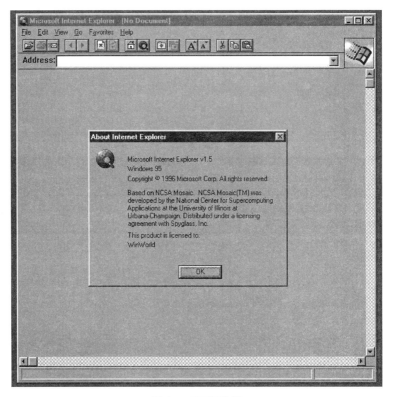

图 1-3　IE 浏览器

图形界面浏览器的出现彻底改变了互联网的面貌。它们提供了更加直观和丰富的用户界面，使网页内容可以以更丰富、更生动的方式呈现。对多媒体元素的支持使网站可以展示图片、音频和视频等内容，极大地丰富了互联网的内容形式。

3. 浏览器战争

1）第 1 次浏览器大战

网景（Netscape）与微软（Microsoft）在浏览器市场的竞争是互联网历史上一场激烈的战役，影响了互联网技术的发展和市场格局。30 年前，软件稀缺，浏览器是通往互联网的关键入口。网景浏览器成为那个时代的巨星产品，因其稳定、快速迭代和及时功能更新而备受推崇，其 Netscape Navigator 浏览器获得了超过 90% 的市场份额。Netscape Navigator 在技术上取得了先发优势，推出了许多创新功能，如 JavaScript、SSL 加密等，使其成为当时功能最先进的浏览器。微软在此时决定进入浏览器市场，推出了 Internet Explorer（IE），并将其捆绑到 Windows 操作系统中。IE 随着 Windows 操作系统的推广而普及，逐渐蚕食了网景在市场上的份额。

为了应对微软的竞争，网景与其他公司合作，例如与 AOL 合并，试图利用 AOL 的用户基础来增强自身在浏览器市场的地位。微软被指控滥用其在操作系统市场上的垄断地位，将 IE 捆绑到 Windows 操作系统中，以排挤竞争对手。这导致了反垄断调查，法院最终裁定微软在竞争中存在违规行为。随着微软在浏览器市场的压力增大，网景逐渐失去了市场份额，最终被 AOL 以 42 亿美元收购，而其浏览器产品也逐渐退出市场。第 1 次浏览器的大战以 IE 的胜利结束，此后，IE 一路高歌猛进，尤其是 IE 6 于 2001 年 8 月发布后，达到巅峰，在 2002 年和 2003 年，IE 市场份额一度超过 95%。

2）第 2 次浏览器大战

2003 年后，微软的 IE 在浏览器市场逐渐占据主导地位，但是在未来的十几年面临来自 Safari、Firefox 和 Chrome 等新竞争对手的挑战。

2003 年 1 月苹果公司推出 Safari 浏览器，专为 Mac OS X 设计，作为当年新版 macOS 的默认浏览器，取代了之前的 Mac 版 IE 浏览器，后来也移植到了 Windows 平台，其初期在苹果用户中崭露头角，逐渐吸引更多用户。

2004 年 11 月网景的 Mozilla 开源项目组发布了 Firefox 的第 1 个版本。Firefox 倡导开源，吸引了全球的开发者和社区参与，帮助其不断改进和发展，其注重安全性和可定制性的特点吸引了大量用户，开始在市场上占据一席之地。

2008 年 9 月，谷歌发布 Chrome，凭借出色的性能、速度和简洁的用户界面，在短时间内迅速赢得了市场份额，成为主要竞争者。Chrome 与谷歌的搜索引擎和其他服务整合紧密，为用户提供更流畅的体验，吸引了更多用户。谷歌在发布 Chrome 之初便将 Chromium 浏览器开源，开源的 Chromium 广受欢迎，许多浏览器选择基于 Chromium 进行二次开发，例如 Opera、360、猎豹、UC 等继续引领浏览器生态的发展。

2015 年，IE 市场份额跌破 20%，Chrome 则超过 55%，Firefox 市场份额也逐渐下跌，从巅峰的 30% 下降至不足 20%。微软在 2015 年 3 月宣布放弃 IE 浏览器，并用 Edge 浏览器代替 IE 浏览器。第 2 次浏览器大战以 IE 浏览器被淘汰，Chrome 全面胜利而告终。

4. 标准化的推进

W3C（World Wide Web Consortium）是一个负责制定和推动互联网标准的国际组织，如图 1-4 所示，它于 1994 年由 Tim Berners-Lee 创立，其对网页标准的制定在推动浏览器兼容性和网页互操作性方面发挥了重要作用。

图 1-4　W3C 组织

1）推动技术标准化

W3C 致力于统一 HTML 标准，使其成为网页开发的基础语言。从 HTML 2.0、HTML 3.2 到 HTML5 的制定和发展，W3C 推动了 HTML 标准的演进。W3C 制定了 CSS 标准，将样式和内容分离，实现网页布局和样式设计的标准化，为开发者提供了更多样式控制能力。W3C 并非 JavaScript 的创造者，但协助规范化了 JavaScript 语言规范，确保其在不同浏览器中实现的一致性和标准化。

2）跨浏览器兼容性

标准化减少了不同浏览器对同一标准的不同解释，帮助解决了跨浏览器兼容性问题。网页开发者能够更轻松地编写符合标准的代码，确保在多个浏览器上的一致性展示。

3）促进技术创新

标准化鼓励了技术创新。HTML5 引入了许多新特性，如多媒体元素、Canvas 绘图、本地存储等，推动了网页技术的发展。

1.2　浏览器插件的起源和发展历程

随着互联网的迅速发展，浏览器插件成为个性化网络体验的关键所在。它们不仅让用户可以自定义软件，还为浏览器增添了丰富的功能。从最初的简单插件到如今功能强大、多样化的插件，这一演变过程是技术与用户需求共同推动的结果。本节追溯浏览器插件的起源和发展历程，探索插件如何从原生浏览器附加组件逐步演变成如今不可或缺的扩展工具。

1.2.1　使用插件自定义软件

浏览器插件的出现为用户带来了个性化定制软件体验的机会，使用户可以根据个人需求和喜好定制浏览器功能和外观，提升了用户体验的灵活性和个性化程度。

1. 插件的自定义功能

浏览器插件提供了多种不同类型的功能，可以极大地增强和个性化用户的浏览体验。插件允许用户根据需求添加新功能，例如广告拦截、翻译工具、截图工具等，使浏览器能够更好地满足用户需求，分别介绍如下。

（1）广告拦截器：这类插件能有效地拦截网页上的广告内容，提升浏览速度，改善用户体验，减少了视觉干扰。

（2）密码管理器：通过安全地存储和管理用户的密码和账号信息，使用户无须记忆大量密码，提升了安全性和便捷性。

（3）翻译工具：这种插件可以实时翻译网页上的文字，使用户能够轻松地阅读和理解其他语言的内容，拓宽了信息获取的范围。

（4）截图工具：提供快速的截图功能，让用户能够轻松地捕捉网页内容，制作教程或分享重要信息。

（5）社交媒体插件：允许用户直接在浏览器内将网页内容分享至社交媒体平台，方便快捷地与朋友分享感兴趣的内容。

（6）开发者工具：针对开发人员设计的插件，提供诸如调试、代码审查、性能优化等功能，方便开发者进行网页开发和调试。

（7）便捷工具：提供诸如笔记、待办事项管理、快速搜索等实用功能，帮助用户提高工作和生活效率。

有些插件能够定制浏览器的外观和布局，例如主题插件、自定义样式表等，让用户根据自己的审美倾向定制浏览器界面，例如主题插件可以修改浏览器的外观和界面布局，提供更加个性化的视觉体验，让用户可以根据自己的喜好定制浏览器外观。

总之，这些插件提供了广泛且多样化的功能，用户可以根据自身需求选择安装，从而极大地丰富了浏览器的功能和体验。

2．插件对个人用户

插件对提高生产力和个性化体验至关重要，因为它们为用户提供了定制化的功能和界面，使浏览器成为一个更强大、更适应个人需求的工具。

1）提高生产力

（1）定制功能：插件允许用户根据自己的工作流程和需求添加特定功能。例如，笔记插件可以帮助用户即时记录想法，密码管理器可提高安全性和减少登录时间。

（2）便捷操作：插件提供快捷操作，节省了用户的时间和精力。例如，截图插件让用户能够快速地截取重要信息，广告拦截器减少了不必要的干扰。

（3）开发者工具：针对开发者的插件能够加速开发流程，提高代码质量和效率，为开发者提供更好的工作环境。

2）个性化体验

（1）外观定制：主题插件和界面样式定制插件允许用户根据自己的审美和偏好调整浏览器外观，打造独特的浏览体验。

（2）信息获取和管理：翻译插件和社交媒体插件拓展了信息获取和分享的范围，让用户能够更便捷地获取全球信息和与社交圈互动。

（3）工作流程优化：插件的个性化功能帮助用户优化工作流程，让浏览器成为一个更适应个人需求的工作平台。

插件的这些特性和功能让用户能够根据自己的需求和偏好定制和优化浏览器体验，不仅提高了生产力，也提升了用户的舒适度和满意度。个性化的体验让用户能够更好地利用浏览器，完成各种任务，实现更高效的工作和生活。

3．插件对企业的价值

1）提升客户互动

（1）客户服务优化：提供在线客户支持和沟通的插件能够提升客户服务质量，增强与客户的沟通和互动。

（2）个性化体验：利用插件提供个性化服务，例如定制化推荐、购物体验优化，提升客户对产品和服务的满意度。

（3）社交媒体互动：社交媒体插件可以帮助企业在社交平台上扩大影响力，与客户互动，分享内容，并获得更多的品牌曝光和口碑。

（4）营销和销售：营销插件可帮助企业更好地管理营销活动，实现精准营销，促进销售增长。

2）数据分析和反馈

（1）统计分析工具：插件可用于收集和分析客户数据，帮助企业了解客户行为，优化产品和服务。

（2）反馈收集：插件可提供客户反馈收集工具，帮助企业收集客户意见和建议，改进产品和服务。

企业利用插件提升客户互动可以有效地提高工作效率、客户满意度和品牌影响力。选择和应用合适的插件将帮助企业更好地满足市场需求，提升竞争力。

1.2.2　原生浏览器插件

原生浏览器插件指的是由浏览器本身提供或内置的功能性组件或模块，用于扩展浏览器的功能，而不需要用户单独安装。这些插件通常由浏览器开发者在浏览器中内置或预装，用户可以直接使用，不需要额外的下载或安装步骤。这些插件在不同浏览器中有所不同，以下是一些常见的原生浏览器插件。

1. Java Applets

Java Applets 允许开发者在网页上嵌入 Java 程序，提供丰富的交互性和功能性，例如游戏、动画和数据可视化，但是存在安全漏洞和性能问题，逐渐被多个浏览器停止支持。

2. Adobe Flash

Adobe Flash 提供了丰富的多媒体和交互性内容，如动画、视频播放、在线游戏等，但是由于它的安全隐患较大，常常成为恶意攻击的目标，逐步被多数现代浏览器淘汰。

3. Microsoft Silverlight

Microsoft Silverlight 类似于 Flash，为网页提供了动画、音频、视频等多媒体内容的展示，丰富了用户的交互体验，使网页更具吸引力。微软于 2013 年宣布停止对 Silverlight 的开发和支持，目前已被大部分浏览器所放弃。

4. ActiveX

ActiveX 允许开发者使用微软的组件技术在网页上嵌入交互式内容，用于扩展功能和提高用户体验，但是由于安全性问题严重，容易成为恶意软件和病毒攻击的目标，被现代浏览器限制或停止支持。

5. Apple QuickTime

Apple QuickTime 提供了音视频播放和流媒体功能,但是由于安全漏洞和缺乏更新,Apple 于 2016 年宣布停止对 QuickTime 的维护和支持。

由于早期浏览器的功能相对有限,这些插件填补了浏览器功能上的空白,为网页添加了丰富的功能和特性,成为早期浏览器的重要组成部分,丰富了用户的交互体验,使网页更具吸引力,但是它们还是有很多问题,例如插件存在安全漏洞,容易成为恶意攻击的目标,对系统和用户数据构成威胁等。同时,一些插件可能会导致浏览器崩溃或性能下降。另一些插件可能占用大量系统资源,导致性能下降,影响用户体验,随着 HTML5、CSS3 等标准的发展和安全性考量,它们逐渐减少了在现代浏览器中的使用。许多浏览器不再支持这些插件或强烈建议用户停用它们。

总体来讲,早期原生插件在提供多媒体和交互体验方面发挥了重要作用,但受到了安全性、兼容性、性能等方面的限制。随着技术的发展和标准的推广,这些插件逐渐被更安全、更高效、更稳定的替代方案所取代。

1.2.3 从浏览器附加组件到扩展

浏览器的附加组件是一种可以增强浏览器功能或定制用户体验的软件扩展,允许用户根据个人需求和偏好进行定制。在 1999 年,Internet Explorer 和 Firefox 等浏览器开始支持这种附加组件,为用户提供了更多的功能和更高的灵活性。

这些附加组件可以是插件、扩展、工具栏等形式,能够实现广泛的功能,例如广告拦截、密码管理、安全检测等,然而,它们通常基于特定浏览器和 API(应用程序接口),因此仅适用于特定浏览器,并受到该供应商所提供的附加应用程序接口的限制。这意味着,如果用户想要在不同浏览器上使用同样的附加组件,则可能需要重新寻找或重新开发适用于不同浏览器的版本。

直到 2009 年 9 月,谷歌 Chrome 浏览器推出了现代浏览器扩展,标志着一个新时代的开始。与传统浏览器的附加组件不同,这些 Chrome 浏览器扩展采用了全新的开发模式和技术架构,为用户带来了更为灵活和强大的定制体验。

Chrome 浏览器扩展采用 HTML、CSS 和 JavaScript 等 Web 标准技术进行开发,使开发者能够基于熟悉的 Web 技术创建扩展。借助 JavaScript 扩展 API,开发者可以与浏览器进行交互,实现各种功能,并且可以满足定制化需求。这种新的开发模式极大地降低了开发门槛,为更多开发者提供了参与浏览器定制的机会。

开发者可以利用这些扩展 API 来创建广泛的功能,包括但不限于广告拦截、数据同步、安全检测、日程管理等,而且,Chrome 浏览器为开发者提供了一个方便的发布平台 Chrome 网上商城,使开发者可以将他们开发的扩展分享给更多的用户,扩展的更新和安装变得更加便捷和高效。

这种新的开发模式和 Chrome 浏览器扩展的推出,标志着浏览器附加组件的转型。这些扩展提供了更安全、更高效和更便捷的用户体验，并且为开发者提供了更开放、更具创造性的平台，使用户可以根据个人需求和偏好自由地定制和优化浏览器体验。

1.3　浏览器扩展领域概览

从最初的专有集成到现今的通用性，浏览器扩展经历了巨大变革。现在，它们被视为浏览器添加新功能、增强安全性和提升生产力的主要途径之一。这种变革反映了开放式、创新性的开发环境，让开发者和用户更容易定制和优化其浏览器体验。

多年的发展使浏览器扩展成为一种成熟的软件产品。它们现在拥有清晰明确的应用程序接口（API）和详尽的文档，经过开发者和消费者的广泛采用，成为用户日常提高浏览体验的重要组成部分。特别是通过强大的应用商店管道，浏览器扩展可以轻松地触达终用户端。

1.3.1　移动应用程序与浏览器扩展的比较

移动应用程序和浏览器扩展有许多相似之处，它们都需要向主机系统申请权限，受到严格的安全模型的约束，利用丰富的 API 与宿主系统交互。它们都通过特定的应用商店打包发布，经过审核过程，并通过主机系统自动下载和安装更新。然而，移动应用程序和浏览器扩展也有各自的优势和局限，本节将从功能性、便利性和限制的角度对比它们的差异。

1. 功能性

功能性是指软件能够实现的功能的多样性和复杂性。移动应用程序的功能性通常高于浏览器扩展，因为移动应用程序可以直接访问设备的硬件和系统资源，如相机、话筒、GPS、通讯录、传感器等，从而实现更多的功能和交互。例如，移动应用程序可以实现拍照、录音、导航、扫码、支付、游戏等功能，而浏览器扩展则很难或无法实现这些功能。浏览器扩展的功能性主要体现在对网页的修改和增强，如改变网页的外观、添加工具栏、屏蔽广告、翻译网页、提供快捷键等。浏览器扩展也可以实现一些与网页无关的功能，如提醒、笔记、截图、下载等，但这些功能通常比较简单和有限。

2. 便利性

便利性是指软件能够为用户提供的方便的程度。浏览器扩展的便利性通常高于移动应用程序，因为浏览器扩展可以直接在浏览器中运行，无须安装和更新，也无须占用设备的存储空间和内存。用户只需在浏览器中启用或禁用浏览器扩展，就可以随时使用或停止使用浏览器扩展的功能。此外，浏览器扩展可以跨平台使用，只要用户使用的是支持浏览器扩展的浏览器，就可以在不同的设备和操作系统上使用同样的浏览器扩展。移动应用程序的便利性主要体现在可以离线使用，即在没有网络连接的情况下，也可以使用移动应用程序的功能。例如，用户可以在飞机上或地铁里使用移动应用程序听音乐、看视频、阅读电子书等。移动应用程序也可以利用设备的通知功能，向用户推送重要的信息。

3. 限制性

限制是指软件在使用过程中可能遇到的障碍和困难。移动应用程序的限制通常多于浏览器扩展，因为移动应用程序需要适配不同的设备和操作系统，以及遵守不同的应用商店的规则和审核。例如，移动应用程序可能在不同的设备上显示不一致，或者无法在某些设备上运行。移动应用程序也可能因为违反应用商店的政策或标准，而被拒绝上架或下架。浏览器扩展的限制主要体现在对浏览器的依赖，即用户必须使用支持浏览器扩展的浏览器，才能使用浏览器扩展的功能。例如，用户无法在微信或QQ等内置浏览器中使用浏览器扩展。浏览器扩展也可能因为与浏览器或其他浏览器扩展的兼容性问题，而导致浏览器崩溃或发生异常。

总之，移动应用程序和浏览器扩展是两种不同的软件类型，它们都有各自的优势和局限。用户在选择使用移动应用程序或浏览器扩展时，应该根据自己的实际需求权衡利弊，做出合适的决定。

1.3.2 浏览器扩展商店

主要的浏览器提供了商店，可以发布和下载扩展。主要浏览器扩展商店的名称见表1-1。

表1-1 浏览器扩展商店的名称

浏 览 器	扩展商店名称
Chrome	Chrome 网上应用店
Edge	Microsoft Edge 附加组件
Firefox	Firefox 附加组件
Safari	Safari 扩展
Opera	Opera 扩展

1.3.3 浏览器扩展的类型

浏览器扩展是一种可以在浏览器中运行的小程序，它们可以为用户提供各种功能和服务，增强浏览器的性能和体验。根据浏览器扩展的功能和用途，可以将它们分为以下几种类型。

1. 工具类

这类扩展主要提供一些实用的工具，如计算器、截图、翻译、笔记、提醒、下载等，可以帮助用户提高工作和学习的效率和便利性。

（1）谷歌翻译：可以让用户在浏览器中快速地翻译任何语言的网页或文本，如图1-5所示。

（2）Shulex Copilot：Shulex Copilot 是 VOC 公司研发的一款赋能企业的浏览器插件，该插件结合 AI 技术，能够多维度地展现出卖家最关心的核心数据，快人一步地打造爆品，如图1-6所示。

（3）Evernote Web Clipper：Evernote Web Clipper 可以让用户在浏览器中保存和管理网页内容，能够将在网上看到的内容保存到自己的 Evernote 账户中，如图1-7所示。

图 1-5　谷歌翻译插件

图 1-6　Shulex Copilot

（4）Hypertrons：Hypertrons 是一款帮助洞察 GitHub 项目和开发者数据的浏览器插件，如图 1-8 所示。

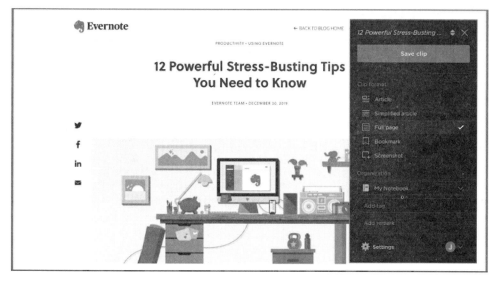

图 1-7 Evernote Web Clipper 插件

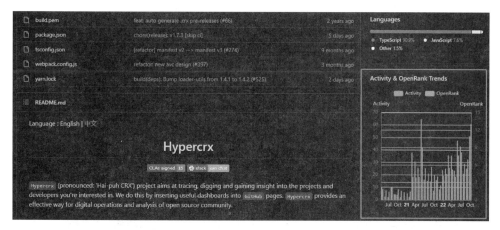

图 1-8 Hypertrons 插件

（5）React Developer Tools：React Developer Tools 可以帮助前端开发者在 Chrome 浏览器开发工具中检查 React 组件的层次结构，如图 1-9 所示。

2. 娱乐类

这类扩展主要提供一些娱乐功能，如游戏、音乐、视频、动画、漫画等，可以帮助用户放松和娱乐。

（1）Language Reactor：Language Reactor 是一个强大的语言学习工具箱，让用户透过观赏外语电影与电视剧，愉快且有效地自学新的语言，如图 1-10 所示。

（2）PodCast：PodCast 是一个博客播放器、下载器和文字转换工具，如图 1-11 所示。

图 1-9　React Developer Tools 插件

图 1-10　Language Reactor 插件

3. 安全类

这类扩展主要提供一些安全功能，如密码管理、广告屏蔽、隐私保护、反恶意软件等，可以帮助用户保护自己的数据和信息，防止被黑客或恶意网站攻击或窃取。

（1）Adblock Plus：Adblock Plus 插件可以让用户在浏览器中屏蔽烦人的广告，如图 1-12 所示。

（2）LastPass：LastPass 插件可以让用户在浏览器中安全地存储和管理自己的密码，如图 1-13 所示。

播客：一个播客播放器，下载器，文字转写工具

podcasts.bluepill.life 　4.8 ★ (37 个评分)

扩展程序　社交　10,000 用户

图 1-11　PodCast 插件

图 1-12　Adblock Plus 插件

浏览器作为互联网的入口，承载了上网的大量内容。过去，这些内容由于 AI 技术发展本身的限制，并没有被有效地处理，然而，随着 ChatGPT 等大语言模型技术的赋能，应用开发者现在可以以极低的代价获取 AI 能力。再加上浏览器承载着庞大的内容，使浏览器插件的开发变得越来越重要。

图 1-13　LastPass 插件

在智能时代下，大语言模型对应用开发者的影响是多方面的。智能时代是真正迈向万物互联的时代。AI的通用能力将以各种端侧设备的形式出现并可以与人们交互，而浏览器插件，因为其独特的内容承载能力，必将在未来变得更加重要。

作为浏览器插件开发者，可以以国际化视角服务全球用户，可以结合新的技术创造更加高效的生产工具来提高脑力生产者的生产效率，也可以将浏览器插件作为自身产品能力的外延来获取更多的用户，总之这是一个让人兴奋的领域，赶紧加入吧。

1.4　本章小结

本章是关于互联网和浏览器的早期发展、浏览器插件的起源和发展历程及浏览器扩展的类型和领域的。第一部分介绍了互联网的诞生和早期的关键技术，包括 TCP/IP、DNS 系统、电子邮件等，然后讲述了浏览器技术的关键发展，包括从文本到图形的用户界面的转变、图形界面浏览器的兴起、浏览器战争及标准化的推进和网络的全球化。紧接着探讨了浏览器扩展的起源和发展历程，包括使用插件自定义软件、原生浏览器插件及从浏览器附加组件到扩展的转变。最后分析了浏览器扩展的类型和领域，包括移动应用程序与浏览器扩展的比较、浏览器扩展商店及不同类型扩展的概述、特点和用途。

Chrome 浏览器插件基础

▶ 26min

2.1　现代浏览器架构

如果你是一名 iOS/Android 应用程序开发者,则需要深入了解 iOS、Android 系统才能开发出高性能的应用程序。同样如果你要学习浏览器插件开发,则首先需要了解现代浏览器架构。

浏览器是访问互联网的主要工具,它的主要功能就是向服务器发出请求,在浏览器窗口将服务器返回的网页代码和资源解析成图文界面。本节将介绍 3 种主流的浏览器:Chrome、Firefox 和 Edge,了解浏览器的基本原理和组成部分。

2.1.1　浏览器的核心组成

浏览器的核心组成包括 6 个模块:内核、JavaScript 执行引擎、网络模块、存储模块、安全模块、插件模块。

1. 浏览器内核

浏览器内核通常是指页面渲染引擎,是支撑浏览器运行的核心组件,负责解析和渲染网页的内容。不同的浏览器使用不同的内核,这会导致网页在不同的浏览器中的显示效果有所差异。目前,主流的浏览器内核有以下几种。

(1) Blink:这是 Chrome 和 Edge 浏览器使用的内核,它是基于 WebKit 的一个分支,于 2013 年由谷歌公司和 Opera 共同开发。Blink 的特点是支持多进程架构,每个标签页或网站都有自己的渲染进程,这样可以提高浏览器的稳定性和安全性。Blink 还支持多种 Web 标准和新技术,例如 HTML5、CSS3、JavaScript、WebAssembly、Web Components 等。

(2) Gecko:这是 Firefox 浏览器使用的内核,它是 Mozilla 开发的一个独立的渲染引擎,最早于 1998 年发布。Gecko 的特点是支持动态分配渲染进程,根据系统资源和网站隔离策略来决定每个网页使用多少个渲染进程,这样可以提高浏览器的性能和并发性。

Gecko 还支持多种 Web 标准和新技术，例如 HTML5、CSS3、JavaScript、WebAssembly、WebRTC、WebXR 等。

（3）WebKit：这是 Safari 浏览器使用的内核，它是由苹果公司开发的一个开源的渲染引擎，最早于 2003 年发布。WebKit 的特点是支持单进程架构，所有的网页都在一个渲染进程中运行，这样可以提高浏览器的内存效率和响应速度。WebKit 同样支持许多 Web 标准和新技术，例如 HTML5、CSS3、JavaScript、WebAssembly、WebGL、WebAudio 等。

（4）Trident：这是 IE 浏览器的内核，诞生于 1997 年的 IE 4 是基于 Mosaic 代码修改而来的，从此一直沿用到 IE 11，也被其他浏览器和应用程序采用，如 360 浏览器、QQ 浏览器、Maxthon 浏览器等。Trident 内核在很长一段时间内没有遵循 W3C 的标准，而是采用了自己的一套规则，导致了很多网页在 IE 中显示不正常，也给网页开发者带来了很多麻烦。从 2020 年 1 月开始，Edge 浏览器切换到了基于 Chromium 项目的 Blink 内核，也就是 Chrome 浏览器的内核，自此 Trident 内核便退出了历史舞台。

对不同的浏览器及其内核介绍，见表 2-1。

表 2-1　浏览器及其内核介绍

浏览器	内核	备　　注
Chrome	Blink	谷歌公司开发的一种基于 WebKit 的渲染引擎，支持多进程架构，每个标签页或网站都有自己的渲染进程，提高了浏览器的稳定性和安全性
Edge	Blink	微软公司开发的一种基于 Chromium 项目的浏览器，从 2020 年开始使用 Blink 内核，提高了浏览器的兼容性和性能
Firefox	Gecko	Mozilla 开发的一种独立的渲染引擎，支持动态分配渲染进程，根据系统资源和网站隔离策略来决定每个网页使用多少个渲染进程，提高了浏览器的并发性和隐私性
Safari	WebKit	苹果公司开发的一种开源的渲染引擎，支持单进程架构，所有的网页都在一个渲染进程中运行，提高了浏览器的内存效率和响应速度

2. JavaScript 执行引擎

JavaScript 执行引擎负责解析和执行网页中的 JavaScript 代码，JavaScript 的核心功能就是将浏览器环境中的 JavaScript 代码翻译成 CPU 指令，为网页提供交互和动态功能。不同的浏览器使用不同的 JavaScript 执行引擎。目前，主流的浏览器 JavaScript 的执行引擎有以下几种。

（1）SpiderMonkey：第一款 JavaScript 引擎，它是由 JavaScript 作者 Brendan Eich 主要参与设计和开发的。最初是为 Netscape Navigator 而开发的，后来用于 Mozilla Firefox 浏览器，具备高性能、垃圾回收、标准支持和跨平台等特点。

（2）V8：V8 是谷歌公司用 C++编写的开源高性能 JavaScript 和 WebAssembly 引擎，它用于 Chrome 和 Node.js 等环境中。V8 引擎的执行流程包括解析（Parse）模块将 JavaScript 代码转换为抽象语法树（AST），解释模块（Ignition）将 AST 转换成字节码（ByteCode），最后由编译器（TurboFan）将字节码编译成 CPU 可以执行的机器码，V8 引擎采用了 JIT 即时编译技术,可以将 JavaScript 代码直接编译成机器码,从而提高了 JavaScript 的执行速度。

(3) JavaScriptCore:Safari 浏览器内核 WebKit 中的 JavaScript 引擎,具备高性能、垃圾回收、标准支持和与原生代码进行交互等特点。它在苹果生态系统中发挥着关键的作用,主要表现为它提供了与 Objective-C 和 Swift 的交互能力,使开发人员可以在 JavaScript 和原生代码之间进行无缝通信。这使开发者可以利用 JavaScript 编写的界面逻辑与原生代码进行交互,为应用程序提供更丰富的功能。

(4) Chakra:微软公司开发的 JavaScript 引擎,最初用于 Internet Explorer 浏览器。随着时间的推移,Chakra 引擎经历了多个版本和演进,包括 ChakraCore 的开源、与 Node.js 的集成、跨平台支持等,然而,微软最终决定放弃 Chakra 引擎,转向使用 Chromium 项目中的 V8 引擎作为其新的 JavaScript 引擎。浏览器及其内核介绍见表 2-2。

表 2-2 浏览器及其内核介绍

JavaScript 执行引擎	浏览器	备 注
V8	Chrome	谷歌公司用 C++ 编写的谷歌开源高性能 JavaScript 和 WebAssembly 引擎
V8	Edge	微软公司开发的一种基于 Chromium 项目的浏览器,从 2020 年开始使用 V8 引擎,提高了浏览器的兼容性和性能
SpiderMonkey	Firefox	Mozilla Firefox 浏览器的 JavaScript 执行引擎
JavaScriptCore	Safari	苹果公司开发的 Safari 浏览器内核 WebKit 中的 JavaScript 引擎

3. 网络模块

网络模块负责处理网页的网络请求,包括 HTTP、HTTPS、WebSocket、FTP 等协议。它使用网络协议栈来发送和接收数据,并与浏览器执行引擎和渲染引擎进行通信和协作。

4. 存储模块

存储模块负责存储浏览器的数据,包括缓存、Cookie、本地存储、浏览历史、书签等。这些数据可以帮助浏览器提高性能、保持状态、记录用户的偏好和习惯等。

5. 安全模块

安全模块负责保护浏览器的安全,包括 SSL/TLS、CORS、CSP、SOP 等机制。它使用加密算法和安全策略来验证和防止网页的恶意攻击和数据泄露等。

6. 插件模块

插件模块负责运行浏览器的插件,包括 Flash、PDF、Silverlight 等。它使用插件框架来加载和执行插件,并与浏览器引擎和渲染引擎进行通信和协作。

2.1.2 功能分层

了解了浏览器核心组成部分之后,从功能角度看,浏览器可以分为 4 层,如图 2-1 所示。

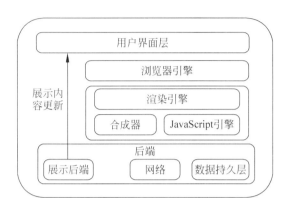

图 2-1　浏览器分层架构

（1）用户界面层（User Interface Layer，UIL）：UIL 负责显示浏览器的外观，包括网址栏、菜单栏、标签栏、工具栏、收藏夹、状态栏等。用户可以通过这一层与浏览器进行交互，输入网址、单击按钮、切换标签等。

（2）浏览器引擎层（Browser Engine Layer，BEL）：BEL 负责控制浏览器的行为，例如解析用户的输入、发送网络请求、管理浏览器的状态和历史记录等。它还负责将渲染引擎层的输出嵌入用户界面层中，形成完整的网页视图。

（3）渲染引擎层（Rendering Engine Layer，REL）：REL 包含页面渲染引擎和 JavaScript 执行引擎等，负责解析网页的代码和资源，例如 HTML、CSS、JavaScript、图片、视频等，并将它们转换成图形对象，最终绘制出网页的内容。

（4）数据持久层（Data Persistence Layer，DPL）：DPL 负责存储浏览器的数据，例如缓存、Cookie、本地存储、浏览历史、书签等。这些数据可以帮助浏览器提高性能、保持状态、记录用户的偏好和习惯等。

2.1.3　多进程架构

除了从功能上的分层架构之外，再从现代浏览器的多进程角度去分析一下。多进程架构是指浏览器会为不同的功能或任务创建不同的进程，每个进程都有自己独立的内存空间和执行环境，这样可以提高浏览器的稳定性、安全性和并发性，而浏览器的多进程架构可以分为以下几部分，如图 2-2 所示。

（1）浏览器主进程（Browser Main Process）：这个进程是浏览器的核心，负责管理浏览器的整体运行，包括用户界面、浏览器引擎、网络请求、插件、扩展等。它也负责与其他进程进行通信和协调。

（2）渲染进程（Renderer Process）：这个进程是浏览器的工作进程，负责渲染网页的内容，包括 HTML、CSS、JavaScript、图片、视频等。它使用渲染引擎来解析和绘制网页，并与浏览器主进程通过 IPC（Inter-Process Communication，进程间通信）机制进行交互。不同的浏览器可能有不同的渲染进程策略，例如 Chrome 和 Edge 会为每个标签页或网站创建一个

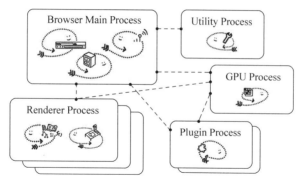

图 2-2　浏览器的多进程架构

渲染进程,而 Firefox 会根据系统资源和网站隔离策略来动态地分配渲染进程。

（3）GPU 进程（GPU Process）：这个进程是浏览器的图形进程,负责处理网页的图形渲染,包括二维、三维、动画、视频等。它使用 GPU（Graphics Processing Unit,图形处理器）来加速图形的计算和显示,并与浏览器主进程和渲染进程进行通信和协作。

（4）Utility 进程：Utility 进程是 Chrome 浏览器的通用进程,用于创建、销毁其他各种进程、管理 Chrome 的内存和文件系统,以及执行系统级别的操作,如拖放、剪贴板、消息通知等。

（5）插件进程（Plugin Process）：负责运行网页中的插件,例如 Flash、PDF、Silverlight等。它使用插件框架来加载和执行插件,并与浏览器主进程和渲染进程进行通信和协作。

2.2　浏览器及插件模型

2.2.1　浏览器模型

Chrome 浏览器模型是指 Chrome 浏览器的内部结构和工作原理,它可以分为以下四部分。

1. Web 浏览器

Web 浏览器（Web Browser）是 Chrome 浏览器的外部界面和功能,它提供了用户与网页和网络进行交互的途径,例如网址栏、标签页、菜单栏、工具栏、收藏夹、历史记录、扩展程序等。Web 浏览器还负责管理浏览器的设置、权限、安全性、隐私性等方面。

2. JavaScript 引擎

JavaScript 引擎（JavaScript Engine）是 Chrome 浏览器的核心组件,它负责解析和执行网页中的 JavaScript 代码,实现网页的动态和交互功能。Chrome 浏览器使用的 JavaScript引擎是 V8,它是一个高性能的引擎,可以将 JavaScript 代码编译成机器码,从而提高执行速度和效率。

3．Web 页面（Web Page）

Web 页面也是 Chrome 浏览器的核心组件，它负责解析和渲染网页的内容，包括 HTML、CSS、图片、视频、音频等。Chrome 浏览器使用的 Web 页面渲染引擎是 Blink，它是一个基于 WebKit 的引擎，可以支持多种 Web 标准和特性，例如 HTML5、CSS3、SVG、Canvas、WebGL 等。

4．网络（Networking）

网络也是 Chrome 浏览器的核心组件，它负责与服务器进行数据交换，使用 HTTP 或 HTTPS 等协议来发送和接受请求和响应。Chrome 浏览器使用的网络组件是 Chrome 网络堆栈（Chrome Network Stack），它是一个基于 WebKit 的组件，可以支持多种网络特性，例如 DNS 预解析、TCP 预连接、SPDY、HTTP/2/3、QUIC 等。

5．数据存储（Data Storage）

数据存储是浏览器用来存储一些本地数据的部分，例如 Cookie、缓存、本地存储、索引数据库等。这些数据可以用来提高网页的性能、保存用户的偏好、实现离线访问等功能，其核心结构如图 2-3 所示。

图 2-3　浏览器的模型

2.2.2　浏览器的标签页

Chrome 浏览器的多标签页功能允许用户在同一个窗口中打开多个网页，并通过标签进行快速切换。每个标签页都是独立的，这意味着它们在安全性和隔离性方面有一定程度的独立性。不同标签页的隔离性不同。

Chrome 浏览器有效地对不同标签页进行隔离，确保它们之间相互独立、安全运行。这种隔离性主要体现在以下几方面。

（1）进程隔离：Chrome 为每个标签页分配一个单独的渲染进程。这意味着即使一个标签页崩溃，其他标签页也不会受到影响。

（2）资源隔离：每个标签页都有独立的JavaScript执行环境,使一个标签页中的脚本无法直接访问其他标签页的数据或DOM结构。

（3）内存隔离：Chrome采用了内存隔离机制,每个标签页的JavaScript和渲染进程都有自己的内存,以防止恶意网页利用内存漏洞攻击其他标签页,其模块间的通信模型如图2-4所示。

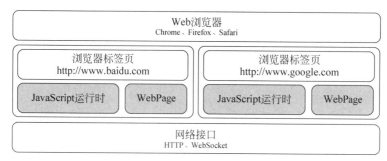

图 2-4 浏览器的多进程架构

2.2.3 浏览器插件模型

Chrome浏览器插件模型是指Chrome浏览器如何支持开发者创建和使用一些扩展程序(Extensions),以增强浏览器的功能和用户体验。Chrome浏览器插件模型主要可以分为以下三部分。

1. 独立的JavaScript页面和运行时

这是Chrome浏览器插件模型的基础,它指的是每个插件都有一个或多个JavaScript页面,这些页面在浏览器中运行,但是与普通的网页不同,它们不需要显示在标签页或者窗口中,而是在后台运行,或者在特定的情况下运行,例如当用户单击插件的图标时。这些JavaScript页面可以使用Chrome提供的一些特殊的API来访问浏览器的功能和资源,例如通知、书签、历史记录、选项卡等。这些API的使用需要遵循一定的权限和安全规则,以保护用户的隐私和数据。

2. 原生的API和用户界面

这是Chrome浏览器插件模型的核心,它指的是Chrome提供了一些原生的API和用户界面,让插件可以与浏览器和用户进行交互,例如弹出窗口、浏览器操作栏、右键菜单、快捷键等。这些API和用户界面的使用也需要遵循一定的权限和安全规则,以提高用户的体验。例如,插件不能随意修改浏览器的设置,或者不能强制用户执行某些操作。

3. 标签页和域名访问

这是Chrome浏览器插件模型的扩展,它指的是插件可以在一定的条件下访问和修改用户打开的标签页中的网页的内容和行为,例如注入脚本、修改样式、添加功能等。这些条件包括用户的授权、插件的声明、网页的域名等。这些条件的设置是为了保护用户的安全和自由，防止插件对用户的网页进行恶意操作或者监控，其示意图如图 2-5 所示。

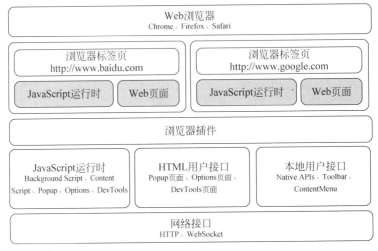

图 2-5　浏览器插件模型

2.3　插件的工作原理

了解浏览器扩展的各种元素如何工作非常重要，但更重要的是了解它们如何协同工作。浏览器扩展的架构不同寻常，这是由于后台脚本、内容脚本、弹出和选项页面及开发工具页面缺乏集中性，是由分布式元素网络构成的，与此同时这些元素可以管理多个窗口和标签页的复杂浏览器页面基础结构。这些因素会导致插件开发与传统的前端开发非常不同。

在实际的软件开发中，往往需要处理的是相对比较复杂的任务，需要模块化的思想将系统拆分为多个模块或进程，每个模块负责不同的功能，不同的团队或开发者可以独立开发和维护系统的不同部分，通过进程间通信，这些部分可以协同工作而无须深入了解对方的实现细节，这种设计使系统更容易理解、维护和扩展，这就是现代系统开发的惯例方法，也是复杂系统开发的经典方法。

那么对于浏览器插件开发也是一样的，必须了解基于的平台的不同组件的通信方式，这样才能提高开发和设计的效率。常见的进程间通信方式有管道（Pipe）、消息队列（Message Queue）、共享内存（Shared Memory）、套接字（Socket）、信号（Signal）、文件映射（File Mapping）、远程过程调用（RPC）、数据库等非常多的手段。这些模型提供了不同的方式来满足进程间通信的需求，在浏览器扩展的通信模型设计中要根据业务需求来详细选择，例如插件是否需要网络访问、是否需要数据存储等，具体在后面的实战环节会详细展示。

2.3.1　插件的架构

浏览器扩展架构更易于直观理解，它展示了浏览器扩展的所有组成部分是如何组合在一起的，如图 2-6 所示。

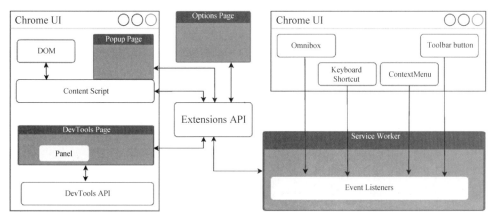

图 2-6　浏览器插件架构

该图展示了不同组件和 API 的交互形式,详细描述如下:

(1) 弹出页面可以使用 WebExtensions API 来执行任务,如向存储 API 读/写数据、向后台页面发送消息或触发活动标签页内容脚本中的行为。

(2) 内容脚本可以查看和操作主机网页的 DOM,并监听 DOM 事件。

(3) 内容脚本会直接注入网页,并在沙箱式 JavaScript 运行时中执行。每个具有允许方案(http://, https://, ftp://, file://)的标签页都有资格被注入内容脚本。

(4) Extensions API 是任何模块的连接组织。它允许在任何两个模块之间进行双向消息传递,并允许访问共享存储 API。扩展消息传递协议是一种广播格式,这意味着扩展的任何其他部分都可以监听所有发送的消息。

(5) DevTools 页面只能使用 Extensions API 的一部分。

(6) 服务工作者可以通过 Extensions API 管理扩展的其他部分。这包括在触发 API 事件处理程序时向扩展的其他部分分派消息。

(7) 开发工具界面每次打开时都会初始化 DevTools 页面,而在关闭时则将其删除。它主要用于初始化面板等子元素。开发工具页面是无头网页。

(8) 后台服务程序是插件的大脑。它经常用于处理事件、分派消息和执行身份验证任务。后台服务工作者是单例的。对于任意数量的标签页或窗口,只有一个服务工作线程在运行。

(9) DevTools API,一个 DevTools 页面可以生成多个子页面,并在浏览器的 DevTools 界面中进行本地呈现。这些子页面采用面板和边栏的形式。

(10) 后台服务工作线程是浏览器插件中唯一能可靠地处理浏览器事件的组件。选项页面、弹出页面、内容脚本和开发工具页面等扩展元素都是瞬时的,因此在不运行时可能会错过事件。

(11) 在清单中启用和配置 Omnibox。在 URL 栏输入特殊关键词时会显示一个类似搜索的特殊界面。该界面将向扩展调度包含搜索栏内容的全能框事件,从而使扩展能够提供搜索引擎式的行为。

（12）启用键盘快捷键后，既可以触发本机行为（如打开弹出页面），也可以触发自定义命令事件。

（13）本地工具栏图标有两种执行方式：一种是触发弹出页面，另一种是触发扩展单击事件。

2.3.2　事件和通信模型

在 Chrome 扩展中，事件模型通常指的是针对浏览器动作或用户交互产生的事件的处理方式。

（1）浏览器事件：例如页面加载完成、标签页切换、书签变化等。

（2）用户交互事件：例如单击、输入等用户操作。

Chrome 扩展可以通过 chrome. * API 来监听和处理这些事件。例如，通过 chrome. tabs. onActivated 可以监听标签页切换事件，通过 chrome. runtime. onInstalled 可以监听扩展安装事件。

在 Chrome 扩展中，通信模型则主要指的是不同部分（例如 Background、Content Scripts、Popup）之间的消息传递。

（1）Background 页面：扩展的后台页面，负责监听和处理扩展的大部分逻辑，可以作为中央控制台。

（2）Content Scripts：注入网页中执行的脚本，可以与页面直接交互。

（3）Popup 页面：单击扩展图标弹出的页面，用于显示和执行一些特定功能。

Chrome 扩展中的不同部分可以通过 chrome. runtime. sendMessage 和 chrome. runtime. onMessage 来发送和接收消息，这些消息可以是文本、对象或其他格式的数据。这种通信机制可以实现不同部分之间的交互和协作，例如 Content Scripts 与 Background 之间的消息传递，以及 Popup 页面与其他部分的通信。

这种事件和通信模型让 Chrome 扩展能够以一种灵活的方式响应用户操作和浏览器事件，并使不同部分之间可以相互传递信息，实现更丰富的功能和交互，其详细的通信模型视图如图 2-7 所示。

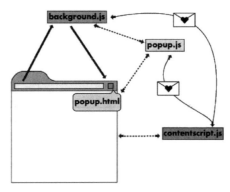

图 2-7　组件间事件和通信模型

图 2-7 中展示了不同组件之间的通信形式,如内容脚本(Content Scripts)与后台脚本(Background Scripts),以及与 Popup Scripts(弹出页面脚本)之间的通信形式。消息通信是插件内各部分协作的一种方式,Chrome Extension API 提供了对消息通信的原生支持。下面是具体的代码示例展示。

1．消息传递

使用 chrome.runtime.sendMessage 和 chrome.runtime.onMessageAPI 进行消息传递。Content Scripts、Background Scripts 和 Popup Scripts 之间可以相互发送消息,实现简单的通信,代码如下:

```
//在 Content Script 中发送消息
chrome.runtime.sendMessage({data: "Hello from content script!"});
 - //在 Background Script 中接收消息
chrome.runtime.onMessage.addListener(
function(request, sender, sendResponse) {
console.log(request.data);          //输出:"Hello from content script!"
}
);
```

2．长连接

使用 chrome.runtime.connect API 创建长连接,可以在 Content Scripts 与 Background Scripts 之间建立持久的双向通信通道,代码如下:

```
//在 Content Script 中建立长连接
const port = chrome.runtime.connect({name: "content - script"});
 - //在 Background Script 中接收连接
chrome.runtime.onConnect.addListener(function(port) {
console.assert(port.name === "content - script");
port.onMessage.addListener(function(msg) {
console.log(msg.data);          //输出 Content Script 发送的消息
});
});
```

3．本地存储

使用 chrome.storage API 进行本地存储,可以在 Content Scripts 和 Background Scripts 之间共享数据,代码如下:

```
//在 Content Script 中存储数据
chrome.storage.local.set({key: "value"});
 - //在 Background Script 中获取数据
chrome.storage.local.get(['key'], function(result) {
console.log(result.key);          //输出:"value"
});
```

通信模型允许不同部分的浏览器扩展之间进行协同工作,实现功能的分担和协同执行。

2.3.3 同源策略

同源策略（Same-Origin Policy）是一种浏览器安全策略，限制了一个网页文档或脚本如何能与另一个源的资源进行交互。同源是指协议、域名和端口号都相同。

1. 同源策略的规则

（1）JavaScript 访问受限：一个页面的 JavaScript 只能访问与该页面同源的文档对象模型（DOM），无法访问其他源的 DOM。

（2）AJAX 请求受限：使用 XMLHttpRequest 发起的 HTTP 请求受同源策略限制，不允许跨域请求。

（3）Cookie 限制：页面在一个源的上下文中设置的 Cookie 不能被其他源的页面访问。

（4）DOM 存取限制：跨文档操作（如 iframe 和 window 对象的访问）有限制。

2. 浏览器使用同源策略的好处

（1）安全性：同源策略是一种关键的安全措施，防止恶意网站通过跨域请求窃取用户的信息，防止跨站脚本（XSS）和跨站请求伪造（CSRF）等攻击。

（2）数据隔离：同源策略确保不同源的网页不能轻易地访问彼此的敏感数据，保护用户隐私。

（3）防止资源滥用：防止其他网站过度使用服务器资源，如图片、样式表、脚本等，保护服务器免受滥用的威胁。

在 Chrome 插件开发中内容脚本页由于是插入在主页面上的，所以它其实与插件本身由于浏览器同源策略的限制是不能进行数据共享的。笔者本来计划将内容页面和弹出页面通过 IndexedDB 方式共享大量数据，但是发现 IndexedDB 的数据在不同的域下是不能互通的，所以就选择使用 Service Worker 中转的方案。

笔者在文中使用的通信模型如图 2-8 所示。

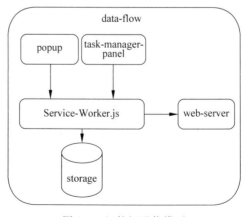

图 2-8 组件间通信模型

如前文所说在 Manifest V3 中引入了 Service Worker,使后台脚本更可控,提高了扩展的性能和效率。

笔者在尝试了各种通信机制之后,认为采用 Service Worker 集中消息管理是比较可靠的方案。首先 Service Worker 的定位就是一种在后台执行脚本的能力,它独立于网页,并能够在用户关闭网页后继续运行。笔者认为主要优点有以下几点。

(1) 后台处理:Service Worker 在后台运行,不受用户关闭网页的影响。可以作为整个系统的消息代理,它可以处理不同组件间的消息传递,可以处理本地存储任务,也可以同远程服务器通信,浏览器插件的消息总线可以方便地解耦各个组件的关系,提高并发效率。

(2) 提高性能:Service Worker 可以缓存资源,从而减少对网络的依赖,加速页面加载速度。用户在第 2 次访问应用时,可能会直接使用缓存而无须从服务器重新获取资源。

(3) 离线访问:通过 Service Worker 可以实现离线访问,即使用户没有网络连接,也能够访问之前缓存的资源。这对于提供离线体验、在不稳定网络环境中工作的应用来讲非常有用。

(4) 更好的用户体验:Service Worker 提供了一种更加灵活的方式来处理网络请求和缓存,使开发者能够提供更好的用户体验。

2.4　插件开发的基本概念

2.4.1　Manifest V3

Manifest V3 是 Chrome 扩展程序的新规范,它定义了扩展程序的基本信息和运行时的行为。在 Manifest V3 中,开发者可以定义扩展程序的各种属性和行为,包括名称、版本、描述、图标、权限等。此外,Manifest V3 还支持使用新的 API,以提供更多功能和更好的用户体验。

Manifest V3 是谷歌 Chrome 团队于 2020 年 11 月 9 日发布的,并且在 Chrome 88 或更高版本中普遍支持 Manifest V3。Manifest V3 朝着安全、隐私和性能方向迈出了一步。

(1) 在隐私方面提供了使扩展能够良好运行的方法,而无须持续访问用户数据。通过通知用户扩展正在做什么,让他们在运行时和上下文中授予权限,改善用户对权限的控制。

(2) 在安全部分对扩展访问扩展上下文之外的资源采取更严格的协议和要求。

(3) 在性能方面确保扩展程序在所有设备上都能正常运行,这意味着:性能问题不会影响浏览器体验,即使安装了许多扩展程序,Chrome 也能顺利运行。

(4) 能力方面,保持平台功能强大、功能丰富,以便扩展可以继续改进并为用户提供更大的价值。

2.4.2　Manifest V3 基本组成部分

Chrome Extension 主要由以下几部分组成,如图 2-9 所示。

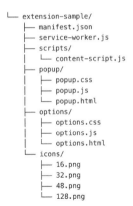

图 2-9　Chrome Extension 的主要组成

Manifest 文件：Manifest 文件是扩展程序的核心文件，它包含了扩展程序的基本信息和各种属性。Manifest 文件通常被命名为 manifest. json，下面是平时项目开发中的 manifest. json 的一个示例，代码如下：

```
//第 2 章 Manifest.json
{
"name": "AnythingtoAudio",
"version": "1.3.2",
"description": "Convert any web content to audio",
"manifest_version": 3,
"minimum_chrome_version": "99",
"action": {
"default_popup": "index.html"
},
"icons": {
"16": "/images/app.png",
"32": "/images/app.png",
"48": "/images/app.png",
"128": "/images/app.png"
},
"background": {
"service_worker": "background.js"
},
"content_scripts": [
{
"matches": ["<all_urls>"],
"css": ["content.css"],
"js": ["content.js"],
"run_at": "document_end"
}
],
"permissions": ["storage","declarativeContent","downloads","tabs","activeTab"],
"host_permissions":[],
```

```
"optional_host_permissions": [
"http:// * /",
"https:// * /"
],
"web_accessible_resources": [
{
"resources": [ "/images/app.png" ],
"matches": ["< all_urls >"]
},
{
"resources": [ "insert.js" ],
"matches": ["< all_urls >"]
}
],
"options_ui": {
"page": "/options/index.html",
"open_in_tab": true
}
}
```

配置清单主要有以下几点需要注意。

（1）权限：最小权限约束原则，在 permissions 字段配置了插件需要使用的权限，本示例中使用了 Storage、DeclarativeContent、Downloads、Tabs、ActiveTab 共 5 个权限，如果应用中配置了没用到或者不必要的权限，则在提交应用商店审核时会被拒绝。关于更多的权限声明解释可以查看官方的权限声明说明。

（2）涉及跨域请求，需要在 host_permissions 里面配置域名，当然也可以用< all_urls >，更好的注重用户隐私的做法是实事求是，用到哪些就列哪些，因为这个配置文件会保存在用户的硬盘上，这会引起用户担忧。

（3）无论是 matches、resources 还是 host_permissions 都可以用通配符描述。

（4）插件中用到的静态资源都需要在 web_accessible_resources 中配置。

（5）content_scripts 中的资源是按照列表中的顺序加载到页面中的，需要注意依赖关系的先后顺序。

（6）图标：插件可以具有不同尺寸的图标，用于显示在浏览器工具栏、扩展管理页面及弹出页中。这些图标有助于用户识别和访问插件功能。

（7）其他资源文件：扩展程序可能包含其他资源文件，如音频、视频、图片等，以提供更好的用户体验。

（8）存储：插件可以使用浏览器提供的存储机制来存储和检索数据。这可以用于保存用户偏好设置、状态信息等。

（9）内容安全策略：为了保护用户安全，Chrome 插件允许开发者通过内容安全策略（CSP）定义哪些资源可以加载和执行。这有助于防止跨站点脚本攻击等安全威胁。

1. Background Scripts

Background Scripts 是扩展程序的后端部分,可以在扩展程序运行时执行后台任务,本质上是一个在 Chrome 后台 Service Worker 中运行的程序,但是没有实际页面。通常用于处理全局性的任务,如处理插件的事件、与外部服务器通信等,一般把全局的、需要一直运行的代码放在这里。Background Script 的权限非常高,除了可以调用绝大多数 Chrome Extension API 外,还可以发起跨域请求,但是由于运行在后台,所以没有访问浏览器 DOM API 的能力,但是需要注意的是,在 Manifest V3 版本中 Background Scripts 的实现采用了 Service Worker 机制,并不是一直运行而是有休眠和关闭的机制,当满足 3 种条件时就会休眠。①不活动 30 秒后,接收事件或调用扩展 API 会重置该计时器;②单个请求(如事件或 API 调用)的处理时间超过 5 分钟;③fetch( ) 响应到达时间超过 30 秒。如果 Service Worker 已休眠,则传入的事件会使其恢复。不过,在设计 Service Worker 时应考虑到意外终止的情况。

2. default_popup

弹出页(default_popup)是插件的一个小型浮动窗口,可以通过单击插件图标来打开。弹出页通常用于显示插件的主要用户界面,有专属的 HTML、CSS、JavaScript,可以按照常规项目来开发,例如设置选项或执行某些操作。

3. content_scripts

内容脚本(content_scripts)是可以注入已加载网页中的 JavaScript 代码。可以使用 HTML、CSS 和 JavaScript 等 Web 技术与页面的 DOM 交互,修改页面内容、样式和行为。内容脚本可以用于添加自定义功能,例如修改网页外观或将额外的按钮添加到页面上。

4. options_ui

选项页(options_ui)是一个独立的 HTML 页面,允许用户配置插件的各种设置。它可以通过插件的弹出页或浏览器的扩展管理页面访问。

5. DevTools Panels 和 Sidebars

DevTools Panels 和 Sidebars 是浏览器开发者工具的核心组件,包括 Elements、Console、Sources、Network 和 Performance 等面板,以及与面板相关的侧边栏。这些工具集成了网页调试、性能优化和代码审查等功能,使开发者能够深入地了解和调试网页或应用程序。开发者可以实时编辑网页内容、监控网络请求、分析性能指标,以改进代码质量和提升用户体验。这些工具不仅为问题定位提供了便利,也为开发者提供了优化和改进产品的机会,促进了网页开发和应用程序优化的进程。

2.5 本章小结

本章首先深入探讨了现代浏览器的架构,包括用户界面、浏览器引擎、渲染引擎、网络、JavaScript 引擎、数据存储及插件等核心组件。每个组件都扮演着特定的角色,共同构成了浏览器的复杂系统。对这些组件的理解有助于更好地理解浏览器的工作方式，以及如何开发和优化浏览器扩展。

　　然后通过对比了解了浏览器和浏览器扩展的工作模型。浏览器扩展作为浏览器的一部分，能够在浏览器的基础架构之上增加额外的功能。深入探讨了扩展如何利用浏览器提供的 API 和权限，以及如何与浏览器的其他部分进行交互。

　　接下来，详细介绍了浏览器扩展的工作原理，包括扩展的各个组件如何通过消息传递进行通信，以及扩展如何与网页进行交互。特别强调了浏览器的同源策略，这是一种安全机制，用于限制不同源的网页之间的交互，以保护用户的数据安全。浏览器扩展需要遵守这一策略，同时也可以通过特定的方式绕过这一限制，以实现更强大的功能。

　　最后，介绍了浏览器扩展开发的基本概念，包括清单文件、Background Scripts、Content Scripts、Popup Pages、Options Pages 等。这些概念是构建浏览器扩展的基础，深入理解它们可以帮助开发者更好地设计和构建扩展，提供更强大的功能，同时也能够确保扩展的安全性和性能。

Manifest 新特性介绍

3.1　浏览器插件的发展愿景

插件平台愿景是对 Chrome 插件平台未来发展方向的设想。它包括了对扩展功能、安全性、隐私性、性能和用户体验等方面的期望和目标。扩展平台愿景的提出是为了指导扩展平台的发展，并帮助开发者理解和接受扩展平台的未来方向。通过明确的愿景，可以使扩展平台的发展更加符合用户需求，同时也能够鼓励开发者创新和优化他们的扩展。扩展平台愿景主要体现在以下几方面。

（1）隐私：提供了使扩展能够良好运行的方法，而无须持续访问用户数据。通过通知用户扩展正在做什么，让他们在运行时和上下文中授予权限，改善用户对权限的控制。

（2）安全性：对扩展访问扩展上下文之外的资源采取更严格的协议和要求。

（3）性能：确保扩展程序在所有设备上都能正常运行，这意味着：性能问题不会影响浏览器体验，即使安装了许多扩展程序，Chrome 也能顺利运行。

（4）提高用户可见性和控制力：扩展平台将提供更大的用户可见性和控制力，以便用户可以更轻松地管理扩展如何访问其数据和其他资源。该平台已经开始通过以下方式解决这个问题：让用户修改授予扩展的主机权限。扩展菜单显示哪些项目可以或想要访问当前页面。将继续改善这一用户体验。寻找越来越重视临时的、上下文风格的权限授予，限制对用户数据的被动访问。ActiveTab 的引入是朝这个方向迈出的第 1 步。用户就如何处理其数据做出明智的决定也很重要。将引入新的方法来帮助用户了解每个扩展程序访问哪些数据及它如何使用这些数据，以便用户可以控制自己的数据。

3.1.1　Webby 模型

在最早的 Chrome 插件模型中，插件主要通过 C/C++ 这样的编译语言来扩展浏览器的功能，这种模型主要用于扩展浏览器本身的功能，而不是增强网页的功能。例如，Flash 插件就是一个典型的例子，它是通过 C/C++ 编写的，用来在浏览器中播放 Flash 动画。

随着 Web 技术的发展,Chrome 开始引入 Webby 模型,让插件的开发和使用都基于 Web 技术,这使 Web 开发者能够快速上手插件的开发,并且插件能够利用 Web 技术来增强浏览器的功能。

在 Webby 模型中,插件运行在一个隔离的沙盒环境中,这意味着插件的代码不能直接访问用户的本地文件系统或其他插件的代码,这样可以提高插件的安全性。插件可以通过 Chrome 提供的 API 来修改浏览器的行为和访问 Web 内容。

Webby 模型主要有以下优点。

(1) 快速上手:插件的开发和使用都基于 Web 技术,例如 HTML、JavaScript 和 CSS,这使 Web 开发者能够快速上手插件的开发。

(2) 安全性:插件运行在一个隔离的沙盒环境中,这意味着插件的代码不能直接访问用户的本地文件系统或其他插件的代码,这样可以提高插件的安全性。

(3) 灵活性:插件可以通过 Chrome 提供的 API 来修改浏览器的行为和访问 Web 内容,这给插件提供了很大的灵活性。

Webby 模型的主要缺点如下。

(1) 安全问题:随着越来越多的应用发布,有部分扩展程序会利用这个平台来非法获得对用户数据和元数据,这对用户的隐私和安全构成了威胁。

(2) 性能问题:插件可能会影响浏览器的性能,特别是如果插件的代码写得不好,或者插件使用了大量的资源,则可能会导致浏览器运行缓慢。

(3) 兼容性问题:由于插件的代码需要与多种浏览器版本兼容,因此插件的开发者需要花费大量的时间和精力来处理兼容性问题。

随着 Chrome 插件技术的不断发展,也在着重从隐私、安全、性能等多个角度解决 Webby 模型使用中的缺陷。

3.1.2 权限模型

权限模型是 Chrome 扩展平台用来控制扩展可以访问和修改的信息和资源的一种机制。在 Manifest V3 中,插件只需声明其需要的高级权限,如文件系统和网络服务。权限模型的出现是为了提高扩展的安全性和隐私性。通过权限模型,用户可以更精细地控制他们安装的任何扩展程序被允许访问哪些信息和资源。这样,用户就可以更好地保护自己的数据,同时也能够防止恶意扩展滥用权限。权限模型可以防止恶意扩展滥用权限,从而提高了扩展的安全性。通过权限模型,用户可以更好地控制他们的数据,从而提高了扩展的隐私性。浏览器插件的权限模型主要包括以下几部分。

1. 权限声明

插件需要在扩展的清单文件中声明其使用的 API 权限。这些权限可以是 tabs、bookmarks、storage 等,也可以是特定的 URL 模式,如 http://www.blogger.com/,http://*.google.com/等。这些权限可以在安装插件时或运行时向用户请求。

2. 可选权限

插件可以声明一些可选的权限，这些权限在安装时并不会被请求，而是在运行时根据需要请求。这些权限需要在清单文件的 optional_permissions 字段中列出。可选权限的主要优点是，插件可以在不需要这些权限时运行，从而减少了插件的权限数量，提高了安全性。

3. 主机权限

主机权限允许插件与 URL 的匹配模式进行交互。有些 Chrome API 需要主机权限，除了它们自己的 API 权限外。主机权限需要在清单文件的 host_permissions 字段中列出。

4. 请求和检查权限

插件可以使用 chrome.permissions API 来请求和检查权限。例如，插件可以使用 chrome.permissions.request()方法来请求权限，使用 chrome.permissions.contains()方法来检查权限是否已经被授予。

5. 移除权限

插件可以使用 chrome.permissions.remove()方法来移除不再需要的权限。

下面是一个清单文件中权限部分的例子，代码如下：

```
{
"name": "Permissions Extension",
...
"permissions": [
    "activeTab",
    "contextMenus",
    "storage"
],
"optional_permissions": [
    "topSites",
],
"host_permissions": [
    "https://www.developer.chrome.com/ * "
],
"optional_host_permissions":[
    "https:// * / * ",
    "http:// * / * "
],
...
"manifest_version": 3
}
```

3.1.3　隐私

在 Manifest V3 中，隐私是指扩展如何处理和访问用户数据的方式。Manifest V3 引入了一些新的特性和功能，以提供更高的隐私保护。隐私的重视是为了保护用户的个人信息，防止被恶意扩展滥用。通过改进隐私保护,用户可以更好地控制他们的数据,同时也能够提高扩展的安全性。提供了使扩展能够良好运行的方法,而无须持续访问用户数据。通过通知用户扩展正在做什么,让他们在运行时和上下文中授予权限,改善用户对权限的控制。Chrome Extensions v3 相比 v2 在隐私性方面的改进主要体现在以下几方面。

1. 消息传递与 Service Worker 交互

在 Manifest V3 中,不同的插件上下文只能通过消息传递与 Service Worker 进行交互。这意味着扩展不能直接获取后台页的引用,而需要改为通过消息传递的形式来与 Service Worker 进行交互,这样可以避免直接获取后台页的引用,从而提高了隐私性。

2. 禁用 eval

在 Manifest V3 中,已经没有任何办法使用 eval 了。这意味着扩展不能再使用 eval 函数来执行动态代码,这样可以避免执行未经检查的代码,从而提高了隐私性和安全性。

3. 禁用 localStorage

在 Manifest V3 的 background.js 文件中 localStorage 被完全禁止使用,这意味着扩展不能再使用 localStorage 来存储数据,这样可以避免扩展直接访问用户的本地存储,从而提高了隐私性。

4. 广告拦截

在 Manifest V3 中,谷歌使用 DeclarativeNetRequest 取代了 V2 中的广告拦截 API。这一变化使广告拦截器在 Manifest V3 下将不得不扮演一个旁观者的角色,而不是网络流量的看门人,这样可以避免扩展直接拦截用户的网络流量,从而提高了隐私性。

3.1.4 安全性

对安全性的重视是为了保护用户的个人信息,防止被恶意扩展滥用。通过改进安全保护,用户可以更好地控制他们的数据,同时也能够提高扩展的安全性。它的安全性主要体现在以下几方面。

1. 更安全的后台服务模型

Manifest V3 引入了一个新的后台服务工作线程模型,这个模型运行在一个与扩展分离的进程中,这样可以降低内存使用并提升性能。此外,服务工作线程对扩展的数据的访问受到限制,这有助于提升安全性。

2. 更精细的权限系统

Manifest V3 引入了一个新的权限系统,这个系统更加精细,限制了扩展对敏感用户数据(如浏览历史、书签和网络活动)的访问。扩展需要明确声明它们需要的权限,用户对他们与扩展共享的数据有更多的控制权。

在 Manifest V2 中,所有的主机权限在安装时都会被授予,因此没有必要有一个面板来与它们进行交互,因为唯一的方式来撤销权限是卸载扩展,而在 Manifest V3 中,所有的主机权限都变成了可选的，这为用户提供了一种更精细的方式来授予权限：他们可以允许扩展在单击时运行，或者总是在给定的域名上运行，或者总是在所有网站上运行。这也意味着需要能够与没有浏览器动作的 Manifest V3 扩展进行交互，以授予它们相应的权限。

3. 限制网络请求的能力

Manifest V3 通过替换旧的 WebRequest API，引入了一个更加受限的 DeclarativeNetRequest API，这个 API 让扩展可以请求 Chrome 阻止网络请求，但是对规则的数量和效果有限制，这有助于提升安全性。

4. 禁止远程托管代码

在 Manifest V2 中允许浏览器插件执行远程的 JavaScript 代码或者用户提供的自定义 JavaScript 脚本，这个机制是有问题的，它为恶意脚本的执行提供了机制，恶意脚本可以通过该机制利用 WebRequest API 来窃取用户的敏感信息，因为它可以读取、修改甚至阻止网络请求，这可能导致个人隐私泄露和存在安全漏洞。

Manifest V3 禁止扩展使用远程托管的代码，这有助于 Chrome Web Store 的审查者更好地理解扩展带来的风险。

3.1.5 性能

浏览器插件对性能的重视是为了确保扩展程序在所有设备上都能正常运行，这意味着性能问题不会影响浏览器体验，即使安装了许多扩展程序，Chrome 也能顺利运行。

1. CPU 使用率

许多 Chrome 插件有能力在用户打开的每页都运行额外的代码，尽管它们只在必要时运行代码。例如，Evernote Web Clipper 在每页都会花费 368ms 的时间运行代码，如果在这段时间内尝试与页面进行交互，则响应会感觉有些滞后。如果安装了多个扩展，则可能会对用户体验产生显著影响。

Chrome 扩展 V3 通过优化代码和加载策略，减少了在用户访问页面时对 CPU 的使用。例如，Grammarly 在 V3 中只在用户聚焦在文本区域时加载完整的 Grammarly.js 文件，而在大多数网站上只加载 112KB 的 Grammarly-check.js 脚本。这样的优化可以显著地降低对 CPU 的使用，提升扩展的性能。

2. 页面渲染时间

CPU 活动可以导致页面卡住和变得无响应，同时也会增加电能消耗，但是，如果处理发生在页面的初始加载之后，则对用户体验的影响可能不会太大。例如，一些扩展（如 Loom 和 Ghostery）在页面开始渲染之前运行了大量的代码，而其他扩展（如 Clever、Lastpass 和 DuckDuckGo Privacy Essentials）在页面开始加载时就运行了代码，这会延迟用户首次能看到页面内容的时间。

Chrome 扩展 V3 通过优化代码执行时机,提升了页面渲染时间。例如,某些扩展在页面开始渲染之前运行了大量的代码,而在 Manifest V3 中,这些扩展可以在页面开始加载时就运行代码,从而减少了用户首次能看到页面内容的时间。

3. 后台 CPU 使用效率

Chrome 扩展不仅可以在访问的页面上运行代码,还可以在属于 Chrome 扩展的后台页面上运行代码。例如,某段代码可以包含阻止对某些域的请求的逻辑,即使在访问简单页面时,Avira Safe Shopping 也会让 CPU 忙于工作超过 2s。

Chrome 扩展 V3 通过优化后台代码执行策略,提升了后台 CPU 的使用效率。例如,某些扩展在后台页面上运行了大量的代码,而在 V3 中,这些插件可以更有效地管理和执行后台代码,从而减少了 CPU 使用时间。

4. 减少内存消耗

Chrome 插件可以增加每个被访问页面的内存使用量,以及扩展本身所使用的内存。这可能会影响性能,特别是在低规格设备上。例如,广告拦截器和隐私工具通常会存储大量网站信息,需要大量的内存来存储这些数据。

Chrome 扩展 V3 通过优化内存管理和数据存储策略,减少了每个被访问页面的内存使用量,以及扩展本身所使用的内存。例如,广告拦截器和隐私工具在 V3 中可以更有效地存储和管理大量网站信息,从而减少内存消耗。

5. API 的升级

在 Manifest V2 中,WebRequest API 允许开发者在插件的生命周期的任意时间点执行网络请求,因此,在极端情况下使用时,WebRequest API 的使用可能会影响浏览器性能,特别是当扩展程序同时拦截大量请求时会增加系统资源的消耗,导致浏览器变慢或卡顿,同时会引入额外的延迟,特别是在处理大量请求时,可能会影响用户的网络体验。

Manifest V3 最有争议的变化是用 DeclarativeNetRequest API 取代了 WebRequest API,允许设置模式匹配规则探测所请求流量并采取行动。DeclarativeNetRequest API 是一个声明式的网络请求修改系统。它允许扩展程序提前将一组规则提交到浏览器,告诉浏览器在特定条件下如何处理网络请求,而不需要实时地请求拦截。这种方式避免了传统 WebRequest API 中每个请求都需要获得扩展程序的处理情况,大大减轻了负担,但谷歌对规则的数量设置了上限。

3.1.6 Webbiness

Webbiness 是一种基于 Web 技术的设计模式。它是 Chrome 扩展平台的基础,旨在使 Web 开发者能够快速上手。

Webbiness 的出现是为了降低开发人员的参与难度,使他们能够更容易地开发和优化他们的扩展。此外,Webbiness 还注重安全性,它在设计上比以前的模型更加安全。

3.2 主要新特性详解

3.2.1 Service Worker

Manifest V3 以服务工作线程(Service Worker)取代了后台页面(Background Page),这也意味着 Manifest V3 抛弃了持久性脚本和事件页面的二元性。服务工作者与对应的网页一样,扩展服务工作者也会监听和响应事件,以提升用户体验。对于网页服务工作线程来讲,这通常意味着管理缓存、预加载资源和启用离线网页。虽然服务工作线程仍然可以完成所有这些工作,但扩展包已经包含了大量可以离线访问的资源,因此,扩展服务工作线程往往专注于对扩展 API 公开的浏览器事件做出反应,但是服务工作线程与 Manifest V2 的 Background Page 还是不一样,主要区别有以下几点。

1. DOM 的访问

在 Manifest V2 中,Background Page 可以直接访问和操作 DOM,然而,在 Manifest V3 中,服务工作线程无法直接访问或操作 DOM。这意味着,如果你的扩展需要访问 DOM,则可能需要将这些调用移动到一个不同的 API 或者一个离屏文档。

2. XMLHttpRequest

在 Manifest V2 中,Background Pages 可以使用 XMLHttpRequest 来发送 HTTP 请求,但是,在 Manifest V3 中,服务工作线程不再支持 XMLHttpRequest,因此,需要将所有的 XMLHttpRequest 调用替换为 fetch()调用。

3. TimeAPI

在 Manifest V2 中,Background Pages 可以使用全局变量和定时器来管理状态和时间,然而,在 Manifest V3 中,服务工作线程在不使用时会被终止。这意味着,不能再依赖全局变量来维护应用状态,而需要将应用状态持久化。此外,终止服务工作线程也可能会在完成之前结束定时器,因此,需要用 alarms 来替换它们,代码如下:

```
//这行代码创建了一个新的警报。delayInMinutes: 5 参数指定了警报应在 5min 后触发
chrome.alarms.create({ delayInMinutes: 5 });
//添加了一个事件监听器,当警报触发时,它会执行指定的函数
chrome.alarms.onAlarm.addListener(() => console.log("5 minutes is up!"));
```

4. 事件处理器

扩展服务工作线程不仅是网络代理(正如网络服务工作线程通常被描述的那样)。除了标准的服务工作线程事件外,它们还响应扩展事件,如导航到新页面、单击通知或关闭标签页。它们的注册和更新方式也与网络服务工作线程不同。

由于服务程序需要定期启动和停止,因此必须以特定的方式组织后台脚本,以确保行为

正确。在编写 Service Worker 时,应牢记以下行为。

(1)安装过程中触发的第 1 个事件是网络服务工作线程的安装事件。

(2)接下来是扩展的 OnInstalled 事件,它会在扩展(而非服务工作线程)首次安装、扩展更新到新版本及 Chrome 浏览器更新到新版本时触发。使用该事件可以设置状态或进行一次性初始化,例如上下文菜单,代码如下:

```
chrome.runtime.onInstalled.addListener((details) => {
  if(details.reason !== "install" && details.reason !== "update") return;
  chrome.contextMenus.create({
    "id": "sampleContextMenu",
    "title": "Sample Context Menu",
    "contexts": ["selection"]
  });
});
```

(3)服务工作线程的激活事件被触发。需要注意的是,与网络服务工作线程不同的是,该事件会在安装扩展后立即触发,因为在扩展中没有与页面重载类似的功能。

(4)通常情况下,Chrome 会在满足以下条件之一时终止 Service Worker:

①30s 不活跃,接收事件或调用扩展 API 会重置该计时器;②单个请求(如事件或 API 调用)的处理时间超过 5 分钟;③fetch()响应的到达时间超过 30 秒。

总之,为了优化扩展的资源消耗,应尽可能地避免让服务工作线程无限期地存活。应测试扩展,以确保不会无意中这样做。可以使用服务工作线程内部接口工具调试服务工作线程,如图 3-1 所示。

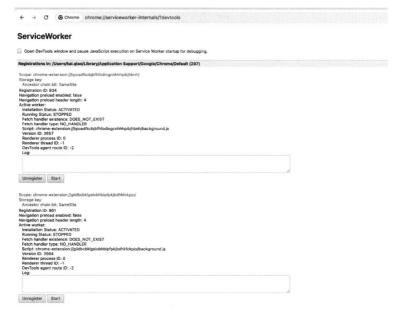

图 3-1 服务工作线程接口工具

> **注意**　在谷歌浏览器中，如果访问 chrome://serviceworker-internals/?devtools，则会发现服务工作线程内部接口，它允许您监控服务工作线程的实时状态及控制台输出。浏览器检查器界面可能会阻止浏览器识别空闲的服务工作线程，而该工具则不同，它允许服务工作线程空闲并停止。

5. 持久化

在 Manifest V2 中，Background Pages 可以持续运行，即使没有任何活动窗口或标签页，然而，在 Manifest V3 中，服务工作线程在不使用时会被终止。这意味着，不能再依赖全局变量来维护应用状态，而需要将应用状态持久化，代码如下：

```
//在 background.js 文件中
chrome.runtime.onInstalled.addListener(() => {
  //使用 storage API 初始化一个值
  chrome.storage.local.set({key: 'value'}, () => {
    console.log('Value is set to ' + value);
  });
});

chrome.runtime.onMessage.addListener(
  (request, sender, sendResponse) => {
    if (request.message === 'changeValue') {
      //改变存储的值
      chrome.storage.local.set({key: request.newValue}, () => {
        console.log('Value is set to ' + request.newValue);
      });
    }
  }
);

//在 Content Script 或者 popup.js 文件中
chrome.runtime.sendMessage({message: 'changeValue', newValue: 'newValue'});
```

在这个示例中，首先在扩展安装时使用 chrome.storage.local.set 方法初始化一个值，然后监听来自 Content Scripts 或者 Popup 的消息，当收到 'changeValue' 消息时，就改变存储的值。

3.2.2　网络请求调整

Manifest V3 改变了扩展修改网络请求的方式。新的声明式网络请求 API（DeclarativeNetRequest API）可让扩展以保护隐私和高性能的方式修改和阻止网络请求。该 API 的精髓在于扩展程序不是拦截请求并按程序修改请求，而是要求 Chrome 浏览器代表它评估和修改请求。

　　扩展程序首先声明了一组规则，以便匹配请求的模式和匹配后要执行的操作，然后浏览器根据这些规则修改网络请求。使用这种声明式方法可以大大减少对持久主机权限的需求。

　　声明式权限有助于限制您的扩展受到恶意软件的威胁时的损害。某些权限警告会在安装前或运行时显示给用户，以获取他们的同意，如在带有警告的权限中进行详细说明。考虑在您的扩展功能允许的地方使用可选权限，以便为用户提供对资源和数据访问的知情控制，代码如下：

```
//manifest.json
{
  "name": "My extension",
  ...
  "permissions": [
    "declarativeNetRequest",
    "declarativeNetRequestFeedback"
  ],
  "host_permissions": [
    "http:// * / * ",
    "https:// * / * "
  ],
  "declarative_net_request": {
    "rule_resources": [
      {
        "id": "ruleset_1",
        "path": "rules.json"
      }
    ]
  },
  ...
}
```

　　然后创建一个名为 rules.json 的文件，其中包含需要的规则集，代码如下：

```
//
[
  {
    "id": 1,
    "priority": 1,
    "action": {
      "type": "block"
    },
    "condition": {
      "urlFilter": "example.com",
      "resourceTypes": ["main_frame"],
      "domains": ["example.com"],
      "ExceludedDomains": ["subdomain.example.com"]
    }
  }
]
```

这个规则集包含一个规则,该规则阻止所有指向 example.com 的主框架请求,但不包括指向 subdomain.example.com 的请求,而使用 WebRequest 的代码如下:

```
chrome.webRequest.onBeforeRequest.addListener(
  function(details) {
    return {cancel: details.url.indexOf("example.com") != -1};
  },
  {urls: ["<all_urls>"], types: ["main_frame"]},
  ["blocking"]
);
```

这段代码的效果与上述 DeclarativeNetRequest API 的示例相同,但它使用了 WebRequest API 的 onBeforeRequest 事件监听器,并且需要 webRequestBlocking 权限。

总体来讲,DeclarativeNetRequest API 提供了一种声明式的方法来处理网络请求,而不是在运行时拦截和修改网络请求。这提供了更多的隐私,因为扩展代码无法直接访问请求的详细信息。

3.2.3　远程资源访问限制

Manifest V3 的一项关键安全改进是,扩展程序无法加载 JavaScript 或 Wasm 文件等远程代码。这样,当扩展提交到 Chrome 网上商城时,就能更可靠、更高效地审查扩展的安全行为。具体来讲,所有逻辑都必须包含在扩展包中,但是图片、音视频文件不受影响。

如果插件需要访问远程资源,则主要有以下方案。

(1)使用服务工作线程:服务工作线程可以向任何网站发送 fetch 请求,只要该网站允许跨源资源共享(CORS)。可以在服务工作线程中发送请求,然后将结果传递给扩展。

(2)使用 CORS 头:如果需要控制远程资源的服务器,则可以添加 CORS 头来允许扩展访问这些资源。

(3)使用代理服务器:如果无法控制远程资源的服务器,则可以设置一个代理服务器,将请求从扩展转发到远程服务器,然后将响应返给扩展。

以下是一个使用服务工作线程发送 fetch 请求的示例,代码如下:

```
//在 background.js 文件中
chrome.runtime.onInstalled.addListener(() => {
  //注册服务工作线程
  navigator.serviceWorker.register('service-worker.js');
});
//在 service-worker.js 文件中
self.addEventListener('fetch', event => {
  if (event.request.url.includes('example.com')) {
    event.respondWith(fetch(event.request));
  }
});
```

在这个示例中，首先在安装扩展时注册了一个服务工作线程，然后在服务工作线程中监听 fetch 事件，当请求的 URL 包含'example.com'时，使用 fetch API 发送请求，并将结果作为响应返回。

3.2.4　Promise

Manifest V3 为 Promise 提供了对更多的支持。大多数应用程序接口现在支持 Promise，最终将在所有适当的方法上支持 Promise。Promise 是异步方法返回值的代理或占位符。使用 Promise 主要有以下几个优点。

（1）更清晰的代码：使用 Promise 可以使代码更清晰，更易于维护。应该考虑在以下情况下使用 Promise：任何时候想通过更同步的调用风格来清理代码。

（2）错误处理：在使用回调进行错误处理过于困难的情况下，应该考虑使用 Promise。

（3）并发方法调用：当想要一种更紧凑的方式来调用几个并发方法并将结果收集到一个代码线程中时，应该考虑使用 Promise。

此外还支持 Promise Chains、Async 和 Await。某些 API 功能（如事件监听器）仍然需要回调，代码如下：

```
//使用 Promise
const newPerms = { permissions: ['topSites'] };
chrome.permissions.request(newPerms)
  .then((granted) = > {
    if (granted) {
      console.log('granted');
    } else {
      console.log('not granted');
    }
  });
```

该示例是一个使用 Promise 的示例。在这个示例中，使用 chrome.permissions.request 方法请求权限，然后使用.then 方法处理返回的 Promise。如果权限被授予，则在控制台打印 granted，否则打印 not granted。与此相比，使用回调的代码如下：

```
//使用回调
chrome.permissions.request(newPerms, (granted) = > {
  if (granted) {
    console.log('granted');
  } else {
    console.log('not granted');
  }
});
```

这段代码的效果与上述 Promise 的示例效果相同，但它使用了回调而不是 Promise。

注意 为了向后兼容，在添加 Promise 支持后，许多方法仍继续支持回调。需要注意的是，不能在同一个函数调用中同时使用这两种方法。如果传递回调，则函数将不会返回 Promise。如果希望返回 Promise，则不要传递回调。

3.3 本章小结

本章首先讨论了浏览器插件的发展愿景，例如在隐私、安全、性能、体验方面，然后讨论了 Chrome 扩展 Manifest V3 的一些关键特性和变化。首先介绍了 Manifest V3 的服务工作线程与 Manifest V2 的 Background Page 的区别，包括 DOM 访问、XMLHttpRequest、Time API，以及持久性、全局状态和存储。接着介绍了一些使用 Manifest V3 中的新 API，如 declarativeNetRequest 和 storage，然后介绍了 Manifest V3 对远程资源访问的限制，以及如何在有这种需求时进行处理。最后，介绍了为什么 Manifest V3 要引入 Promise，并提供了一个使用 Promise 的示例。

总之，Manifest V3 引入了一些重要的改变，这些改变旨在提高扩展的性能、安全性和隐私保护。虽然这可能需要开发者对现有的扩展进行一些修改，但最终的结果将是值得的。

快速上手

▶14min

本章的目标是让读者在浏览器中快速体验使用浏览器扩展开发的过程。本章的所有代码都基于 Manifest V3 的语法，并在开发过程中不会使用任何第三方库或者依赖项，只使用原生的 HTML、JavaScript、CSS。本章从零开始带领读者开发浏览器插件，并在开发过程中学会安装和调试。

4.1　创建清单文件

清单文件是浏览器扩展的配置文件，用于定义扩展的名称、描述、图标、权限等信息。清单文件使用 JSON 格式编写。

在本地目录中创建一个 extension_quickstart 文件夹，并且创建一个 manifest.json 文件，示例代码如下：

```
//第 4 章 4.1 manifest.json
{
"name": "Quickstart Extension for Chrome",
"description": "A simple browser extension quickstart",
"version": "1.0",
"manifest_version": 3
}
```

清单文件的各个字段说明，name 表示扩展的名称，它会被显示在 Web 商店的插件说明里。description 表示扩展的描述，用于对插件详细地进行描述。version 表示扩展的版本号，方便开发者定义自己的软件版本。manifest_version 是清单文件的版本号，用于告诉浏览器使用什么版本的语法格式来解析插件内容。

4.2　安装扩展

本节展示如何在浏览器中安装自己的扩展，如图 4-1 所示。

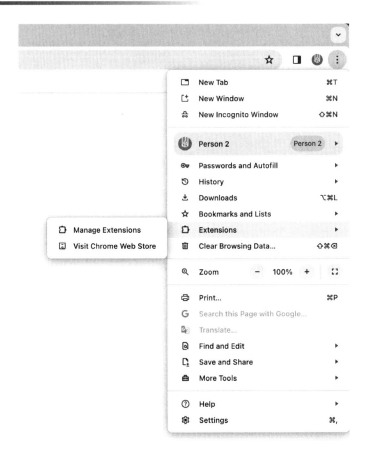

图 4-1 安装扩展步骤 1

扩展的管理界面如图 4-2 所示。

图 4-2 安装扩展步骤 2

在扩展的管理界面打开开发者模式，如图 4-3 所示。

在扩展的管理界面，选择 Load unpacked 按钮加载未打包的扩展文件，如图 4-4 所示。

在扩展的管理界面，加载未打包的扩展文件之后展示出来的效果，如图 4-5 所示。

图 4-3 安装扩展步骤 3

图 4-4 安装扩展步骤 4

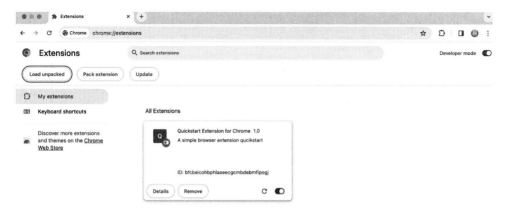

图 4-5 安装扩展步骤 5

4.3　重新加载扩展

插件的不同部分会在不同的时间被重新加载。此外,多个标签页和窗口可能意味着同时运行着多个版本的插件。插件的不同部分会在以下几个时间点重新加载:

(1)插件页面重载:刷新所有使用 chrome-extension:// 协议的页面。这在修改弹出窗口和选项页面的 HTML、JavaScript、CSS 及图片时是必需的。

(2)网页重载:刷新所有被注入内容脚本的网页。这在修改注入的内容脚本时是必需的。

(3)开发者工具重载:关闭并重新打开浏览器的开发者工具界面。这在修改开发者工具页面时是必需的。

可以通过以下三种方式强制重新加载扩展:

(1)卸载并重新安装插件。

(2)在 Chrome 扩展管理页面点击相应卡片上的重新加载图标。

(3)使用 chrome. runtime. reload() 或 chrome. management. setEnabled() 在代码中进行重新加载。

4.4　添加后台脚本

后台脚本(Background)是扩展的事件处理程序,它包含对扩展很重要的浏览器事件的监听器。它处于休眠状态,直到触发事件,然后执行指示的逻辑。有效的后台脚本仅在需要时加载,并在空闲时卸载。

在 Manifest V3 中,后台脚本被替换为服务工作线程(Service Worker),这是一种在浏览器和网页之间运行的独立脚本,可以处理网络请求、缓存数据、推送消息等。服务工作线程主要有以下特点:

(1)在不使用时终止,在需要时重新启动(类似于事件页面)。

(2)无权访问 DOM(服务工作线程独立于页面)。

(3)可以使用 Chrome API,但需要注意一些限制。

如果要在扩展中使用服务工作线程,则需要在 manifest.json 文件的 background 字段中指定 service_worker 属性,其值为服务工作线程的脚本文件名,示例代码如下:

```
//第 4 章 4.4 manifest.json
{
"name": "Quickstart Extension for Chrome",
"description": "A simple browser extension qucikstart",
"version": "1.0",
"manifest_version": 3,
```

```
"background": {
"service_worker": "background.js"
}
}
```

在服务工作线程的脚本文件中，可以使用 chrome.runtime.onMessage.addListener 来监听来自其他组件（如内容脚本、弹出页面等）的消息，并使用 chrome.scripting.executeScript 在指定的标签页中执行脚本，示例代码如下：

```
//第 4 章 4.4 background.js
chrome.runtime.onMessage.addListener((message, sender, callback) => {
const tabId = sender.tab.id;                    //获取发送消息的标签页的 ID
if (message.data === "setAlarm") {
//如果消息是设置闹钟
chrome.alarms.create({ delayInMinutes: 5 });    //创建一个 5min 后触发的闹钟
} else if (message.data === "runLogic") {
//如果消息是运行逻辑
chrome.scripting.executeScript({
//在当前标签页中执行 logic.js 文件
file: "logic.js",
target: { tabId },
});
} else if (message.data === "changeColor") {
//如果消息是改变颜色
chrome.scripting.executeScript({
//在当前标签页中执行一个匿名函数,将页面背景色改为橙色
func: () => (document.body.style.backgroundColor = "orange"),
target: { tabId },
});
}
});
```

4.5　添加弹出页面

弹出页面（Popup Page）是扩展的用户界面,它在用户单击扩展图标时显示在浏览器工具栏下方。弹出页面可以包含任何想要的 HTML 内容,例如表单、按钮、图片等。弹出页面可以与服务工作线程或内容脚本通信,以实现扩展功能。

如果要在扩展中使用弹出页面,则需要在 manifest.json 文件的 action 字段中指定 popup 属性,其值为弹出页面的 HTML 文件名,代码如下：

```
//第 4 章 4.5 manifest.json
{
"name": "Quickstart Extension for Chrome",
"description": "A simple browser extension quickstart",
```

```
"version": "1.0",
"manifest_version": 3,
"background": {
"service_worker": "background.js"
},
"action": {
"default_popup": "popup.html"
}
}
```

在弹出页面的 HTML 文件中，可以使用标准的 HTML 元素来创建用户界面，代码如下：

```
//第 4 章 4.5 popup.html
< html >
  < head >
    < style >
      body {
        width: 300px;
        height: 200px;
      }
    </ style >
  </ head >
  < body >
    < h1 >这是一个弹出页面</ h1 >
    < p >请输入两个大整数:</ p >
    < input id = "input1" type = "text" />
    < input id = "input2" type = "text" />
    < button id = "button">计算乘积</ button >
    < p >结果是:</ p >
    < span id = "ans"></ span >
    < script src = "popup.js"></ script >
  </ body >
</ html >
```

在弹出页面的 JS 文件中，可以使用 chrome.runtime.sendMessage 向服务工作线程发送消息，并使用 chrome.runtime.onMessage.addListener 接收来自服务工作线程的响应，代码如下：

```
//第 4 章 4.5 popup.js
document.querySelector(" # button").addEventListener("click", () => {
  const val1 = document.querySelector(" # input1").value || "0";
  const val2 = document.querySelector(" # input2").value || "0";
  chrome.runtime.sendMessage({ val1, val2 }, (response) => {
    document.querySelector(" # ans").innerHTML = response.res;
  });
});
```

4.6 添加选项页面

选项页面（Options Page）是扩展的配置界面，它允许用户自定义扩展的行为和外观。选项页面可以包含任何想要的 HTML 内容，例如复选框、单选框、文本框等。选项页面可以与服务工作线程或内容脚本通信，以保存和读取用户的设置。

如果要在扩展中使用选项页面，则需要在 manifest.json 文件的 options_ui 字段中指定 page 属性，其值为选项页面的 HTML 文件名，代码如下：

```
//第 4 章 4.6 manifest.js
{
"name": "Quickstart Extension for Chrome",
"description": "A simple browser extension quickstart",
"version": "1.0",
"manifest_version": 3,
"options_ui": {
"page": "options.html"
}
}
```

在选项页面的 HTML 文件中，可以使用标准的 HTML 元素来创建配置界面，代码如下：

```
//第 4 章 4.6 options.html
< html >
  < head >
    < style >
      body {
        width: 400px;
        height: 300px;
      }
    </ style >
  </ head >
  < body >
    < h1 >这是一个选项页面</ h1 >
    < p >请选择你喜欢的颜色：</ p >
    < select id = "color">
      < option value = "red">红色</ option >
      < option value = "green">绿色</ option >
      < option value = "blue">蓝色</ option >
    </ select >
    < button id = "save">保存</ button >
    < script src = "options.js"></ script >
  </ body >
</ html >
```

在选项页面的 JS 文件中,可以使用 chrome.storage API 来存储和获取用户的设置,以及使用 chrome.runtime.sendMessage 来向服务工作线程发送消息,并使用 chrome.runtime.onMessage.addListener 来接收来自服务工作线程的响应,代码如下:

```javascript
//第 4 章 4.6 options.js
document.querySelector("#save").addEventListener("click", () => {
  const color = document.querySelector("#color").value;        //获取用户选择的颜色
  chrome.storage.sync.set({ color }, () => {
    //将颜色保存到同步存储中
    console.log("颜色已保存");
  });
  chrome.runtime.sendMessage({ data: "changeColor" }, (response) => {
    //向服务工作线程发送消息,请求改变当前标签页的背景色
    console.log("颜色已改变");
  });
});
```

4.7　添加内容脚本

内容脚本是扩展的一种组件,它可以在指定的网页中运行,以修改或增强网页的功能和外观。内容脚本可以使用部分 Chrome API,以及与服务工作线程或弹出页面通信。

要在扩展中使用内容脚本,需要在 manifest.json 文件的 content_scripts 字段中指定一个或多个对象,每个对象包含以下属性。

(1) js:一个数组,指定要在网页中注入的 JS 文件名。

(2) matches:一个数组,指定要匹配的网页 URL 模式。

(3) exclude_matches:一个可选的数组,指定要排除的网页 UR 模式。

(4) run_at:一个可选的字符串,指定内容脚本的注入时机,可以是 document_start(网页加载开始时)、document_end(网页加载结束时)或 document_idle(网页空闲时),示例代码如下:

```javascript
//第 4 章 4.7 manifest.js

{
"name": "Quickstart Extension for Chrome",
"description": "A simple browser extension quickstart",
"version": "1.0",
"manifest_version": 3,
"content_scripts": [
{
"js": ["content.js"],
```

```
"matches": ["https://*.content3ai.com/*"],
"run_at": "document_end"
}
]
}
```

在内容脚本的 JS 文件中,可以使用标准的 JS 语法和 DOM API 来操作网页的元素,代码如下:

```
//第 4 章 4.7 content.js
//获取网页中的搜索框元素
const input = document.querySelector("#sb_form_q");
//获取网页中的搜索按钮元素
const button = document.querySelector("#sb_form_go");
//给搜索框添加一个事件监听器,当用户按 Enter 键时,弹出一个提示框
input.addEventListener("keydown", (event) => {
if (event.key === "Enter") {
alert("你搜索了:" + input.value);
}
});
//给搜索按钮添加一个事件监听器,当用户单击时,弹出一个提示框
button.addEventListener("click", () => {
alert("你搜索了:" + input.value);
});
```

4.8　添加开发者工具面板

开发者工具面板(DevTools Panel)是扩展的一种组件,它可以在浏览器的开发者工具中添加一个自定义的面板,以提供与网页相关的调试或分析功能。开发者工具面板可以使用部分 Chrome API,以及与服务工作线程或内容脚本进行通信。

要在扩展中使用开发者工具面板,需要在 manifest.json 文件的 devtools_page 字段中指定一个 HTML 文件名,该文件将在开发者工具中作为一个隐藏的页面加载,代码如下:

```
//第 4 章 4.8 manifest.js
{
"name": "Quickstart Extension for Chrome",
"description": "A simple browser extension quickstart",
"version": "1.0",
"manifest_version": 3,
"devtools_page": "devtools.html"
}
```

在开发者工具页面的 HTML 文件中，可以使用标准的 HTML 元素来创建用户界面，代码如下：

```html
<!-- 第 4 章 4.8 devtools.html -->
<html>
<head>
<style>
body {
width: 400px;
height: 300px;
}
</style>
</head>
<body>
<h1>这是一个开发者工具面板</h1>
<p>当前网页的标题是:</p>
<span id = "title"></span>
<script src = "devtools.js"></script>
</body>
</html>
```

在开发者工具页面的 JS 文件中，可以使用 chrome. devtools API 来创建和管理开发者工具面板，以及使用 chrome. runtime. sendMessage 来向服务工作线程发送消息，并使用 chrome. runtime. onMessage. addListener 来接收来自服务工作线程的响应，代码如下：

```javascript
//第 4 章 4.8 devtools.js
chrome.devtools.panels.create(
  "My Panel", //面板的标题
  "icon.png", //面板的图标
  "devtools.html", //面板的 HTML 文件
  (panel) => {
    //面板创建成功后的回调函数
    console.log("面板已创建");
    panel.onShown.addListener((window) => {
      //面板显示时的事件监听器
      console.log("面板已显示");
      chrome.runtime.sendMessage({ data: "getTitle" }, (response) => {
        //向服务工作线程发送消息,请求获取当前网页的标题
        window.document.querySelector("#title").innerHTML = response.title;
        //将标题显示在面板中
      });
    });
  }
);
```

4.9　本章小结

本章介绍了如何使用 Manifest V3 格式来开发 Chrome 浏览器扩展，包括以下几方面：创建清单文件并解释了浏览器插件在开发者模式下的安装方法，然后通过 5 个步骤展示了浏览器插件的主要组件。

第一是后台脚本，通过代码示例展示了后台脚本的应用。后台脚本是扩展的事件处理程序，它使用服务工作线程来监听和处理浏览器事件，以及执行扩展的逻辑。后台脚本需要在 manifest.json 文件的 background 字段中指定 service_worker 属性，其值为服务工作线程的脚本文件名。

第二是创建弹出页面，通过代码示例展示了其用途。弹出页面是扩展的用户界面，它在用户单击扩展图标时显示在浏览器工具栏下方。弹出页面可以包含任何 HTML 内容，以及与服务工作线程或内容脚本通信。弹出页面需要在 manifest.json 文件的 action 字段中指定 popup 属性，其值为弹出页面的 HTML 文件名。

第三是选项页面，通过代码示例展示了其用途。选项页面是扩展的配置界面，它允许用户自定义扩展的行为和外观。选项页面可以包含任何 HTML 内容，以及与服务工作线程或内容脚本通信。选项页面需要在 manifest.json 文件的 options_ui 字段中指定 page 属性，其值为选项页面的 HTML 文件名。

第四是创建内容脚本，通过代码示例展示了其用途。内容脚本是扩展的一种组件，它可以在指定的网页中运行，以修改或增强网页的功能和外观。内容脚本可以使用部分 Chrome API，以及与服务工作线程或弹出页面通信。内容脚本需要在 manifest.json 文件的 content_scripts 字段中指定一个或多个对象，每个对象包含 js、matches、Exclude_matches 和 run_at 等属性。

第五是创建开发者工具面板，通过代码示例展示了其用途。开发者工具面板是扩展的一种组件，它可以在浏览器的开发者工具中添加一个自定义的面板，以提供与网页相关的调试或分析功能。开发者工具面板可以使用部分 Chrome API，以及与服务工作线程或内容脚本通信。开发者工具面板需要在 manifest.json 文件的 devtools_page 字段中指定一个 HTML 文件名，该文件将在开发者工具中作为一个隐藏的页面加载。

Manifest 详解

Manifest(清单)文件是浏览器扩展的蓝图。广义上讲,它是一个配置文件,包含一系列键-值对,规定了扩展可以做什么及 Manifest 以何种方式做。

清单的内容因清单版本和浏览器而异,并非所有浏览器都能使用所有属性;有些浏览器会部分支持某个属性,甚至完全不支持。从 Manifest V2 到 Manifest V3 会添加新的属性,删除其他属性,有些属性的定义方式也会发生变化。

5.1 清单文件

清单文件是浏览器扩展的重要组成部分。它以 JSON 格式(键-值对的集合)定义了扩展的各种属性,包括名称、版本号、权限、页面、脚本等。这个清单告诉浏览器如何加载和管理扩展。以下展示 Manifest 的结构和常见用法。

(1) 最小化配置,代码如下:

```
//第 5 章,5.1
{
  "manifest_version": 3,
  "name": "Minimal Manifest",
  "version": "1.0.0",
  "description": "A basic example extension with only required keys",
  "icons": {
    "48": "images/icon - 48.png",
    "128": "images/icon - 128.png"
  },
}
```

(2) 注册内容脚本,代码如下:

```
//第 5 章,5.1
{
  "manifest_version": 3,
```

```
    "name": "Run script automatically",
    "description": "Runs a script on www.example.ccm automatically when user installs the
extension",
    "version": "1.0",
    "icons": {
        "16": "images/icon-16.png",
        "32": "images/icon-32.png",
        "48": "images/icon-48.png",
        "128": "images/icon-128.png"
    },
    "content_scripts": [
        {
            "js": [
                "content-script.js"
            ],
            "matches": [
                "http://*.example.com//"
            ]
        }
    ]
}
```

（3）注入内容脚本，代码如下：

```
//第5章,5.1
{
    "manifest_version": 3,
    "name": "Click to run",
    "description": "Runs a script when the user clicks the action toolbar icon.",
    "version": "1.0",
    "icons": {
        "16": "images/icon-16.png",
        "32": "images/icon-32.png",
        "48": "images/icon-48.png",
        "128": "images/icon-128.png"
    },
    "background": {
        "service_worker": "service-worker.js"
    },
    "action": {
        "default_icon": {
            "16": "images/icon-16.png",
            "32": "images/icon-32.png",
            "48": "images/icon-48.png",
            "128": "images/icon-128.png"
        }
    },
    "permissions": ["scripting", "activeTab"]
}
```

（4）配置弹出脚本，代码如下：

```
//第 5 章,5.1
{
    "manifest_version": 3,
    "name": "Popup extension that requests permissions",
    "description": "Extension that includes a popup and requests host permissions and storage
permissions .",
    "version": "1.0",
    "icons": {
        "16": "images/icon - 16.png",
        "32": "images/icon - 32.png",
        "48": "images/icon - 48.png",
        "128": "images/icon - 128.png"
    },
    "action": {
        "default_popup": "popup.html"
    },
    "host_permissions": [
        "https:// * .example.com/"
    ],
    "permissions": [
        "storage"
    ]
}
```

（5）配置侧边栏，代码如下：

```
//第 5 章,5.1
{
    "manifest_version": 3,
    "name": "Side panel extension",
    "version": "1.0",
    "description": "Extension with a default side panel.",
    "icons": {
        "16": "images/icon - 16.png",
        "48": "images/icon - 48.png",
        "128": "images/icon - 128.png"
    },
    "side_panel": {
        "default_path": "sidepanel.html"
    },
    "permissions": ["sidePanel"]
}
```

5.2 国际化与模式匹配

5.2.1 国际化配置

浏览器扩展的国际化配置是一种使扩展支持多种语言和地区的方法。它允许开发者根据用户的首选语言,动态地显示不同语言版本的扩展界面文本、按钮标签、提示信息等内容,提高了扩展的可用性和用户体验。

国际化配置通常使用 JSON 文件来管理不同语言的文本资源。在扩展开发中,需要创建一个消息目录,其中包含多个语言版本的 JSON 文件。每个文件都包含一个键-值对,其中键是标识符,值是对应语言下的文本内容。

以简单的浏览器扩展为例,展示如何配置国际化支持。这个扩展是一个简单的页面计数器,当用户单击按钮时,页面上的计数数字会增加。

1. 创建消息目录

首先,在扩展的根目录下创建一个名为 _locales 的文件夹,里面包含不同语言的文件夹。例如,创建英语(en)和法语(fr)版本:

```
_locales
    ├── en
    │    └── messages.json
    └── fr
         └── messages.json
```

2. messages.json 文件内容

messages.json 文件是用来存储不同语言的键-值对的。例如,在英语版本的 messages.json 文件中的代码如下:

```
//第 5 章,5.2.1

//en/messages.json
{
  "pageTitle": {
    "message": "Page Counter"
  },
  "countLabel": {
    "message": "Count: "
  },
  "incrementButton": {
    "message": "Increment"
  }
}
```

而在法语版本的 messages.json 文件中的代码如下：

```
//第 5 章,5.2.1
//fr/messages.json
{
  "pageTitle": {
    "message": "Compteur de Pages"
  },
  "countLabel": {
    "message": "Compte : "
  },
  "incrementButton": {
    "message": "Incrémenter"
  }
}
```

3. 引用国际化文本

在扩展的 HTML 文件中，使用国际化消息的标识符来引用文本内容。例如，HTML 文件中的一段示例代码如下：

```
//第 5 章,5.2.1
<!DOCTYPE html>
<html>
<head>
  <title> Page Counter </title>
</head>
<body>
  <h1><span id = "pageTitle"> Page Counter </span></h1>
  <p><span id = "countLabel"> Count: </span><span id = "count"> 0 </span></p>
  <button id = "incrementButton"> Increment </button>

  <script>
    document.getElementById('incrementButton').addEventListener('click', function() {
      let countElement = document.getElementById('count');
      let count = parseInt(countElement.innerText);
      countElement.innerText = count + 1;
    });
  </script>
</body>
</html>
```

<span>和<button>的文本内容使用了一个特殊的 ID，而不是直接写文本。这些 ID 对应了 messages.json 文件中的键。浏览器扩展在加载页面时会根据用户的语言设置动态地将这些文本内容替换为对应语言版本的文本。

国际化配置使浏览器扩展能够在不同的语言环境下提供友好的用户界面。通过创建不同语言版本的消息文件，并在扩展中引用这些消息文件的键，可以实现在用户选择的语言环

境下动态地显示对应的文本内容,为用户提供更加舒适和贴近本地化的使用体验。

5.2.2 模式匹配

清单文件中的一些属性可以使用模式匹配同时指定多个 URL 或文件。

匹配模式是具有这种< scheme >://< host >/< path >结构的 URL,用于指定一组 URL。

(1) scheme:支持的类型有 http、https、file、*,* 号表示支持 https 和 http。

(2) host:是主机名(www.example.com)。主机名前的 * 用于匹配子域(*.example.com)或通配符 *。如果在主机模式中使用通配符,则通配符必须是第 1 个或唯一的字符,并且后面必须跟一个句点(.)或正斜线(/)。

(3) path:必须至少包含一条正斜线。斜线本身可以匹配任何路径,就像后面跟了一个通配符(/*)。

一些特殊情况如下。

(1) all_urls:匹配任何以允许方案开头的 URL,包括有效模式下列出的任何模式。由于它会影响所有主机,因此 Chrome 浏览器网站商店对使用该功能的扩展的审核时间可能会更长。

(2) file://:允许扩展在本地文件上运行。这种模式要求用户手动授予访问权限。需要注意,这种情况需要 3 条斜线,而不是两条。

(3) 本地主机 URL 和 IP 地址:如果要在开发过程中匹配任何本地主机端口,则可使用 http://localhost/*。对于 IP 地址,应在路径中指定地址加通配符,如 http://127.0.0.1/*。也可以使用 http://*:*/* 来匹配 localhost、IP 地址和任何端口。

(4) 顶级域匹配模式:Chrome 浏览器不支持顶级域(TLD)的匹配模式。应在单个 TLD 中指定匹配模式,如 http://google.es/* 和 http://google.fr/*。

5.3 Manifest 属性

5.3.1 必填属性

1. manifest_version

manifest_version 属性指定了使用的清单文件的版本。在 Manifest V3 中,这个属性的值应为 3,以表明使用的是 Manifest V3 版本格式,代码如下:

```
{
  "manifest_version": 3,
  ...
}
```

强制性属性：在 Manifest V3 中，这是一个必需的属性，指定了使用的清单文件格式版本。如果未指定或指定错误，则扩展将无法正确加载并运行。不同于 V2：Manifest V3 与 V2 相比有许多不同之处，包括权限管理、生命周期和 API 的改变。使用 V3 需要考虑这些变化，并相应地修改扩展。V3 版本可能带来性能提升和更好的安全性，但需要更严格的代码规范和适应新的 API。

> **注意** 未定义或错误定义 manifest_version 属性会导致扩展无法正确识别清单文件的版本，因此无法加载或运行。在迁移或创建新的扩展时，正确设置 manifest_version 至关重要，以确保扩展可以在 Manifest V3 环境下正常工作。

2. name

name 属性指定了扩展的名称，显示在 Chrome 扩展管理器中或在其他扩展相关的用户界面中。这个属性定义了用户能够识别和区分扩展的标识名称，代码如下：

```
{
  "name": "My Awesome Extension",
  ...
}
```

扩展的名称应该清晰、简洁，并且能够准确地描述扩展的功能或用途，以便用户能够轻松识别和记住。名称应符合 Chrome Web Store 的命名规范，不包含违反规定的内容或敏感信息，以避免审核或展示问题。好的名称能够提升用户对扩展的印象，有助于用户选择和使用扩展。

> **注意** 如果未定义 name 属性，或者定义了一个不明确或不合规的名称，则会影响用户对扩展的理解和使用体验。正确设置 "name" 属性能够帮助用户准确地识别和记住扩展。

3. version

version 属性指定了扩展的版本号。这个属性用于标识扩展的不同版本，帮助用户和开发者了解扩展的更新情况，代码如下：

```
{
  "version": "1.0.0",
  ...
}
```

通常遵循"主版本号.次版本号.修订号"的格式，每次更新版本号时应根据变化程度进行适当修改。版本号变化应该遵循一定的规律和逻辑，确保高版本号代表更新或功能增加。版本号的变化应反映扩展的内容和功能变化，帮助用户了解更新内容。

注意　未定义 version 属性或者版本号格式不规范会导致扩展在发布、更新或管理时出现问题。准确设置版本号能够帮助用户和开发者了解扩展的变化和更新情况，从而更好地管理和使用扩展。

5.3.2　推荐属性

1. action

用于控制扩展在谷歌 Chrome 工具栏中的图标。每个扩展都有一个图标显示在 Chrome 工具栏中，即使在 Manifest 中没有添加 action。当它未包含在内时，扩展仍然会显示在工具栏中，以提供对扩展菜单的访问，代码如下：

```
//第 5 章,5.3.2 manifest_1.json

{
"manifest_version": 3,
"name": "我的插件",
"version": "1.0",
"action": {
"default_icon": {
"16": "images/icon16.png",
"24": "images/icon24.png",
"32": "images/icon32.png"
},
"default_title": "单击我",
"default_popup": "popup.html"
},
...
}
```

在这个示例中，action 属性包含了 default_icon、default_title 和 default_popup 共 3 个子属性。default_icon 定义了扩展图标的路径和大小，default_title 定义了鼠标悬停在扩展图标上时显示的提示信息，default_popup 定义了单击扩展图标后弹出的页面的位置。

注意　建议总是至少包含 action 和 default_icon 键，因为所有的扩展都会在工具栏中显示图标，如果扩展没有图标，则 Chrome 会为它自动生成一个。此外，还可以通过 action.setIcon()方法来动态地设置扩展图标。

---

2. default_locale

这个属性用于定义扩展支持多语言时的默认语言。它是_locales 子目录中包含此扩展的默认语言的子目录的名称，代码如下：

```
//第 5 章,5.3.2 manifest_2.json

{
"manifest_version": 3,
"name": "我的插件",
"version": "1.0",
"default_locale": "en"
}
```

在这个示例中，default_locale 属性被设置为"en"，这意味着这个扩展的默认语言是英语。

注意 default_locale 字段对于本地化的扩展（那些有_locales 目录的扩展）是必需的，但是对于没有_locales 目录的扩展，这个字段必须缺失，因此，如果扩展支持多语言，就需要定义 default_locale 属性。

---

3. description

这个属性是一个纯文本字符串（没有 HTML 或其他格式化；不超过 132 个字符），用于描述扩展，例如 description：A description of my extension。这个描述应该适用于浏览器的扩展页面（chrome://extensions）和 Chrome 网上商店，代码如下：

```
//第 5 章,5.3.3 manifest_3.json

{
"manifest_version": 3,
"name": "我的插件",
"version": "1.0",
"description": "这是我的插件的描述"
}
```

注意 description 字段是一个纯文本字符串，不应包含 HTML 或其他格式化内容，并且长度不应超过 132 个字符。此外，这个描述应该适合于浏览器的扩展页面和 Chrome 网上商店。

---

4. icons

icons 是 Chrome 浏览器插件 Manifest V3 版本的清单文件中的一个属性。这个属性用于表示扩展或主题的一个或多个图标。应该总是提供一个 128×128 大小的图标；它在安装过程中及在 Chrome 网上商店中使用。扩展还应该提供一个 48×48 大小的图标，它在扩展管理页面（chrome://extensions）中使用。还可以指定一个 16×16 大小的图标，用作扩展页面的 favicon。图标通常应该是 PNG 格式，因为 PNG 对透明度的支持最好，然而，它们

可以是 Blink 支持的任何光栅格式,包括 BMP、GIF、ICO 和 JPEG,代码如下:

```
//第 5 章,5.3.4 manifest_4.json

{
  "manifest_version": 3,
  "name": "我的插件",
  "version": "1.0",
  "icons": {
    "16": "icon16.png",
    "32": "icon32.png",
    "48": "icon48.png",
    "128": "icon128.png"
  },
  ...
}
```

在这个示例中,icons 属性包含了 16、32、48 和 128 共 4 个子属性,分别对应着不同大小的图标的路径。

注意　可以提供任何所希望的其他大小的图标,Chrome 会尝试在适当的地方使用最佳大小,但是 WebP 和 SVG 文件是不支持的。

5．author

author 接受一个带有 email 键的对象。这是扩展的作者的电子邮件地址。当将 CRX 文件发布到 Chrome 网上商店时,这个字符串必须匹配用于发布扩展的账号的电子邮件地址,代码如下:

```
//第 5 章,5.3.5 manifest_5.json

{
  "manifest_version": 3,
  "name": "我的插件",
  "version": "1.0",
  "author": {
    "email": "user@example.com"
  },
  ...
}
```

在这个示例中,author 属性包含了一个 email 子属性,对应着扩展的作者的电子邮件地址。

注意　当将 CRX 文件发布到 Chrome 网上商店时,author 属性中的 email 键的值必须匹配用于发布扩展的账号的电子邮件地址。

6．background

　　background 属性用于指定一个 JavaScript 文件作为扩展的服务工作线程。服务工作线程是一个后台脚本，充当扩展的主要事件处理程序，代码如下：

```
//第 5 章,5.3.6 manifest_6.json

{
"manifest_version": 3,
"name": "我的插件",
"version": "1.0",
"background": {
"service_worker": "background.js",
"type": "module"
}
}
```

　　在这个示例中，background 属性包含了 Service Worker 和 type 两个子属性。Service Worker 定义了服务工作线程的路径，type 定义了服务工作线程的类型。

___

　　注意　在 Manifest V3 扩展中，Chrome 只支持服务工作线程作为后台脚本。此外，还可以通过将 type 属性设置为 module 来将服务工作线程加载为 ES 模块，这样就可以在服务工作线程中使用 import 关键字来导入其他模块了。

___

7．chrome_settings_overrides

　　chrome_settings_overrides 属性是一个对象，可以包含属性 homepage 和 search_provider。homepage 用于定义浏览器的主页页面。search_provider 用于定义要添加到浏览器的搜索提供商，代码如下：

```
//第 5 章,5.3.7 manifest_7.json

{
"manifest_version": 3,
"name": "我的插件",
"version": "1.0",
"chrome_settings_overrides": {
"homepage": "https://www.homepage.com",
"search_provider": {
"name": "name.__MSG_url_domain__",
"keyword": "keyword.__MSG_url_domain__",
"search_url": "https://bing.com/search?q = {searchTerms}",
"favicon_url": "https://bing.com/search?q = ",
"suggest_url": "https://bing.com/search?q = {searchTerms}",
"instant_url": "https://bing.com/search?q = {searchTerms}",
"image_url": "https://bing.com/search?q = {searchTerms}",
```

```
"search_url_post_params": "search_lang = __MSG_url_domain__",
"suggest_url_post_params": "suggest_lang = __MSG_url_domain__",
"instant_url_post_params": "instant_lang = __MSG_url_domain__",
"image_url_post_params": "image_lang = __MSG_url_domain__",
"alternate_urls": [
"https://bing.com/search?q = {searchTerms}",
"https://bing.com/search?q = {searchTerms}"
],
"encoding": "UTF - 8",
"is_default": true
}
}
}
```

在这个示例中,chrome_settings_overrides 属性包含 homepage 和 search_provider 两个子属性。homepage 定义了浏览器的主页页面,search_provider 定义了要添加到浏览器的搜索提供商。

> **注意** chrome_settings_overrides 属性可以用来覆盖浏览器的主页和添加新的搜索引擎。如果两个或更多的扩展都设置了这个值,则最近安装的那个扩展的设置将优先。

8. chrome_url_overrides

chrome_url_overrides 属性是一个对象,可以包含以下属性。

(1) newtab:提供一个替代的新标签页文档。

(2) bookmarks:提供一个替代的显示书签的页面。

(3) history:提供一个替代的显示浏览历史的页面。

代码如下:

```
//第 5 章,5.3.8 manifest_8.json

{
  "manifest_version": 3,
  "name": "我的插件",
  "version": "1.0",
  "chrome_url_overrides": {
    "newtab": "my-new-tab.html",
    "bookmarks": "my-bookmarks.html",
    "history": "my-history.html"
  },
  ...
}
```

在这个示例中,chrome_url_overrides 属性包含 newtab、bookmarks 和 history 共 3 个子属性。这些属性分别定义了新标签页、书签页和历史页的替代页面。

注意　chrome_url_overrides 属性可以用来提供浏览器的特殊页面的自定义替代。如果两个或更多的扩展都定义了自定义的新标签页,则最后安装或启用的那个扩展的值将被使用。

9．commands

commands 属性是一个对象,每个快捷键都是它的一个属性。每个快捷键的值是一个对象,最多可以有两个属性。

(1) suggested_key：激活快捷键的键组合。

(2) description：为用户提供快捷键的目的的简短描述。

代码如下:

```
//第 5 章,5.3.9 manifest_9.json

{
  "manifest_version": 3,
  "name": "我的插件",
  "version": "1.0",
  "commands": {
    "toggle - feature": {
      "suggested_key": {
        "default": "Ctrl + Shift + Y",
        "mac": "Command + Shift + Y"
      },
      "description": "切换功能"
    }
  },
  ...
}
```

在这个示例中,commands 属性包含一个 toggle-feature 子属性。这个子属性定义了一个快捷键,包括它的键组合和描述。

注意　扩展命令快捷键必须包含 Ctrl 或 Alt。不能在媒体键上使用修饰符。在 macOS 系统中,Ctrl 会被自动转换为 Command。如果要在 macOS 上使用 Control 键,则可以在定义 macOS 快捷键时将 Ctrl 替换为 MacCtrl。在其他平台的组合中使用 MacCtrl 会导致验证错误,并阻止扩展安装。

10．content_scripts

content_scripts 属性用于指定一个静态加载的 JavaScript 或 CSS 文件,每当打开匹配某个 URL 模式的页面时都会使用这个文件。扩展也可以以编程的方式注入内容脚本,代码如下:

```
//第 5 章,5.3.10 manifest_10.json

{
  "manifest_version": 3,
  "name": "我的插件",
  "version": "1.0",
  "content_scripts": [
    {
      "matches": ["https://*.example.com/*"],
      "css": ["my-styles.css"],
      "js": ["content-script.js"],
      "Exclude_matches": ["*://*/*foo*"],
      "include_globs": ["*example.com/???s/*"],
      "Exclude_globs": ["*bar*"],
      "all_frames": false,
      "match_origin_as_fallback": false,
      "match_about_blank": false,
      "run_at": "document_idle",
      "world": "ISOLATED"
    }
  ],
  ...
}
```

在这个示例中,content_scripts 属性包含一个对象,这个对象定义了一个内容脚本,包括它的匹配模式、CSS 文件、JavaScript 文件、排除的匹配模式、包含的全局模式、排除的全局模式、是否在所有框架中运行、是否在原始匹配失败时作为备选匹配、是否匹配 about:blank 页面、何时运行,以及运行的事件。

注意 content_scripts 属性可以用来指定一个静态加载的 JavaScript 或 CSS 文件,每当打开匹配某个 URL 模式的页面时都会使用这个文件。扩展也可以以编程的方式注入内容脚本。

11. content_security_policy

content_security_policy 用于定义扩展可以使用的脚本、样式和其他资源的限制。在这个属性中,可以为扩展页面和沙箱扩展页面定义不同的策略,代码如下:

```
//第 5 章,5.3.11 manifest_11.json

{
  "manifest_version": 3,
  "name": "我的扩展",
  "version": "1.0",
  "content_security_policy": {
    "extension_pages": "script-src 'self' 'wasm-unsafe-eval'; object-src 'self';"
```

```
    },
    "permissions": ["activeTab"]
}
```

在这个示例中,扩展只能加载其自己打包资源中的本地脚本和对象。

注意 如果没有在 Manifest 中定义 content_security_policy,则将使用默认的属性。对于扩展页面,Chrome 强制执行最小的内容安全策略。这个策略不能被放宽。对于沙箱页面,内容安全策略可以根据需要进行自定义。

在 Manifest V3 中,所有引用外部或非静态内容的 CSP 来源都是被禁止的。只允许 none、self 和 wasm-unsafe-eval 这些值。

在设计扩展时,需要根据需求来选择使用 content_security_policy 属性还是处理单击事件。如果同时定义了 content_security_policy 属性和单击事件的处理函数,则单击事件的处理函数将不会被触发。因为 content_security_policy 属性的优先级更高,所以在设计扩展时,需要根据需求来选择使用 content_security_policy 属性还是处理单击事件。

---

12. cross_origin_embedder_policy

cross_origin_embedder_policy 是 Chrome 扩展的一个属性,这个属性在 Chrome 93 中引入,它允许扩展为其来源的请求指定 Cross-Origin-Embedder-Policy (COEP) 响应头的值。这包括扩展的服务工作线程、弹出窗口、选项页面、打开到扩展资源的标签等,代码如下:

```
//第 5 章,5.3.12 manifest_12.json

{
    "manifest_version": 3,
    "name": "我的扩展",
    "version": "1.0",
    "cross_origin_embedder_policy": {
        "value": "require - corp"
    },
    "permissions": ["activeTab"]
}
```

在这个示例中,Chrome 会使用 require-corp 作为从扩展的来源提供资源时的 Cross-Origin-Embedder-Policy 头的值。

注意 cross_origin_embedder_policy 属性包含一个名为 value 的属性,该属性接受一个字符串,Chrome 使用这个字符串作为从扩展提供资源时的 Cross-Origin-Embedder-Policy 头的值。

13. cross_origin_opener_policy

cross_origin_opener_policy 属性在 Chrome 93 中引入。它允许扩展选择加入跨源隔离,允许扩展为其请求指定 Cross-Origin-Opener-Policy(COOP)响应头的值。这包括扩展的服务工作线程、弹出窗口、选项页面、打开到扩展资源的标签等,代码如下:

```
//第 5 章,5.3.13 manifest_13.json

{
    "manifest_version": 3,
    "name": "我的扩展",
    "version": "1.0",
    "cross_origin_opener_policy": {
        "value": "same - origin"
    },
    "permissions": ["activeTab"]
}
```

在这个示例中,Chrome 会使用 same-origin 作为从扩展提供资源时的 Cross-Origin-Opener-Policy 头的值。

注意 cross_origin_opener_policy 属性包含一个名为 value 的属性,该属性接受一个字符串。

---

14. declarative_net_request

declarative_net_request 属性在 Chrome 94 中引入。它允许扩展通过指定声明性规则来阻止或修改网络请求。这让扩展可以在不拦截和查看内容的情况下修改网络请求,从而提供更多的隐私,代码如下:

```
//第 5 章,5.3.14 manifest_14.json

{
    "manifest_version": 3,
    "name": "我的扩展",
    "version": "1.0",
    "declarative_net_request": {
        "rule_resources": [
            {
                "id": "ruleset_1",
                "enabled": true,
                "path": "rules_1.json"
            },
            {
                "id": "ruleset_2",
                "enabled": false,
```

```
            "path": "rules_2.json"
          }
       ]
    },
    "permissions": [
        "declarativeNetRequest",
        "declarativeNetRequestFeedback"
    ],
    "host_permissions": [
        "http://www.blogger.com/ * ",
        "http:// * .google.com/ * "
    ]
}
```

在这个示例中，Chrome 扩展定义了两个规则集，其中一个用于启用；另一个用于禁用，示例代码如下：

```
{
  "id" : 1,
  "priority": 1,
  "action" : { "type" : "block" },
  "condition" : {
    "urlFilter" : "abc",
    "initiatorDomains" : ["foo.com"],
    "resourceTypes" : ["script"]
  }
}
```

注意 declarative_net_request 属性包含一个名为 rule_resources 的属性，该属性接受一个规则集数组。Chrome 使用这个数组来确定从扩展的来源提供资源时的网络请求规则。

15. devtools_page

devtools_page 属性允许扩展浏览器的内置开发者工具。它允许扩展通过指定一个 HTML 文件来扩展浏览器的内置开发者工具。这个 HTML 文件必须与扩展一起打包，URL 是相对于扩展的根目录。当开发者工具窗口打开时，扩展会创建其开发者工具页面的一个实例，只要窗口打开，该实例就会存在，代码如下：

```
//第 5 章,5.3.15 manifest_15.json

{
    "manifest_version": 3,
    "name": "我的扩展",
    "version": "1.0",
    "devtools_page": "devtools.html",
    "permissions": ["activeTab"]
}
```

注意 devtools_page 属性的值必须是一个指向 HTML 文件的 URL。因为开发者工具页面必须是扩展的本地页面,建议使用相对 URL 来指定它。

使用这个 Manifest 键会触发安装时的权限警告。为了避免安装时的权限警告,可以通过在 optional_permissions Manifest 键中列出 DevTools 权限来将该功能标记为可选。

16. event_rules

event_rules 它提供了一种机制,可以添加规则来拦截、阻止或修改正在传输的网络请求,或者根据页面的内容采取行动,而不需要读取页面的内容的权限,代码如下:

```
//第5章,5.3.16 manifest_16.json

{
    "manifest_version": 3,
    "name": "我的扩展",
    "version": "1.0",
    "event_rules": [
        {
            "event": "declarativeContent.onPageChanged",
            "actions": [
                {
                    "type": "declarativeContent.ShowPageAction"
                }
            ],
            "conditions": [
                {
                    "type": "declarativeContent.PageStateMatcher",
                    "css": ["video"]
                }
            ]
        }
    ],
    "permissions": ["declarativeContent", "activeTab"]
}
```

在这个示例中,当页面发生变化时,如果当前页面有视频 CSS 标签,Chrome 则会显示页面操作,代码如下:

```
chrome.declarativeContent.onPageChanged.addRules([{
  actions: [
    new chrome.declarativeContent.ShowPageAction()
  ],
  conditions: [
    new chrome.declarativeContent.PageStateMatcher(
        {css: ["video"]}
    )
  ]
}]);
```

注意 event_rules 属性的值必须是一个规则数组。Chrome 使用这个数组来确定从扩展的来源提供资源时的网络请求规则。

17. export

export 是 Chrome 扩展的一个属性，它允许扩展将其功能导出为模块，以便其他扩展可以使用，这个属性允许在 Manifest V3 或更高版本中使用，代码如下：

```
//第 5 章,5.3.17 manifest_17.json

{
    "manifest_version": 3,
    "name": "我的扩展",
    "version": "1.0",
    "export": {
        "resources": ["moduleA.js", "moduleB.js"]
    },
"permissions": ["activeTab"]
}
```

在这个示例中，Chrome 扩展将 moduleA.js 和 moduleB.js 这两个模块导出，以便其他扩展可以使用。

注意 export 属性的值必须是一个包含模块资源的数组。Chrome 使用这个数组来确定从扩展的来源提供资源时的模块导出规则。

18. externally_connectable

externally_connectable 是 Chrome 扩展的一个属性，它声明了哪些扩展和网页可以通过 runtime.connect 和 runtime.sendMessage 连接到扩展。externally_connectable manifest 键包括以下可选属性。

（1）ids：允许连接的扩展的 ID。如果留空或未指定，则没有扩展或应用可以连接。通配符 * 将允许所有的扩展和应用连接。

（2）matches：允许连接的网页的 URL 模式。如果留空或未指定，则没有网页可以连接。模式不能包括通配符域名，也不能是顶级域名的子域名。

（3）accepts_tls_channel_id：允许扩展使用连接到它的网页的 TLS 通道 ID。网页也必须选择向扩展发送 TLS 通道 ID，方法是在 runtime.connect 的 connectInfo 或 runtime.sendMessage 的选项中将 includeTlsChannelId 设置为 true。如果设置为 false，则 runtime.MessageSender.tlsChannelId 将在任何情况下都不会被设置，代码如下：

```
//第 5 章,5.3.18 manifest_18.json

{
```

```
    "manifest_version": 3,
    "name": "我的扩展",
    "version": "1.0",
    "externally_connectable": {
        "ids": [
            "aaaaaaaaaaaaaaaaaaaaaaaaaaaaaaaa",
            "bbbbbbbbbbbbbbbbbbbbbbbbbbbbbbbb"
        ],
        "matches": [
            "https://*.google.com/*",
            "*://*.chromium.org/*"
        ],
        "accepts_tls_channel_id": false
    },
    "permissions": ["activeTab"]
}
```

在这个示例中,只有 ID 为 aaaaaaaaaaaaaaaaaaaaaaaaaaaaaaaa 和 bbbbbbbbbbbbbbbb-bbbbbbbbbbbbbbbb 的扩展,以及 URL 匹配 https://*.google.com/* 和 *://*.chromium.org/* 的网页才可以连接到扩展。

注意 如果扩展的 Manifest 中没有声明 externally_connectable,则所有的扩展都可以连接,但是没有网页可以连接,因此,当更新 Manifest 来使用 externally_connectable 时,如果没有指定 "ids": ["*"],则其他的扩展将失去连接到扩展的能力。

19. file_browser_handlers

file_browser_handlers 允许扩展注册为至少一种文件类型的处理程序。开发者必须在扩展的 Manifest 中声明 fileBrowserHandler 权限,并且必须使用 file_browser_handlers 字段来注册扩展为至少一种文件类型的处理程序,代码如下:

```
//第5章,5.3.19 manifest_19.json

{
    "manifest_version": 3,
    "name": "我的扩展",
    "version": "1.0",
    "file_browser_handlers": [
        {
            "id": "open",
            "default_title": "Open",
            "file_filters": [
                "filesystem:*.txt"
            ]
        }
    ],
```

```
        "permissions": ["fileBrowserHandler"]
    }
```

在这个示例中，当用户在文件浏览器中选择一个 .txt 文件并选择 Open 操作时，Chrome 会调用扩展来处理这个文件。

注意 file_browser_handlers 属性允许扩展注册为至少一种文件类型的处理程序。file_browser_handlers 属性的值必须是一个处理程序数组。Chrome 使用这个数组来确定从扩展的来源提供资源时的文件处理规则。

---

20. file_handlers

file_handlers 用于指定由 ChromeOS 扩展处理的文件类型。如果要处理文件，则可使用 Web 平台的 Launch Handler API，代码如下：

```
//第 5 章,5.3.20 manifest_20.json

{
    "manifest_version": 3,
    "name": "我的扩展",
    "version": "1.0",
    "file_handlers": [
        {
            "action": "/open_text.html",
            "name": "Plain text",
            "accept": {
                "text/plain": [".txt"]
            },
            "launch_type": "single-client"
        }
    ],
    "permissions": ["activeTab"]
}
```

在这个示例中，当用户在文件浏览器中选择一个 .txt 文件并选择 Open 操作时，Chrome 会调用扩展来处理这个文件。

注意 file_handlers 属性允许扩展选择加入跨源隔离，这个属性在 Chrome 120 beta 中引入。

---

21. file_system_provider_capabilities

file_system_provider_capabilities 属性用于定义扩展的文件系统提供者的能力。这个属性告诉 ChromeOS 文件管理器扩展的文件系统提供者支持哪些功能，代码如下：

```
//第5章,5.3.21
{
    ...
    "permissions": [
        "fileSystemProvider"
    ],
    ...
    "file_system_provider_capabilities": {
        "configurable": true,
        "watchable": false,
        "multiple_mounts": true,
        "source": "network"
    },
    ...
}
```

在这个示例中,定义了一个文件系统提供者,它支持配置(configurable)、不支持设置观察者和通知更改(watchable),支持多个挂载点(multiple_mounts)并且数据源来自网络(source)。

注意　在定义 file_system_provider_capabilities 时,需要注意以下几点。

(1) configurable:可选,表示是否支持通过 onConfigureRequested 进行配置,默认值为 false。

(2) watchable:可选,表示是否支持设置观察者和通知更改,默认值为 false。如果可能,则应该添加对观察者的支持,以便文件系统上的更改可以立即自动反映出来。

(3) multiple_mounts:可选,表示是否支持多个(超过一个)挂载的文件系统,默认值为 false。

(4) source:必须,表示挂载的文件系统的数据源。可以是 file、device 或 network。

---

22. homepage_url

homepage_url 是一个可选的 Manifest 键,包含一个有效的主页 URL 的字符串。开发者可以选择将扩展的主页设置为个人或公司的网站。如果此参数未定义,则默认的主页将是扩展的 Chrome Web Store 页面,该页面列在扩展管理页面(chrome://extensions)上,代码如下:

```
{
    ...
    "homepage_url": "https://example.com",
    ...
}
```

在这个示例中,将扩展的主页设置为 https://example.com。

注意　homepage_url 是一个可选的属性,如果没有定义它,则扩展的主页将默认为扩展的 Chrome Web Store 页面。此外,如果在自己的网站上托管扩展,则这个字段会特别有用。

23. host_permissions

host_permissions 属性用于请求扩展中需要读取或修改主机数据的 API 的访问权限，例如 cookies、webRequest 和 tabs。这个键是一个字符串数组，每个字符串都是一个权限请求。这些权限允许扩展与匹配模式的 URL 进行交互，代码如下：

```
{
    ...
    "host_permissions": [
        "https://example.org/foo/bar.html"
    ],
    ...
}
```

在这个示例中，将扩展的主机权限设置为"https://example.org/foo/bar.html"。

注意 大多数浏览器将 host_permissions 视为可选的。如果使用这个键请求权限，则用户可能会在安装过程中被提示授予这些权限。扩展可以在安装后立即使用 permissions.contains 检查是否具有所有必需的权限。如果没有必要的权限，则可以使用 permissions.request 请求它们。在请求授予主机权限之前，提供一个解释为什么需要某些权限的入门步骤可能会有所帮助。由于请求授予主机权限可能会影响用户愿意安装扩展，因此请求主机权限值得仔细考虑。

24. import

在 Manifest V3 中，import 属性并不存在，然而，可以在服务工作线程中使用 importScripts 函数来导入其他脚本。此外，也可以将 background 对象的 type 属性设置为 module，这样就可以在服务工作线程中使用 import 关键字来导入其他模块，代码如下：

```
{
    ...
    "background": {
        "service_worker": "background.js",
        "type": "module"
    },
    ...
}
```

在 background.js 文件中，可以使用 import 关键字来导入其他模块：

```
import { myFunction } from './myModule.js';

myFunction();
```

注意 在使用 import 关键字时,需要确保模块是 ES 模块,并且它们都遵循相同源策略。此外,需要注意 importScripts 函数和 import 关键字的区别。importScripts 函数是同步的,它会阻塞服务工作线程,直到脚本被完全加载和执行,而 import 关键字则是异步的,它不会阻塞服务工作线程。

25. incognito

incognito 属性用于指定扩展在隐身模式下的行为。可以选择 spanning、split 或 not_allowed 来定义扩展在隐身模式下的行为。

(1) spanning:扩展将在一个共享的进程中运行。来自隐身标签的任何事件或消息都将被发送到这个共享的进程,带有一个隐身标志来指示它来自哪里。

(2) split:所有在隐身窗口中的页面将在它们自己的隐身进程中运行。如果扩展包含一个背景页面,则将在隐身进程中运行。

(3) not_allowed:扩展不能在隐身模式下启用。

代码如下:

```
{
    ...
    "incognito": "split",
    ...
}
```

在这个示例中,将扩展的隐身模式设置为 split。

注意 当选择 incognito 属性的值时,需要考虑扩展的需求。例如,如果扩展需要在隐身浏览器中加载一个标签,则使用 split 隐身行为。如果扩展需要登录到一个远程服务器,则使用 spanning 隐身行为。

26. input_components

input_components 是一个可选的 Manifest 键,用于启用 input.ime API(输入法编辑器)以供 ChromeOS 使用。这允许扩展处理按键,设置组合,并打开辅助窗口。开发者还必须在扩展的 permissions 数组中声明 input 权限。该键接受一个对象数组:name、id、language、layouts、input_view 和 options_page,代码如下:

```
//第 5 章,5.3.26

{
    ...
    "permissions": [
        "input"
    ],
```

```
    "input_components": [
        {
            "name": "ToUpperIME",
            "id": "ToUpperIME",
            "language": "en",
            "layouts": ["us::eng"]
        }
    ],
    ...
}
```

在这个示例中，定义了一个名为 ToUpperIME 的输入组件，它的语言是英语，布局是美国英语。

注意　在定义 input_components 时，需要注意以下几点。

（1）name：输入组件对象的名称，这是必需的。

（2）id：组件对象的 id，这是可选的。

（3）language：指定的语言或适用的语言列表，这是可选的，例如"en"，["en", "pt"]。

（4）layouts：输入方法的列表，这是可选的。注意，ChromeOS 只支持每种输入方法的一个布局。如果指定了多个布局，则选择顺序是未定义的，因此，强烈建议扩展只为每种输入方法指定一个布局。对于键盘布局，xkb:前缀表示这是一个键盘布局扩展，例如["us::eng"]。

（5）input_view：指定一个扩展资源的字符串，这是可选的。

（6）options_page：指定一个扩展资源的字符串，这是可选的。如果未提供，则将使用默认的扩展选项页面。

---

27. key

key 属性用于在开发过程中保持扩展的唯一 ID。这个值有一些常见的用途，例如配置服务器只接受来自 Chrome 扩展源的请求，让其他扩展或网站可以向扩展发送消息，以及让一个网站可以访问扩展的 web_accessible_resources，代码如下：

```
{
    ...
    "manifest_version": 3,
    ...
    "key":
"ThisKeyIsGoingToBeVeryLong/go8GGC2u3UD9WI3MkmBgyiDPP2OreImEQhPvwpliioUMJmERZK3zPAx72z8MD
vGp7Fx7ZlzuZpL4yyp4zXBI + MUhFGoqEh32oYnm4qkS4JpjWva5Ktn4YpAWxd4pSCVs8I4MZms20 + yx5OlnlmWQ
EwQiiIwPPwG1e1jRw0Ak5duPpE3uysVGZXkGhC5FyOFM + oVXwc1kMqrrKnQiMJ3lgh59LjkX4z1cDNX3MomyUMJ +
I + DaWC2VdHggB74BNANSd + zkPQeNKg3o7FetlDJya1bk8ofdNBARxHFMBtMXu/ONfCT3Q2kCY9gZDRktmNRiHG/
1cXhkIcN1RWrbsCkwIDAQAB",
    ...
}
```

在这个示例中,将扩展的 key 设置为一个长字符串。

注意 在使用 key 属性时,需要注意以下几点:

(1) 需要将扩展打包成 .zip 文件并上传到 Chrome 开发者仪表板。

(2) 在开发者仪表板中,单击添加新项目,然后选择并上传扩展的 .zip 文件。

(3) 转到包裹选项卡,单击查看公钥。

(4) 当弹出窗口打开时,复制-----BEGIN PUBLIC KEY-----到-----END PUBLIC KEY-----之间的代码。

(5) 删除换行符,使其成为一行文本。

(6) 将代码添加到 manifest.json 的 key 字段下。这样,扩展将使用相同的 ID。

---

28. minimum_chrome_version

minimum_chrome_version 属性用于定义扩展所需的 Chrome 的最低版本。这个值是一个字符串,必须是现有的 Chrome 浏览器版本字符串的子字符串。可以使用完整的版本号来指定 Chrome 的特定更新,或者可以使用字符串中的第 1 个数字来指定特定的主要版本,代码如下:

```
{
    ...
    "minimum_chrome_version": "107.0.5304.87",
    ...
}
```

在这个示例中,将扩展所需的 Chrome 的最低版本设置为"107.0.5304.87"。这也可以缩写为"107"、"107.0"或"107.0.5304"。

注意 在使用 minimum_chrome_version 属性时,需要注意以下几点:

(1) 在 Chrome 版本比最低版本老的情况下,Chrome Web Store 将在安装按钮的位置显示一个不兼容的消息。在这些版本上的用户将无法安装此扩展。

(2) 当 minimum_chrome_version 高于当前的浏览器版本时,扩展的现有用户将不会收到更新。由于这是无声的,所以应该小心并考虑让现有的用户知道他们不再接收更新的方式。

---

29. oauth2

oauth2 是一个可选的 Manifest 键,用于在扩展上启用 OAuth 2.0 安全 ID。这个键接受一个对象,该对象有两个必需的子属性:client_id 和 scopes。当开发一个使用 oauth2 键的扩展时,也应该考虑设置扩展的 key 以保持一致的扩展 ID,代码如下:

```
//第 5 章,5.3.29
{
    ...
```

```
    "oauth2": {
        "client_id": "YOUR_EXTENSION_OAUTH_CLIENT_ID.apps.googleusercontent.com",
        "scopes": ["https://www.googleapis.com/auth/contacts.readonly"]
    },
    "key": "EXTENSION_PUBLIC_KEY",
    ...
}
```

在这个示例中，将扩展的 oauth2 设置为一个对象，该对象包含 client_id 和 scopes。

注意　在使用 oauth2 属性时，需要注意以下几点：

（1）当开发一个使用 oauth2 键的扩展时，应该考虑设置扩展的 key 以保持一致的扩展 ID。

（2）应该使用 Chrome 的 identity API 来处理 OAuth2 授权。

（3）需要在 Google Cloud Platform 上创建 OAuth2 客户端 ID 和令牌。

---

30. omnibox

omnibox 属性允许扩展在谷歌 Chrome 的网址栏（也称为 omnibox）中注册一个关键字。当用户输入扩展的关键字时，用户开始与扩展进行交互。每个按键都会发送到扩展，可以提供相应的建议。当用户接受一个建议时，扩展会被通知并可以采取行动，代码如下：

```
{
    ...
    "name": "My Extension",
    "version": "1.0",
    "omnibox": {
        "keyword" : "myExtension"
    },
    "icons": {
        "16": "icon.png"
    },
    ...
}
```

在这个示例中，将扩展的 omnibox 设置为一个对象，该对象包含 keyword。当用户在网址栏中输入 myExtension 时，用户将开始与扩展进行交互。

注意　在使用 omnibox 属性时，需要注意以下几点：

（1）必须在 Manifest 中声明一个 omnibox 关键字字段，以此来使用 omnibox API。

（2）应该指定一个 16×16 像素的图标，当建议用户输入关键字模式时，它将在网址栏中显示。

---

31. optional_host_permissions

optional_host_permissions 属性用于在运行时请求主机权限,而不是在安装时。这个键是一个字符串数组,每个字符串都是一个权限请求。这些权限允许扩展与匹配模式的 URL 进行交互,代码如下:

```
{
    ...
    "optional_host_permissions": [
        "https://*/*",
        "http://*/*"
    ],
    ...
}
```

在这个示例中,将扩展的 optional_host_permissions 设置为一个数组,该数组包含两个字符串 https:// 和 http://。

注意　在使用 optional_host_permissions 属性时,需要注意以下几点:

(1) 必须在 Manifest 中声明一个 optional_host_permissions 关键字字段,以此来使用这个属性。

(2) 应该使用 Chrome 的 permissions API 来处理权限请求。

(3) 当请求权限时,可能会向用户显示一个对话框,请求他们向扩展授予权限。为了最大限度地增加用户授予权限的可能性,应该考虑在请求运行权限时提供一个解释。

---

32. optional_permissions

optional_permissions 属性用于在运行时请求 API 权限,而不是在安装时。这个键是一个字符串数组,每个字符串都是一个权限请求。这些权限允许扩展使用特定的 API,代码如下:

```
{
    ...
    "optional_permissions": [
        "tabs",
        "bookmarks"
    ],
    ...
}
```

在这个示例中,将扩展的 optional_permissions 设置为一个数组,该数组包含两个字符串 tabs 和 bookmarks。

注意　在使用 optional_permissions 属性时,需要注意以下几点:

(1) 必须在 Manifest 中声明一个 optional_permissions 关键字字段,以此来使用这个属性。

（2）应该使用 Chrome 的 permissions API 来处理权限请求。

（3）当请求权限时，可能会向用户显示一个对话框，请求他们向扩展授予权限。为了最大限度地增加用户授予权限的可能性，应该考虑在请求运行权限时提供一个解释。

33. options_page

options_page 属性用于指定 options 页面文件。扩展程序可以使用 options_page 来提供更多、更详细的交互功能，例如配置扩展程序可以在哪些网站上运行，代码如下：

```
{
    "options_page": "options.html"
}
```

在这个示例中，当用户打开扩展程序的选项页面时，浏览器将会显示 options.html 这个 HTML 文件的内容。

注意　如果扩展程序需要用户进行一些配置，例如选择在哪些网站上运行，则需要使用 options_page 属性来指定一个选项页面。如果没有指定 options_page，则用户将无法对扩展程序进行配置。

---

34. options_ui

options_ui 属性用于指定选项页面的用户界面。与 options_page 不同的是，options_ui 会弹出一个小窗口来展示选项页面，代码如下：

```
{
    "options_ui": {
        "page": "options.html",
        "open_in_tab": false
    }
}
```

在这个示例中，当用户打开扩展程序的选项页面时，浏览器会弹出一个小窗口，窗口的内容来自 options.html 这个 HTML 文件。

注意　如果扩展程序需要用户进行一些配置，例如选择在哪些网站上运行，则需要使用 options_ui 属性来指定一个选项页面。如果没有指定 options_ui，则用户将无法对扩展程序进行配置。

---

35. permissions

permissions 字段用于声明插件需要访问的特定权限，以确保用户数据和隐私的安全。这些权限可以包括访问浏览器的某些 API，例如自定义创建右键菜单 API（contextMenus）， tab 选项卡 API（tabs），缓存 API（storage），监听浏览器请求 API（webRequest）等，代码如下：

```
//第5章,5.3.35
{
    "permissions": [
        "contextMenus",
        "tabs",
        "storage",
        "webRequest"
    ]
}
```

在这个示例中，声明了插件需要访问的权限，包括 contextMenus、tabs、storage、webRequest。

注意　在开发插件时，需要根据插件的功能需求来声明所需的权限。如果没有声明某个权限，则插件将无法使用对应的 API。同时，为了用户的数据和隐私安全，应该尽量减少所需的权限，只声明必要的权限。

36. requirements

requirements 属性用于指定插件运行所需的硬件或 Chrome 浏览器的特定功能。例如，如果插件需要使用三维图形，则可以在 requirements 中指定"3D"，代码如下：

```
{
    "requirements": {
        "3D": true,
        "plugins": true
    }
}
```

在这个示例中，声明了插件需要使用三维图形和插件功能。

注意　在开发插件时，需要根据插件的功能需求来声明所需的硬件或 Chrome 浏览器的特定功能。如果没有声明某个需求，则插件将无法使用对应的硬件或功能。

37. sandbox

sandbox 属性用于指定一个或多个 HTML 页面，这些页面将在沙箱环境中运行，与扩展程序的其他部分隔离。这样可以提高扩展程序的安全性，防止恶意代码被执行，代码如下：

```
{
    "sandbox": {
```

```
        "pages": ["sandbox.html"]
    }
}
```

在这个示例中,声明了 sandbox.html 这个 HTML 文件将在沙箱环境中运行。

注意 在开发插件时,如果插件需要执行一些可能存在安全风险的操作,则需要使用 sandbox 属性来指定一个沙箱环境。如果没有指定 sandbox,则所有的 HTML 页面都将在非沙箱环境中运行,这可能会增加安全风险。

---

38. short_name

short_name 属性用于指定插件的简短名称。这个名称是一个字符串,可以包含任何想要的内容,例如"我的插件"等。这个名称将显示在 Chrome 浏览器的插件管理页面,帮助用户了解插件的信息,代码如下:

```
{
"short_name": "我的插件"
}
```

在这个示例中,将插件的简短名称声明为"我的插件"。

注意 在使用 short_name 属性时,需要注意以下几点:

(1) short_name 属性的值不会影响插件的功能,只是用于显示给用户看的。

(2) 如果没有指定 short_name,则 Chrome 浏览器将使用 name 属性的值作为简短名称。

---

39. side_panel

side_panel 属性用于指定一个 HTML 页面,这个页面将作为侧边栏显示在浏览器窗口的侧边。这样可以提供一个便捷的用户界面,用户可以在浏览网页的同时查看和操作插件的功能,代码如下:

```
//第 5 章,5.3.39
{
    "action": {
        "default_popup": "popup.html",
        "default_icon": {
            "16": "images/icon16.png",
            "48": "images/icon48.png",
            "128": "images/icon128.png"
        }
    },
    "action": {
```

```
        "default_popup": "popup.html",
        "default_icon": {
            "16": "images/icon16.png",
            "48": "images/icon48.png",
            "128": "images/icon128.png"
        }
    },
    "background": {
        "service_worker": "background.js"
    },
    "permissions": ["declarativeContent"],
    "action": {},
    "icons": {
        "16": "images/icon16.png",
        "48": "images/icon48.png",
        "128": "images/icon128.png"
    },
    "manifest_version": 3,
    "name": "My Extension",
    "version": "1.0",
    "side_panel": {
        "open_at_install": true,
        "page": "sidepanel.html"
    }
}
```

在这个示例中,声明了 sidepanel.html 这个 HTML 文件将作为侧边栏显示在浏览器窗口的侧边。

注意 在开发插件时,如果插件需要提供一个便捷的用户界面,则需要使用 side_panel 属性来指定一个侧边栏。如果没有指定 side_panel,则插件将无法显示侧边栏。

---

40. storage

storage 属性用于声明插件需要使用 chrome.storage API 来存储和检索数据。这个 API 允许插件在用户的浏览器中存储数据,这些数据可以在插件的不同部分之间共享,代码如下:

```
//第 5 章,5.3.40

//存储数据
chrome.storage.sync.set({key: 'value'}, function() {
  console.log('Value is set to ' + value);
});

//读取数据
chrome.storage.sync.get(['key'], function(result) {
  console.log('Value currently is ' + result.key);
});
```

在这个示例中，首先使用 chrome. storage. sync. set 方法存储了一个键-值对，然后使用 chrome. storage. sync. get 方法读取了这个键-值对的值。

注意 在使用 storage 属性时，需要注意以下几点。

（1）storage 属性有两种存储方式：sync 和 local。sync 存储方式会将数据同步到用户的谷歌账户，这样用户在不同的设备上使用插件时，可以共享这些数据。local 存储方式则只在本地存储数据。

（2）storage 属性有存储限制。对于 sync 存储方式，每个插件最多可以存储100KB 数据；对于 local 存储方式，每个插件最多可以存储5MB 数据。

（3）在使用 storage 属性时，需要在清单文件的 permissions 字段中声明 storage 权限。

---

41. tts_engine

tts_engine 属性用于声明插件需要使用 chrome. ttsEngine API 来实现从文本到语音的转换。这个 API 允许插件自定义文本到语音的转换过程，例如改变语音的速度、音调等，代码如下：

```
//第 5 章,5.3.41
//注册一个语音合成器
chrome.ttsEngine.onSpeak.addListener(function(utterance, options, sendTtsEvent) {
  console.log('Received speech request: ' + utterance);
  sendTtsEvent({'type': 'start', 'charIndex': 0});
  sendTtsEvent({'type': 'end', 'charIndex': utterance.length});
});

//设置默认语音合成器
chrome.ttsEngine.setDefaultVoice('myVoice');
```

在这个示例中，首先使用 chrome. ttsEngine. onSpeak. addListener 方法注册一个语音合成器，然后使用 chrome. ttsEngine. setDefaultVoice 方法设置了默认的语音合成器。

注意 在使用 tts_engine 属性时，需要注意以下几点：

（1）tts_engine 属性需要在清单文件的 permissions 字段中声明 tts 和 ttsEngine 权限。

（2）在使用 chrome. ttsEngine. onSpeak. addListener 方法注册语音合成器时，需要处理各种类型的 TTS 事件，例如 start、end、error 等。

（3）在使用 chrome. ttsEngine. setDefaultVoice 方法设置默认语音合成器时，需要确保语音合成器已经被注册。

---

42. update_url

update_url 属性用于指定插件的更新服务器的 URL。当插件需要更新时，Chrome 浏览器会访问这个 URL 来获取更新信息，代码如下：

```
//第5章,5.3.42

{
    "update_url": "https://clients2.google.com/service/update2/crx"
}
```

在这个示例中,将插件的更新服务器的 URL 声明为 https://clients2.google.com/service/update2/crx。

注意 在使用 update_url 属性时,需要注意以下几点:

(1) update_url 属性只在发布到 Chrome Web Store 之外的插件中使用。如果插件是被发布到 Chrome Web Store 的,则不需要指定 update_url,因为 Chrome Web Store 会自动处理插件的更新。

(2) update_url 属性的值必须是 HTTPS 的 URL。

---

43. version_name

version_name 属性用于指定插件的版本名称。这个名称是一个字符串,可以包含任何想要的内容,例如 v1.0.0、beta 等。这个名称将显示在 Chrome 浏览器的插件管理页面,帮助用户了解插件的版本信息,代码如下:

```
{
    "version_name": "v1.0.0"
}
```

在这个示例中,将插件的版本名称声明为 v1.0.0。

注意 在使用 version_name 属性时,需要注意以下几点:

(1) version_name 属性的值不会影响插件的功能,只是用于显示给用户看的。

(2) 如果没有指定 version_name,则 Chrome 浏览器将使用 version 属性的值作为版本名称。

---

44. web_accessible_resources

web_accessible_resources 属性用于指定插件中可以通过网络访问的资源。这些资源可以包括图片、脚本、HTML 文件等。可以指定允许访问资源的页面,以此来限制资源的访问权限,代码如下:

```
//第5章,5.3.44
{
    "web_accessible_resources": [
        {
            "resources": ["*/img/xxx.png", "*/img/xxx2.png"],
```

```
              "matches": ["https://*.csdn.net/*", "https://*.xxx.com/*"]
          }
      ]
  }
```

在这个示例中，声明了插件中的/img/xxx.png 和/img/xxx2.png 这两个资源可以被 https://.csdn.net/和 https://.xxx.com/这两个页面访问。

注意 在使用 web_accessible_resources 属性时，需要注意以下几点：

（1）web_accessible_resources 属性的值必须是一个数组，数组中的每个元素都是一个对象，对象中包含 resources 和 matches 两个字段。

（2）resources 字段用于指定可以通过网络访问的资源，matches 字段用于指定允许访问资源的页面。

（3）在 Manifest V3 中，web_accessible_resources 属性的使用方式有所变化，需要提供数组对象，每个对象可以将一组资源映射到一组 URL 或扩展 ID。

5.4 本章小结

本章深度剖析了 Manifest V3 文件，这是构建 Chrome 扩展的基石。清单文件作为扩展的心脏，定义了扩展的基本信息和行为。详细解读了 manifest.json 文件的结构，它如何搭建起扩展的骨架，并通过一系列示例展示了其在实际开发中的应用。

首先，介绍了清单文件的基本组成和格式要求，解释了它如何指导浏览器加载和管理扩展。通过不同的例子演示了如何设置扩展的名称、版本、图标、权限等，并演示了如何通过声明 Background Scripts、Content Scripts、Popup Pages 和 Options Pages 来增强扩展的功能。

5.2 节探讨了浏览器插件的国际化问题，说明了如何通过_manifest.json_文件支持多语言，使扩展可以跨文化界限，触及全球用户。同时，还讲解了模式匹配（Pattern Matching），这是一个核心概念，用于定义扩展何时及在哪些网站上激活其功能。

5.3 节详细介绍了清单文件中的必填属性和推荐属性，以及编写时的注意事项。必填属性（如 manifest_version、name 和 version）是每个扩展都必须声明的，而推荐属性（如 default_locale、icons、permissions 等）则用于扩展更多的功能和提升用户体验。还提醒开发者注意属性使用中的潜在陷阱，例如权限过多可能会导致用户安全顾虑，以及如何避免这些问题。

通过本章的学习，开发者应能够熟练掌握清单文件的编写和使用，这为开发高质量的 Chrome 扩展奠定了坚实的基础。正确地使用清单文件不仅能确保扩展的顺利运行，也能够提升用户对扩展的信任和满意度。

权限详解

▶ 27min

　　浏览器扩展增强了网络浏览器的功能。它们就像浏览器的应用程序,支持广告拦截、密码管理和快速访问常用工具等功能。但是,这些扩展需要一定的权限才能正常运行。了解这些权限对于维护插件在线安全和隐私至关重要。

　　在浏览器扩展中,权限是插件需要访问更强大的 WebExtension API 所需的。扩展可以在安装时请求权限,通过在 manifest.json 文件的权限键中包含所需的权限。此外,扩展还可以在运行时请求额外的权限。这些权限需要在 manifest.json 文件的 optional_permissions 键中列出。

　　权限有助于限制某些操作,如果扩展受到恶意软件的威胁,则可能造成损害。一些权限警告在安装时或运行时显示给用户,以获取他们的同意。考虑在扩展的功能允许的地方使用可选权限,以便为用户提供对访问资源和数据的知情控制。理解和管理浏览器扩展权限是维护在线安全和隐私的重要方面。通过了解扩展拥有的权限,可以做出关于使用哪些扩展及如何配置它们的明智决定。

　　浏览器扩展权限在概念上与移动应用开发的权限类似。这两个软件平台都能够访问非常强大的 API,但为了保护最终用户访问这些 API 的权限,必须逐段明确请求。对于应用程序和扩展程序,权限由开发人员在代码库中声明。对于扩展程序,权限是扩展程序清单。在这两种情况下,请求访问普通权限将不需要显式的用户权限,但非常强大的权限将需要用户显式地授予访问权限。此外,在后续更新中添加附加权限通常需要用户明确接受范围内的此更改。在构建浏览器插件时,仔细选择权限至关重要。它会影响市场列表的显示方式、扩展的安装和更新流程及市场如何审核扩展。

6.1　浏览器插件权限的基本概念

　　浏览器插件权限和浏览器权限是密切相关的。浏览器权限通常指的是浏览器本身可以访问的功能和数据,例如访问网络、读取和写入本地存储、管理下载等,而浏览器扩展权限则是指浏览器扩展可以访问的浏览器功能和数据。

当安装一个浏览器插件时,该扩展会请求一些权限,这些权限决定了扩展可以访问和控制哪些浏览器的功能和数据。例如,一个扩展可能会请求 tabs 权限,这样它就可以访问和控制浏览器的标签页。在安装插件时,浏览器会显示该扩展所需的权限,并询问用户是否愿意授予这些权限。用户可以在浏览器的扩展管理页面查看和管理已安装扩展的权限。这样,用户就可以控制哪些扩展可以访问哪些浏览器权限,从而保护自己的隐私和安全。

由于浏览器插件的权限与浏览器权限密不可分,所以先从浏览器权限谈起。

6.1.1 浏览器权限模型

浏览器权限模型是指浏览器在执行网页代码时,对不同的网页功能和资源访问进行限制和控制的一种机制。它的目的是保护用户的隐私和安全,防止恶意网页滥用用户的权限。浏览器权限模型主要包括以下几方面。

1. 同源策略

同源策略(Same-Origin Policy)是浏览器安全模型的基础,它规定了网页只能与同源网页共享资源。同源指的是协议(如 HTTP、HTTPS)、域名和端口号都相同。同源策略限制了跨域请求和资源共享,防止恶意网页窃取用户的敏感信息。

2. 跨域资源共享

跨域资源共享(Cross-Origin Resource Sharing,CORS)是一种机制,允许服务器在响应中设置特定的 HTTP 头部,以授权其他域名下的网页访问自己的资源。CORS 通过预检请求和服务器响应头部来实现跨域资源共享。

3. 沙盒

浏览器使用沙盒(Sandboxing)技术将网页代码隔离在一个受限的环境中,防止恶意代码对操作系统和其他网页进行攻击。沙盒技术限制了网页对底层系统资源的访问权限,如文件系统、网络、操作系统 API 等。

4. 权限请求

浏览器会要求用户授权敏感操作和访问特定资源的权限,如摄像头、话筒、地理位置等。用户可以选择允许或拒绝这些权限请求(Permission Request),从而控制网页对自己设备的访问。

5. 安全沙盒

一些浏览器(如谷歌 Chrome)采用了更高级的安全沙盒(Secure Sandboxing)技术,将网页代码运行在隔离的进程中,以进一步提高安全性。安全沙盒可以防止恶意代码对浏览器本身的攻击,即使网页代码存在漏洞或恶意代码,也不会对用户的计算机造成严重影响。

总体来讲,浏览器权限模型通过同源策略、CORS、沙盒、权限请求等机制,限制了网页对用户设备和数据的访问权限,以此保护用户的隐私和安全。用户可以通过浏览器的权限设置和授权,对网页的行为进行控制。

6.1.2 浏览器插件权限模型

浏览器插件的权限模型是指浏览器为扩展程序提供的一套权限系统,用于控制扩展程序对浏览器功能和用户数据的访问权限。例如,扩展程序可能会请求读取和修改访问的网站上的所有数据、访问选项卡和浏览活动,甚至管理下载的权限。浏览器扩展的权限模型与浏览器权限模型有密切关系,但也存在一些区别和差异。

1. 相关性

浏览器扩展的权限模型是建立在浏览器权限模型的基础上的。浏览器权限模型主要用于限制网页对浏览器功能和用户数据的访问,而浏览器插件的权限模型则用于控制扩展程序对浏览器功能和用户数据进行访问。

2. 权限范围

浏览器权限模型主要关注网页的权限控制,如跨域请求、资源共享等,而浏览器插件的权限模型则更加广泛,可以涉及更多的浏览器功能和用户数据,如浏览历史、书签、标签页等。

3. 用户控制

对于浏览器权限模型,用户的控制权相对较小,主要由浏览器自动执行权限限制,而对于浏览器插件的权限模型,用户通常可以在安装和使用扩展程序时根据自己的需求选择授予或拒绝扩展程序的权限请求。

4. 安全性

浏览器插件的权限模型也关注安全性,防止恶意扩展程序滥用权限。浏览器会对扩展程序进行审核和验证,确保其权限请求的合理性和安全性。

下面使用 Chrome Extension 版本语法来创建一个示例,展示权限模型。

(1) 在一个文件夹中创建以下文件:

```
`manifest.json`:描述扩展的清单文件。
`background.js`:用作后台脚本,处理事件。
`popup.html`:用户单击扩展图标时会显示这个页面。
```

(2) 编写清单文件 manifest.json,代码如下:

```
//第 6 章,6.1.2
{
"manifest_version": 3,
"name": "Tabs Permission Demo",
"version": "1.0",
"permissions": ["tabs"],
"action": {
"default_popup": "popup.html"
},
```

```
"background": {
"service_worker": "background.js"
}
}
```

（3）编写事件处理文件 background.js，代码如下：

```
//第 6 章,6.1.2 background.js
chrome.action.onClicked.addListener((tab) => {
chrome.tabs.query({ active: true, currentWindow: true }, function (tabs) {
let activeTab = tabs[0];
console.log("Active Tab URL: " + activeTab.url);
});
});
```

（4）编写弹出文件 popup.html，代码如下：

```
//第 6 章,6.1.2 popup.html
<!DOCTYPE html>
<html>
<body>
<h1> Tabs Permission Demo </h1>
<p> Click the extension icon to log the URL of the active tab.</p>
</body>
</html>
```

该示例插件有一个 tabs 权限，当用户单击扩展图标时会查询当前活动的标签并在控制台上打印其 URL。它展示了如何在 MV3 扩展中请求和使用权限。

6.1.3　声明式授权与命令式授权

浏览器插件中的权限声明（Declarative Permissions）和命令授权（Programmatic Permissions）是指在开发和使用浏览器扩展时，涉及对浏览器功能和用户数据进行访问和操作的控制机制。

声明授权是指在浏览器扩展的清单文件（manifest.json）中明确声明所需的权限或访问能力。这些声明告知浏览器扩展可以执行的操作范围，例如访问特定网站、读取用户浏览历史、修改页面内容等。例如在清单文件（如 manifest.json）中，开发者需要列出扩展所需的权限，例如 tabs 权限允许扩展访问标签页、storage 权限允许扩展在浏览器存储中存储数据。在 6.1.2 节中示例 demo 就是声明式授权的例子。

声明式授权的特点是静态定义，权限在扩展加载时就被定义和授予，不需要动态的运行时逻辑。用户在安装扩展时或扩展首次请求权限时会被提示授权，用户可以选择允许或拒绝权限。这样可以清晰地列出权限，易于用户理解和控制。可以确保扩展只能访问声明的权限，降低了潜在的安全风险。

命令式授权涉及通过编程逻辑或运行时条件动态地请求和获取权限。例如插件在运行时根据特定条件请求权限,例如基于用户操作、当前页面内容或其他动态因素。

命令式授权的特点是动态获取,权限请求可以根据实际需要和运行时条件动态地发起。用户可能在扩展运行时被提示授权,而不仅是在安装时。这样可以允许根据更多的动态因素和条件来控制权限以达到精确控制的目的,并且可根据实际需求灵活地获取权限,提供更定制化的用户体验。

下面使用 Chrome Extension 版本语法来创建一个示例,以便展示命令式授权。

(1)在一个文件夹中创建以下文件:

```
`manifest.json`:描述扩展的清单文件。
`background.js`:用作后台脚本,处理事件。
`popup.html`:用户单击扩展图标时会显示这个页面。
`popup.js`:用户单击扩展图标的事件处理程序。
```

(2)编写清单文件 manifest.json,代码如下:

```
//第 6 章,6.1.3 manifest.json
{
    "manifest_version": 3,
    "name": "Page Access Extension",
    "version": "1.0",
    "permissions": ["activeTab"],
    "background": {
        "service_worker": "background.js"
    }
}
```

(3)编写事件处理文件 background.js,代码如下:

```
//第 6 章,6.1.3 监听扩展安装事件
chrome.runtime.onInstalled.addListener(() => {
  console.log('Extension installed.');
});

//注册一个消息监听器,等待用户单击按钮请求权限
chrome.runtime.onMessage.addListener((request, sender, sendResponse) => {
  if (request.action === 'requestPermission') {
    //请求当前标签页的权限
    chrome.scripting.executeScript({
      target: { tabId: sender.tab.id },
      function: requestPermissionScript
    }, () => {
      if (chrome.runtime.lastError) {
        console.error(chrome.runtime.lastError.message);
        sendResponse({ error: chrome.runtime.lastError.message });
      }
```

```
    });
    return true;              //返回 true 表示异步操作
  }
});

//请求权限的实际脚本
function requestPermissionScript() {
  //这里可以执行具体的访问操作
  //例如,获取当前页面的标题
  const pageTitle = document.title;
  console.log('Page title:', pageTitle);
  //返回页面标题作为示例数据,在实际情况中可能是其他操作
  pageTitle;
}
```

(4) 编写弹出文件 popup.html,代码如下:

```
//第 6 章,6.1.3
<!DOCTYPE html>
<html>
<head>
  <title>Page Access Extension</title>
  <script src = "popup.js"></script>
</head>
<body>
  <button id = "requestPermission">Request Page Access</button>
</body>
</html>
```

(5) 编写弹出页面事件处理文件 popup.js,代码如下:

```
//第 6 章,6.1.3
document.addEventListener('DOMContentLoaded', function() {
  const requestButton = document.getElementById('requestPermission');

  //当用户单击按钮时触发请求权限事件
  requestButton.addEventListener('click', function() {
    chrome.tabs.query({ active: true, currentWindow: true }, function(tabs) {
      const activeTab = tabs[0];
      chrome.runtime.sendMessage({ action: 'requestPermission' }, function(response) {
        if (response && response.error) {
          console.error(response.error);
        }
      });
    });
  });
});
```

在该示例中,用户可以单击扩展图标打开一个弹出页面,里面有一个按钮 Request Page Access。当用户单击这个按钮时,插件会请求并获取当前标签页的访问权限,然后在控制台打印当前页面的标题作为示例数据。

在实际应用中,通常会根据扩展的具体需求和功能选择合适的授权方式。对于固定的、明确定义的权限需求,使用声明式授权,而对于需要根据用户交互、动态页面内容或其他实时条件进行权限控制的场景则使用命令式授权。

6.1.4 权限检查

浏览器扩展的权限检查是非常重要的,因为它可以帮助保护用户的在线安全和隐私。每个浏览器扩展都需要一些权限来正常工作,这些权限决定了扩展可以访问和控制哪些浏览器的功能和数据。如果一个扩展请求了不必要的权限,或者用户不小心授予了一个恶意扩展权限,则用户的敏感信息可能会被暴露,导致隐私风险,因此,定期检查浏览器扩展的权限,并删除不再使用或没有主动安装的扩展,可以帮助用户减少潜在的风险。

在大多数浏览器中,用户可以在浏览器的扩展管理页面查看和管理已安装扩展的权限。例如,在 Microsoft Edge 中,用户可以选择扩展中心以查看已安装的扩展列表,然后选择要更改站点访问权限的扩展,查看并更改该扩展的站点访问权限。在 Chrome 中,用户可以在扩展程序页面中单击扩展程序下方的详细信息按钮,查看扩展程序允许的权限列表。这样,用户就可以控制哪些扩展可以访问哪些浏览器权限,从而保护自己的隐私和安全。

下面使用 Chrome Extension 版本语法来创建一个示例,展示权限模型。

(1) 在一个文件夹中创建以下文件:

```
`manifest.json`: 描述扩展的清单文件。
`background.js`: 用作后台脚本,处理事件。
```

(2) 编写清单文件 manifest.json,代码如下:

```
//第 6 章,6.1.4 manifest.json
{
  "manifest_version": 3,
  "name": "Permissions Check Demo",
  "version": "1.0",
  "permissions": ["tabs", "storage"],
  "background": {
    "service_worker": "background.js"
  }
}
```

(3) 编写事件处理文件 background.js,代码如下:

```
//第 6 章,6.1.4 background.js
chrome.runtime.onInstalled.addListener(() => {
  chrome.permissions.getAll(permissions => {
```

```
      console.log('Permissions: ', permissions.permissions);
  });
});
```

该示例扩展请求了 tabs 和 storage 权限，并在安装时打印这些权限。当安装这个扩展时，可以打开浏览器的开发者工具，查看控制台输出，这样就可以看到这个扩展拥有的权限了。

6.1.5 可选权限

可选权限（Optional Permissions）正如其名称，是可以选择性地向用户请求的权限。浏览器插件程序在安装时不会强制请求的权限，但如果用户同意，则扩展程序可以在安装后的任何时候请求这些权限。这些权限通常涉及对用户数据的访问或对浏览器特定功能的使用。用户有权选择是否授予这些权限，这样做可以提高用户对自己隐私和数据安全的控制。以下是可选权限的特性。

1. 功能性请求

扩展程序可能需要额外的权限来提供更丰富的功能。例如，一个社交媒体工具可能请求访问用户的通知，以便在有新动态时提醒用户。如果用户希望使用这个功能，则可以选择授予该权限。

2. 按需访问

有时，扩展程序可能只在特定情况下需要某些权限，而不是始终都需要。例如，一个屏幕捕获扩展可能仅在用户想要录制屏幕时请求访问屏幕的权限。

3. 用户隐私保护

用户可能对某些权限感到不安，特别是那些涉及敏感数据的权限。通过将这些权限设置为可选，扩展程序允许用户根据自己的隐私偏好来授予或拒绝权限。

4. 提升信任

开发者通过将某些权限设为可选，可以向用户展示他们尊重用户的选择和隐私。这可以增加用户对扩展程序的信任，并可能促使更多用户安装和使用该扩展程序。

5. 减少权限请求的负担

在扩展程序安装时请求大量权限可能会吓到用户，导致用户放弃安装。通过可选权限，开发者可以减少初始安装时的权限请求，从而降低用户的担忧，并在用户使用扩展程序的过程中逐步请求权限。

可选权限是一种灵活的权限模型，它允许扩展程序根据需要获取额外权限，同时给予用户对于自己数据和功能访问的最终控制权。

下面使用 Chrome Extension 版本语法来创建一个示例，展示权限模型。

（1）在一个文件夹中创建以下文件：

`manifest.json`：描述扩展的清单文件。
`background.js`：用作后台脚本,处理事件。
`popup.html`：用户单击扩展图标时会显示这个页面。
`popup.js`：用户单击扩展图标的事件处理程序。

（2）编写清单文件 manifest.json,代码如下：

```
//第 6 章,6.1.5 manifest.json
{
"manifest_version": 3,
"name": "Optional Permissions Demo",
"version": "1.0",
"permissions": ["activeTab"],
"optional_permissions": ["tabs", "storage"],
"background": {
"service_worker": "background.js"
},
"action": {
"default_popup": "popup.html"
}
}
```

（3）编写事件处理文件 background.js,代码如下：

```
//第 6 章,6.1.5 background.js
chrome.runtime.onMessage.addListener((message, sender, sendResponse) => {
if (message.request === 'requestOptionalPermissions') {
chrome.permissions.request({
permissions: ['tabs', 'storage']
}, (granted) => {
if (granted) {
console.log('Optional permissions granted.');
} else {
console.log('Optional permissions denied.');
}
});
}
});
```

（4）编写弹出页面文件 popup.html,代码如下：

```
//第 6 章,6.1.5 popup.html
<!DOCTYPE html>
<html>
<body>
<button id = "requestPermissions">Request Optional Permissions</button>
<script src = "popup.js"></script>
</body>
</html>
```

（5）编写弹出页面事件处理文件 popup.js，代码如下：

```
//第 6 章,6.1.5 popup.js
document.getElementById('requestPermissions').addEventListener('click', () => {
chrome.runtime.sendMessage({ request: 'requestOptionalPermissions' });
});
```

该示例在 manifest.json 文件中声明了 activeTab 权限和两个可选权限 tabs 和 storage。当用户单击扩展的弹出窗口中的按钮时，扩展会向后台脚本发送消息，请求这两个可选权限。如果用户同意授予这些权限，扩展就可以使用这些权限提供更强大的功能。

6.1.6　主机权限

在浏览器插件开发中，主机权限（Host Permissions）是指插件能够访问的特定主机或网站的权限。这些权限定义了插件在特定网站上执行的操作范围。主机权限允许扩展程序根据定义的 URL 模式对特定网站或网页进行读取和更改。这些权限通常在扩展的清单文件（通常是 manifest.json 文件）中指定，告诉浏览器扩展应该在哪些网址上激活。从 MV3 开始，权限和主机权限被拆分成单独的字段。以下是一些常见的主机权限示例。

（1）host：允许访问特定主机的权限，例如 https://www.example.com/。

（2）*://*.example.com/：使用通配符允许访问特定域名的权限，例如所有子域名。

（3）<all_urls>：允许访问所有网站的权限。

这些权限声明定义了插件能够在指定主机上执行的操作，例如修改页面内容、与页面交互、访问特定网站数据等。这些权限的使用应该遵循最小权限原则，只授予插件运行所需的最小权限，以确保用户的隐私和安全。

在浏览器扩展中，权限（Permissions）和主机权限（Host Permissions）是两种不同的概念，尽管它们都在扩展的清单文件（通常是 manifest.json 文件）中声明。权限通常指的是扩展程序用来访问浏览器特定功能的权限，如历史记录、书签、标签页等。这些权限通常与浏览器提供的 API 相关，允许插件与浏览器不同的部分交互。主机权限专门控制扩展可以访问哪些网站的数据，以及在哪些网站上运行代码。它们是基于 URL 模式的，允许开发者定义扩展在哪些特定的网址或模式下激活。总之，它们区别就是权限是需要访问的 API，而 host_permissions 是需要使用 API 的来源。

主机权限的主要使用场景如下。

（1）内容脚本：如果插件程序需要在特定的网页上注入脚本（内容脚本），则需要拥有那些网页的主机权限。这样插件就可以读取或修改网页内容，例如，用于提供翻译服务、添加自定义样式或功能等。

（2）Web 请求修改：扩展程序可能需要监听和修改网络请求，例如拦截广告或跟踪请求。为此，它需要获得目标网站的主机权限。

（3）隐私数据访问：某些扩展可能需要访问和管理浏览器的隐私设置，如 Cookie。

另外,相较于可选权限(optional_permissions)也有可选主机权限(optional_host_permissions)。可选主机权限用于列出扩展可能需要的、非必要的主机权限。这些权限特别关注扩展对网站的访问权限,允许扩展在用户的许可下访问特定的网站或网页。

6.2　深入理解浏览器插件权限

6.2.1　插件权限的生命周期

浏览器插件的权限生命周期(Permissions Lifetime)是指插件在用户授予权限后可以访问这些权限的时间范围。每个浏览器插件都需要请求特定的权限来执行其功能,例如访问网页内容、读取用户数据或与其他网站进行通信。权限生命周期定义了插件可以持续访问这些权限的时间,以及何时需要重新获取用户的许可。

权限生命周期的概念非常重要,因为它涉及用户隐私和安全问题。如果插件在没有用户明确许可的情况下持续拥有访问权限,则可能会导致用户数据泄露、滥用或不当使用,因此,浏览器厂商为了保护用户隐私和安全,通常会限制插件的权限生命周期。

在大多数现代浏览器中,插件的权限通常分为两种类型:临时权限和持久权限。

(1)临时权限:临时权限是指插件在用户当前会话期间可以访问的权限。一旦用户关闭浏览器或重新启动会话,插件将失去这些权限。临时权限通常用于敏感操作或需要及时访问的功能,例如访问摄像头或话筒。

(2)持久权限:持久权限是指插件在用户明确许可的情况下可以长期访问的权限。用户可以在插件安装或启用时授予这些权限,并且它们将在用户关闭插件或明确撤销权限之前一直有效。持久权限通常用于插件需要持续访问某些功能或数据的情况,例如读取书签或访问浏览历史记录。

权限生命周期的概念和实施有助于确保插件的权限使用得到适当的控制和限制。用户可以更好地了解插件访问其数据和功能的方式,并可以根据自己的需求和偏好做出相应的决策。同时,权限生命周期还有助于防止恶意插件滥用权限,提高用户的在线安全。

权限生命周期是浏览器插件中的一个重要的概念,它涉及用户隐私和安全问题。通过合理定义和实施权限生命周期,可以保护用户的隐私,限制插件的权限访问,并提高用户整体的体验和安全性。

6.2.2　理解与管理浏览器插件权限

1. 理解浏览器权限的意义

理解浏览器权限的意义在于确保用户在使用网络浏览器时能够控制其数据和隐私的安全性,同时管理对各种资源和功能的访问权限。这种理解的重要性主要体现在以下几方面。

1)用户隐私保护

浏览器插件有时需要访问个人数据,包括浏览历史、书签、密码和网页内容等。如果插件被滥用或设计不当,这些信息则可能会被未经授权的第三方获取。理解哪些权限被授予,可以帮助用户保护个人隐私。

2）网络安全

一些恶意插件可能会试图窃取敏感信息、安装恶意软件或者在不知情的情况下使用用户的设备成为僵尸网络的一部分。通过管理权限,用户可以防止这些插件对设备和数据造成损害。

3）数据控制

许多浏览器插件能够访问用户在网页上输入的数据,包括信用卡信息和其他个人信息。明白插件的权限范围,可以帮助用户控制它们访问和使用数据的方式。

4）性能优化

对权限的理解有助于优化浏览器的性能。某些权限可能会导致资源过度消耗,影响浏览器的响应速度和整体性能。通过管理这些权限,可以减少不必要的资源占用。

5）防止滥用

即使不是恶意的,过多的权限也可能导致插件的功能超出了它们的预期用途,例如在浏览器中显示广告或修改网页内容。管理权限可以防止这种滥用。

6）法律遵从性

随着数据保护法规的日益严格,特定的数据使用可能受到法律法规的限制。了解插件如何处理数据变得尤为重要。合理管理权限有助于确保数据处理活动符合这些法律法规。帮助用户确保其在线行为符合法律合规性,避免违规行为。

7）提升安全意识

了解插件请求哪些权限,并管理这些权限,可以提高用户对网络安全和隐私保护的认识。

2. 如何管理浏览器插件

管理浏览器插件是确保安全、性能和隐私的重要一环。以下是一些管理浏览器插件的方法。

1）审查插件

在安装任何插件之前,仔细阅读它们的权限请求和用户评价。

2）审查和移除不必要的插件

定期审查已安装的插件列表,并移除那些不再需要或来源不明的插件。这有助于降低安全风险和资源占用。

3）更新插件

及时更新插件以确保其安全性和性能。更新通常包含修复安全漏洞和提高性能功能。

4）了解和管理插件权限

熟悉每个插件的权限请求,并仔细考虑是否授予这些权限。确保插件只能访问它们需要的数据,避免不必要的隐私风险。

5）使用官方渠道获取插件

尽可能从官方和可信赖的渠道获取插件,以减少安全风险。谨慎对待第三方来源的插件。

6）限制对敏感信息的访问

对于插件请求访问的敏感信息，例如位置、个人资料等，仔细考虑是否允许，并在可能的情况下限制其访问范围。

7）监控插件活动

有些插件可能会影响浏览器性能或搜集用户数据。监控插件的活动并对其行为进行评估，以确保其不会对浏览器使用造成负面影响。

8）使用浏览器的插件管理功能

大多数现代浏览器提供了插件管理功能，允许用户方便地查看、管理和禁用插件。利用这些功能来更好地管理插件。

9）定期清理浏览器数据

清理浏览器的缓存、Cookie 和历史记录等数据，有助于减少插件对这些数据的访问和潜在风险。

10）最小权限原则

只授予插件完成其核心功能所必需的最小权限。

通过这些方法，可以更好地管理浏览器插件，提高浏览器的安全性、性能和隐私保护水平。

6.3 权限列表

下面将从作用、使用注意事项、告警信息等方面介绍浏览器插件常用权限。

1. activeTab

activeTab 权限是一个特殊的权限，允许扩展程序在用户通过单击扩展程序的浏览器动作（如工具栏按钮）或者上下文菜单条目时，临时访问当前活动标签页的网页内容。这个权限是为了提供一种比全局访问权限更加有限、更加安全的方式来访问用户的浏览数据。

1）作用

activeTab 权限允许扩展程序在用户主动交互时执行读取和修改当前活动标签页的网页内容和执行脚本（通过 Content Scripts）。

2）用法注意事项

（1）最小化权限：activeTab 权限是一种最小化权限的实践，只在用户交互时才授予扩展程序访问当前标签的权限。这意味着扩展程序不能在后台访问所有打开的标签页。

（2）用户触发：activeTab 权限只在用户单击扩展程序图标或者使用上下文菜单时才激活。

（3）临时访问：授予的权限是临时的，一旦用户离开标签或者加载了新的网页，权限就会失效。

manifest.json：在扩展程序的 manifest.json 文件中声明 activeTab 权限，代码如下：

```
{
  "permissions": [
    "activeTab"
  ],
  ...}
```

3）使用时产生的警告信息

在使用 activeTab 权限时，通常不会向用户发送警告信息，这是因为这个权限被设计为在用户明确的操作下才被激活。这与那些需要声明访问所有网站数据的权限不同，后者会在用户安装扩展程序时产生一个警告，告知用户该扩展程序可以访问用户在所有网站上的数据。

4）安全考虑

尽管 activeTab 权限较为安全，开发者仍应在插件程序的文档中明确告知用户该扩展程序的行为，以增强透明度，即使是在 activeTab 的范围内运行，也应遵循安全的编码实践，例如对输入进行过滤，防止跨站脚本攻击（XSS）。

2. alarms

alarms 权限在浏览器扩展程序中用于创建、查询和监听定时器事件。这个权限允许扩展程序在设定的时间后运行代码，而不需要保持扩展程序或者其背景页处于运行状态。

1）作用

使用 alarms 权限，扩展程序可以创建一个或多个定时器（alarms），根据需要设置重复的定时器，以及在定时器触发时执行某些操作，如显示通知、更新扩展的界面、同步数据等。

2）用法注意事项

（1）分项仅在必要时使用：由于 alarms 权限涉及系统或应用程序的核心功能之一，因此应仔细考虑是否真正需要使用它。只有当设置和管理警报是应用程序的关键功能或必要功能时，才应该请求并使用此权限。

（2）明确告知用户：如果应用程序需要使用 alarms 权限，则应确保在用户访问权限之前向用户清楚地解释为什么需要此权限及将如何使用它。用户应该明确知道应用程序将如何设置和管理警报，并理解其目的。

3）安全考虑

（1）滥用警报功能：如果 alarms 权限被滥用，则可能会导致用户被频繁打扰或干扰，因此，在使用此权限时，应谨慎设置警报的频率和内容，以避免对用户造成不必要的困扰。

（2）隐私问题：某些警报功能可能涉及用户的个人信息或隐私。在使用 alarms 权限时，务必遵守适用的隐私法规，并确保用户数据的安全和保密。只收集和使用与警报功能相关的最少必要信息。

（3）安全性：由于警报功能通常与系统的核心功能紧密相关，因此必须采取适当的安全措施来防止恶意使用或未经授权的访问。确保对警报进行身份验证和授权，并使用加密等安全措施来保护警报的传输和存储。

3. audioCapture

audioCapture 权限允许应用程序访问和捕获来自用户设备话筒的音频数据。这是一个强大但敏感的权限,因为它涉及用户的个人隐私。以下是 audioCapture 权限的作用、用法的注意事项及使用它可能产生的警告和安全考虑。

1) 作用

(1) 音频录制:允许应用录制用户的语音或周围环境的声音。

(2) 实时音频处理:可以用于实时语音通信或变声器等功能。

(3) 语音识别:用于将用户的语音输入转换为文字,支持语音控制或语音到文本服务。

2) 用法注意事项

(1) 用户同意:应用在尝试访问话筒时,必须请求用户明确同意。

(2) 透明度:开发者需要向用户清楚说明为什么需要这项权限,以及如何使用捕获的音频数据。

(3) 最小化使用:只有当应用的功能需要音频输入时,才应请求此权限,并且只在需要时激活话筒。

(4) 数据处理:应用应当只处理与其功能直接相关的音频数据,并尽快释放话筒资源。

3) 安全考虑

(1) 隐私问题:音频捕获权限涉及用户的隐私和敏感信息。在使用 audioCapture 权限时,务必遵守适用的隐私法规,并确保用户数据的安全和保密。只收集和使用与音频功能相关的最少必要信息,并采取适当的数据保护措施。

(2) 滥用音频数据:由于音频数据可能包含用户的语音、对话或其他敏感信息,滥用音频数据可能导致用户的隐私泄露或其他潜在风险,因此,在使用 audioCapture 权限时,应谨慎处理和存储音频数据,并确保采取适当的安全措施来防止未经授权的访问或滥用。

(3) 安全性:由于音频捕获权限涉及设备的硬件资源,所以必须采取适当的安全措施来防止恶意使用或未经授权的访问。确保对音频捕获进行身份验证和授权,并使用加密等安全措施来保护音频数据的传输和存储。

4. bookmarks

Chrome 浏览器插件的 bookmarks 权限允许插件访问和修改用户的书签数据。这个权限可以让插件在用户的书签中添加、删除和修改条目。

1) 作用

bookmarks 权限主要用于允许插件创建、编辑或删除用户的书签。这个权限在一些需要保存或组织网页信息的插件中非常有用。

2) 用法注意事项

(1) 确保插件的 bookmarks 权限是必需的,并且与插件的功能相关。

(2) 仔细审查插件的隐私政策和开发者信息,确保插件的来源可信。

(3) 定期审查已安装的插件,删除不再需要的插件,以减少潜在的安全风险。

3）安全考虑

（1）高警报权限：bookmarks 权限属于高警报权限，因为它允许插件访问和修改用户的书签数据，可能导致隐私泄露和数据篡改的风险。

（2）潜在风险：使用 bookmarks 权限的插件可能会滥用用户的书签数据，因此需要审慎选择并审查插件的权限。

5. browserSettings

Chrome 浏览器插件的 browserSettings 权限允许开发者在 Chrome 浏览器中设置和管理用户和浏览器的设置。这个权限可以用来配置用户和浏览器的行为，包括设置主页、新标签页、应用和扩展程序及主题等。

1）作用

browserSettings 权限的主要应用场景是为了定制化用户的浏览器行为，增强插件功能及优化用户的浏览器体验。在使用这个权限时，使用 browserSettings 权限的主要应用场景包括但不限于以下几种情况：

（1）定制化浏览器行为开发者可以使用 browserSettings 权限来定制化用户的浏览器行为，例如设置主页、新标签页、应用和扩展程序及主题等，以满足用户的个性化需求。

（2）增强插件功能：一些浏览器插件可能需要修改浏览器的设置以实现其核心功能，例如更改浏览器的缓存设置、颜色管理、动画行为等，这时就需要使用 browserSettings 权限。

（3）用户体验优化：通过修改浏览器设置，开发者可以优化用户的浏览器体验，例如控制页面缩放、弹出窗口行为、通知权限等，以提升用户的浏览器体验。

2）用法注意事项

（1）权限设置：在 Chrome 插件的清单文件中，需要声明 browserSettings 权限，以便在插件中使用这个功能。

（2）合理使用：开发者应该合理地使用 browserSettings 权限，确保插件的设置和行为符合用户的期望，并且不会侵犯用户的隐私和安全。

3）安全考虑

（1）透明度和提示：在使用 browserSettings 权限时，开发者应该向用户提供清晰的提示和说明，告知用户插件将要对浏览器进行哪些设置和行为。用户应该知道插件的功能和影响，以便做出知情的决定。

（2）最小化权限：只在必要的情况下使用 browserSettings 权限，并且最小化对用户设置的修改。避免收集用户的个人信息或者未经用户同意就修改浏览器的设置。

（3）数据保护：确保插件不会收集用户的个人信息，并且对用户的数据进行保护。遵守相关的隐私法规和政策，不将用户数据用于未经授权的用途。

（4）安全性考虑：在设计和开发插件时，要确保插件的设置和行为不会导致浏览器的安全漏洞或者被恶意利用。对插件进行安全审计和测试，确保插件的安全性。

（5）用户控制：给予用户足够的控制权，让用户可以随时关闭或者取消插件对浏览器设置的影响，以及清楚地了解插件对浏览器行为的影响。

6. contextMenus

contextMenus 权限在浏览器扩展中用于创建和管理浏览器的右键菜单（上下文菜单）。这个权限可以极大地增强用户与浏览器扩展交互的方式，通过为用户提供一个易于访问和使用的界面来触发扩展的功能。

1）作用

（1）自定义菜单项：允许扩展向浏览器的右键菜单添加自定义项。

（2）快速访问功能：用户可以通过上下文菜单快速访问扩展的特定功能。

（3）与网页内容交互：扩展可以使用上下文菜单与网页上的选定文本、图片或其他元素交互。

2）用法注意事项

（1）适度使用：不要添加过多的菜单项，以免上下文菜单过于臃肿，影响用户体验。

（2）清晰的菜单项命名：确保每个菜单项的功能都通过其名称清晰地传达给用户，避免使用模糊不清的描述。

（3）条件显示：可以设置菜单项仅在特定条件下显示，例如只有当用户选中文本时才显示翻译选项。

3）安全考虑

（1）用户界面干扰：过多或不必要的上下文菜单项可能会干扰用户的正常浏览体验。

（2）功能滥用：上下文菜单可以触发扩展的各种功能，如果这些功能设计不当，则可能会被滥用，例如执行不必要的代码或进行隐私侵犯操作。

（3）权限滥用：尽管 contextMenus 权限本身不会直接导致安全问题，但与其关联的功能如果没有得到适当的安全考虑，则可能会造成隐私泄露或安全漏洞。

注意　在使用 contextMenus 权限时，开发者应该尽量保持上下文菜单的简洁，确保添加的功能是用户真正需要的，并且与扩展的主要功能紧密相关。同时，应该对用户的操作适当地进行反馈，确保用户了解他们的操作将会触发什么样的功能。此外，开发者应该遵循最佳实践来保证代码的安全性，避免因为上下文菜单的滥用而导致的安全问题。

---

7. downloads

downloads 权限允许插件访问浏览器的下载历史记录和管理下载。

1）作用

（1）下载管理工具：插件可以使用 downloads 权限创建下载管理工具，帮助用户管理和监控其下载文件。

（2）定制下载体验：插件可以利用 downloads 权限为用户提供定制的下载体验，例如自定义下载通知或下载速度监控。

2）用法注意事项

（1）最小化权限：插件应该最小化请求的权限，只请求其需要的 API 和网站访问权限。

（2）谨慎处理下载：插件在处理下载时应该谨慎，确保不会对用户的下载行为造成干扰或安全风险。

（3）遵循 Chrome Web Store 规定：如果插件是通过 Chrome Web Store 安装的，则开发者需要遵循 Chrome Web Store 的规定和审核流程。

3）使用时产生的警告信息

（1）权限滥用：过度使用 downloads 权限可能会导致插件滥用用户下载功能，对用户造成骚扰或安全威胁。

（2）隐私问题：插件可能会访问用户的下载历史和下载文件，这可能涉及用户隐私问题。

（3）安全漏洞：插件在处理下载时可能存在安全漏洞，导致恶意软件下载或文件篡改。

4）安全考虑

（1）隐私保护：插件在访问下载历史记录和管理下载时需要保护用户的隐私信息，不得滥用这些权限获取用户的敏感信息。

（2）安全性审查：开发者需要对插件的代码进行安全性审查，确保插件在使用 downloads 权限时不会引入安全漏洞或风险。

8. DNS

Chrome 浏览器插件的 DNS 权限允许扩展程序访问和修改网络请求的 DNS 设置。这意味着扩展程序可以拦截和修改用户计算机上的 DNS 请求，从而影响其网络连接。

1）作用

DNS 权限可以为开发人员提供更高的灵活性和控制权，以定制化和增强用户的网络连接体验。Chrome 浏览器插件的 DNS 权限可以用于以下应用场景。

（1）网络请求拦截和修改：扩展程序可以使用 DNS 权限拦截和修改网络请求的 DNS 设置。这可以用于实现广告拦截、安全浏览或者定制化的网络连接设置。

（2）网络连接管理：扩展程序可以利用 DNS 权限来管理和优化网络连接，例如自动切换 DNS 服务器、加密 DNS 请求等。

（3）网络安全增强：DNS 权限可以用于增强网络安全，例如阻止恶意网站、过滤有害内容等。

（4）定制化网络体验：开发人员可以利用 DNS 权限为用户提供定制化的网络体验，例如自定义 DNS 解析规则、加速对特定网站的访问等。

2）用法注意事项

由于 DNS 权限的扩展程序可以修改网络请求的 DNS 设置，因此开发人员应该非常小心地处理这一权限，以避免对用户网络连接造成不良影响。

DNS Checker-SEO and Domain Analysis 是一个谷歌 Chrome 插件，提供了丰富的 DNS、SEO 和域名分析工具。它可以帮助网站管理员、SEO 专家和开发人员分析网站的性能、竞争对手的网站状态及域名的优化情况。

3）安全考虑

（1）当扩展程序请求 DNS 权限时，用户可能会看到警告信息，因为这是一个潜在的安全风险，因此，开发人员应该避免滥用这一权限，以免引起用户的疑虑。

（2）为了确保用户的网络安全，Chrome 浏览器可能会显示警告，提醒用户某个扩展程序正在请求 DNS 权限，因此，开发人员应该遵循最佳实践，避免请求过多的权限，以减少用户的担忧和疑虑。

9. desktopCapture

desktopCapture 权限在浏览器扩展中用于捕获用户屏幕的视频流。这个权限能够让扩展捕获整个屏幕、窗口或浏览器标签页的内容。此功能在屏幕共享、视频录制或实时广播等场景中非常有用。

1）作用

（1）屏幕共享：允许用户通过扩展与他人共享自己的屏幕内容。

（2）录制视频：用户可以录制整个屏幕或应用窗口的视频。

（3）实时广播：支持将用户屏幕内容实时广播给其他用户。

2）用法注意事项

（1）用户同意：扩展必须在每次捕获屏幕之前获取用户的明确同意。通常，浏览器会自动弹出一个对话框要求用户选择要共享的屏幕或窗口。

（2）最小化权限：尽量请求捕获所需的最小屏幕区域，例如，如果只需捕获一个浏览器标签页，就不要请求整个屏幕。

（3）安全提示：在屏幕被捕获时，向用户提供明显的指示和提示，以确保他们知道自己的屏幕正在被共享。

3）安全考虑

（1）隐私泄露：捕获屏幕可能会不经意间暴露敏感信息，如个人邮件、文档或其他私人数据。

（2）安全风险：如果扩展被恶意软件利用，则可能会在不知情的情况下暴露敏感信息。

10. DeclarativeNetRequest

DeclarativeNetRequest 是 Chrome 浏览器插件中的一项权限，用于通过指定声明性规则来阻止或修改网络请求。这使扩展程序可以在不拦截和查看网络请求内容的情况下修改网络请求，从而提供更多的隐私保护。

1）作用

DeclarativeNetRequest 权限可以改善用户体验，因为它允许扩展程序在不拦截和查看网络请求内容的情况下修改网络请求。这意味着用户的隐私得到了更好的保护，因为扩展程序实际上无法读取用户所做的网络请求。此外，使用 DeclarativeNetRequest API 可以提供更好的性能，因为它允许在浏览器本身中评估网络请求，而不是在扩展程序进程中使用

JavaScript 进行评估。

2）用法注意事项

DeclarativeNetRequest API 提供了更好的性能，因为它可以注册规则，这些规则在浏览器中进行评估，而不是在 JavaScript 引擎中进行评估。这降低了往返延迟，并提高了效率。相比之下，使用 WebRequest API 可能会导致更高的性能开销，因为它需要在 JavaScript 引擎中对规则进行评估和处理。

（1）扩展程序必须在清单文件中声明 DeclarativeNetRequest 权限才能使用此 API。

（2）如果扩展程序想要重定向请求或修改标头，则需要主机权限。

（3）扩展程序还可以指定静态规则集，这需要在清单中声明 declarative_net_request 键，并包含一个 rule_resources 列表，其中包含规则集的字典。

3）安全考虑

DeclarativeNetRequest 权限通过允许扩展程序在不拦截和查看网络请求内容的情况下修改网络请求，从而保护用户隐私。使用 DeclarativeNetRequest API，扩展程序实际上无法读取用户所做的网络请求，因为它们只能注册规则，而不能直接查看或拦截网络请求的内容。

（1）使用 DeclarativeNetRequest API 可以提供更好的用户隐私，因为扩展程序实际上无法直接访问或操纵用户所做的网络请求。

（2）与 WebRequest API 相比，DeclarativeNetRequest API 不需要主机权限来阻止请求。

（3）DeclarativeNetRequest API 提供了更好的性能，因为它允许在浏览器本身中评估网络请求，而不是在扩展程序进程中使用 JavaScript 进行评估。

11. FileBrowserHandler

FileBrowserHandler 权限在浏览器扩展中用于处理文件浏览器中的操作。这个权限可以让扩展在用户文件浏览器中执行特定操作时（如打开或保存文件）进行相应处理。

1）作用

（1）文件处理：扩展可以在用户打开或保存文件时进行处理，例如，可以在用户打开文件时预览文件内容，或在用户保存文件时修改文件格式。

（2）增强文件浏览器功能：扩展可以将新的功能添加到文件浏览器中，例如，可以添加一个新的右键菜单项来提供特定的文件操作。

2）用法注意事项

（1）用户同意：在处理用户文件之前，必须获取用户的明确同意。通常，浏览器会自动弹出一个对话框要求用户确认扩展的操作。

（2）最小化权限：尽量请求处理所需的最小文件权限，例如，如果只需读取文件，就不要请求写入文件的权限。

（3）文件操作提示：在进行文件操作时，向用户提供明显的提示，以确保他们知道扩展正在进行何种操作。

3）安全考虑

隐私泄露：处理用户文件可能会暴露敏感信息，如个人文档或其他私人数据。

12．geolocation

geolocation 权限在 Chrome 扩展中用于获取用户的地理位置信息。这个权限对于需要根据用户位置提供定制服务的应用特别有用，例如天气应用、地图应用或本地搜索服务。

1）作用

获取用户位置：允许扩展获取用户的地理位置信息。

2）用法注意事项

（1）用户隐私：位置信息是非常敏感的个人信息，因此在获取和使用用户位置信息时，扩展应当尊重用户的隐私，并且只在用户明确同意的情况下获取位置信息。

（2）最小权限原则：只请求必要的权限。例如，如果只需大致的位置信息，则不要请求精确的位置信息。

（3）用户体验：提供清晰的用户界面和指导，使用户能够理解为什么需要位置信息，以及如何更改位置权限设置。

3）安全考虑

（1）权限提示：当用户安装或更新扩展时，Chrome 会显示一个权限提示，告知用户该扩展将能够访问他们的位置信息。

（2）数据安全：扩展开发者需要确保所有的位置数据都是安全处理的，避免数据泄露或被未授权访问。

（3）欺诈风险：如同其他权限，geolocation 权限也可能被恶意扩展滥用来进行欺诈或恶意行为。用户应当安装信誉良好的扩展，并留意任何异常行为。

13．history

history 权限允许扩展访问和修改用户的浏览历史。这个权限允许扩展查看和修改用户的浏览历史记录，包括访问的网页和时间戳等信息。

1）作用

history 权限除了可以查看和修改用户的浏览历史，history 权限还可以用于以下应用。

（1）历史记录管理：允许扩展创建自定义的历史记录管理工具，帮助用户更好地管理其浏览历史，例如添加标签、注释或者进行搜索和过滤等功能。

（2）历史记录分析：扩展可以利用 history 权限来分析用户的浏览历史，从而提供个性化的推荐内容或者统计用户的浏览习惯，以改善用户体验。

（3）浏览历史同步：允许扩展将用户的浏览历史同步到其他设备或者云端，以便用户在不同设备上都能方便地访问其浏览历史记录。

（4）历史记录可视化：扩展可以利用 history 权限来创建可视化的浏览历史报告或者图表，帮助用户更直观地了解其浏览活动。

2）用法注意事项

（1）合理使用：确保扩展只使用 history 权限来实现其主要功能，避免滥用用户的浏览历史信息。

（2）用户授权：在安装或升级扩展时，用户会被提示审查并授予权限。用户需要仔细考虑是否授予 history 权限给予扩展。

（3）隐私和安全考虑：history 权限可能涉及用户的隐私信息，因此需要谨慎处理，确保用户的浏览历史数据不被滥用或泄露。

3）安全考虑

遵循最佳实践，确保扩展的使用符合隐私和安全标准，避免滥用用户的浏览历史数据。

14．host_permissions

Chrome 浏览器插件中的 host_permissions 权限允许扩展程序请求访问扩展程序之外的远程服务器。这意味着扩展程序可以与其安装位置之外的远程服务器进行通信。

1）作用

（1）与远程服务器通信：允许扩展程序与特定远程服务器进行通信，以获取数据或执行特定操作。

（2）跨域数据获取：允许扩展程序从其他域获取数据，以丰富扩展程序的功能和信息来源。

2）用法注意事项

（1）host_permissions 权限需要在 manifest.json 文件的 host_permissions 字段中声明，以请求对特定远程服务器的访问权限。

（2）使用 host_permissions 权限需要谨慎，因为用户可能会对扩展程序请求的权限产生疑虑。

（3）请求 host_permissions 权限可能会影响用户安装扩展程序的意愿，因此在请求权限之前，最好提供一个介绍，解释为什么需要这些权限。

3）安全考虑

（1）避免跨站脚本攻击：在使用 fetch() 获取资源时，确保不会受到跨站脚本攻击的影响，避免使用危险的 API，如 innerHTML。

（2）限制内容脚本对跨域请求的访问：确保内容脚本不会请求任意 URL，以防止恶意网页冒充内容脚本进行攻击。

15．identity

identity 权限在 Chrome 扩展中用于允许扩展使用 OAuth2 进行认证，并获取用户的邮箱地址和公开的基础个人信息。这个权限对于需要用户身份验证的应用特别有用。

1）作用

（1）用户认证：允许扩展使用 OAuth2 进行用户认证。

（2）获取用户信息：允许扩展获取用户的邮箱地址和公开的基础个人信息。

2）用法注意事项

（1）用户隐私：用户的身份信息是非常敏感的个人信息，因此在获取和使用用户信息时，扩展应当尊重用户的隐私，并且只在用户明确同意的情况下获取信息。

（2）最小权限原则：只请求必要的权限。例如，如果只需用户的邮箱地址，则不要请求其他不必要的个人信息。

（3）用户体验：提供清晰的用户界面和指导，使用户能够理解为什么需要他们的身份信息，以及如何更改身份权限设置。

3）安全考虑

（1）权限提示：当用户安装或更新扩展时，Chrome 会显示一个权限提示，告知用户该扩展将能够访问他们的身份信息。

（2）数据安全：扩展的开发者需要确保所有的身份数据都是经过安全处理的，避免数据泄露或被未授权访问。

（3）欺诈风险：如同其他权限，identity 权限也可能被恶意扩展滥用来进行欺诈或恶意行为。用户应当安装信誉良好的扩展，并留意任何异常行为。

16．mediaGalleries

mediaGalleries 权限用于访问用户设备上的媒体文件库，如图片、音乐和视频文件。这个权限通常在 Chrome 应用和扩展中使用，允许开发者编写能够访问和管理用户本地媒体文件的应用程序。

1）作用

（1）访问媒体库：允许应用或扩展访问用户设备上的媒体文件。

（2）读取/导入媒体：可以读取用户的图片、音乐和视频文件，并将它们导入应用中。

（3）创建媒体库：允许应用创建新的媒体库，并向其中添加媒体文件。

2）用法注意事项

（1）用户同意：应用或扩展必须得到用户的明确同意才能访问媒体库。通常，这是通过一个系统对话框来完成的，其中用户可以选择允许访问的媒体库。

（2）最小权限原则：只请求所需要的最小权限。例如，如果只需读取媒体文件，则不要请求编辑或删除文件的权限。

（3）用户界面：提供一个用户友好的界面，使用户能够清楚地管理应用或扩展访问的媒体库。

3）安全考虑

（1）隐私泄露：访问媒体库可能涉及高度个人化的数据。应用或扩展应当小心处理这些数据，避免未经授权的共享或泄露。

（2）数据完整性：在修改或删除文件之前，应确保用户已被充分告知，并且操作有明确的用户同意。

（3）信任问题：用户可能对请求访问其个人媒体文件的应用或扩展持怀疑态度。开发者应确保他们的应用或扩展有合适的隐私政策，并且清晰地解释为什么需要这些权限和如何使用这些数据。

注意 在使用 mediaGalleries 权限时,Chrome 可能会向用户显示警告,告知应用或扩展将能够访问他们的媒体文件。这是为了确保用户意识到许可的后果,并且可以做出知情的决定。开发者在设计应用时,应当考虑到这些警告,并尽可能地减少用户的疑虑。

---

17. notifications

notifications 权限在 Chrome 扩展和应用中用来显示系统级别的通知。这些通知是由 Chrome 浏览器发出的,可以在用户的操作系统通知区域中显示,即使当 Chrome 浏览器在后台运行时也可以。

1) 作用

(1) 显示通知:允许应用或扩展通过 Chrome 浏览器向用户显示通知。

(2) 更新通知:可以更新已经显示的通知的内容。

(3) 清除通知:可以清除已经显示的通知。

2) 用法注意事项

(1) 及时性:仅在有必要时发送通知,例如,对于用户行为的直接响应,或者重要事件的即时提醒。

(2) 清晰性:确保通知的内容清晰、直接,让用户一眼就能理解通知的目的。

(3) 用户控制:给予用户控制通知的选项,例如,可以关闭特定类型的通知或所有通知。

3) 安全考虑

(1) 打扰用户:频繁或不相关的通知可能会打扰用户,导致用户对应用或扩展产生负面感受。

(2) 隐私泄露:通知可能会在不适当的时候显示敏感信息,应当确保在用户的屏幕上显示的信息不会泄露个人隐私。

(3) 欺诈风险:恶意扩展可能会通过通知来模仿系统消息或其他应用的通知,欺骗用户进行不当操作。开发者应当避免设计可能会误导用户的通知。

(4) 权限提示:当安装扩展时,用户将看到一个权限提示,告知他们该扩展将能够显示通知。开发者应当在扩展的描述中解释为什么需要这些权限。

注意 使用 notifications 权限时,应当遵循 Chrome Web Store 的相关政策,并确保符合用户体验的最佳实践。开发者应当在扩展的隐私政策中详细说明如何使用通知及处理相关数据的方式。

---

18. power

power 权限在 Chrome 扩展中用于控制系统的电源管理行为,允许扩展阻止系统进入睡眠状态。这对于需要保持系统运行以执行长时间任务的应用(例如下载管理器或在线音乐服务)特别有用。

1)作用

防止系统睡眠：允许扩展阻止系统进入睡眠模式，以便在不活动时继续执行任务。

2)用法注意事项

(1)有目的性使用：仅在确实需要时使用 power 权限，例如当应用正在执行关键任务时，以避免不必要地消耗用户的电能。

(2)用户体验：在使用 power 权限时，最好通知用户电源管理行为已被修改，并提供一个容易访问的选项来恢复默认设置。

(3)性能考虑：长时间阻止系统睡眠可能会对设备的电池寿命和性能产生负面影响，因此应该谨慎使用此权限。

3)安全考虑

(1)权限提示：用户在安装或更新扩展时，可能不会收到明确的提示，因为 power 权限不总是需要显示权限警告，但是，开发者应在应用的描述中清楚地说明此权限的使用情况。

(2)设备影响：长时间使用 power 权限阻止系统休眠可能会导致硬件过热或其他潜在问题，尤其是在便携式设备上。

(3)用户信任：滥用 power 权限可能会降低用户对扩展的信任，尤其是在用户没有被妥善通知或没有给予同意的情况下。

注意 在使用 power 权限时，开发者应该清楚地向用户解释为什么需要这个权限，并确保在不使用时能够恢复到系统默认的电源管理设置，避免不必要的资源消耗。

---

19. printerProvider

printerProvider 权限在 Chrome 扩展中用于实现自定义打印服务，允许扩展管理打印任务和打印机的配置。这个权限对于开发需要与打印机交互的应用特别有用，尤其是那些提供打印服务或管理的应用。

1)作用

printerProvider 权限允许扩展程序查询打印机、查询打印机的功能，并向这些打印机提交打印作业。

(1)管理打印任务：允许扩展接收打印任务，并对其进行管理。

(2)报告打印机状态：扩展可以报告打印机的状态，包括是否有打印机可用、打印机的配置和能力。

(3)自定义打印机配置：允许扩展提供自定义打印机设置，以及处理打印预览和配置对话框。

2)用法注意事项

(1)用户隐私：在处理打印任务时，需要注意用户打印的文件可能含有敏感信息，因此,扩展应当确保用户数据的隐私和安全。

（2）性能影响：打印任务可能会占用大量系统资源,特别是在处理大型文件或高分辨率打印时。扩展应当优化性能,避免不必要的系统负担。

（3）用户体验：提供清晰的用户界面和指导,使用户能够轻松地配置打印设置,并理解打印任务的状态。

3）安全考虑

（1）权限提示：当用户安装或更新扩展时,Chrome 会显示一个权限提示,告知用户该扩展将能够管理打印任务。

（2）数据安全：扩展的开发者需要确保所有的打印数据都是经过安全处理的,避免数据泄露或被未授权访问。

（3）欺诈风险：如同其他权限,printerProvider 权限也可能被恶意扩展滥用来进行欺诈或恶意行为。用户应当安装信誉良好的扩展。

20. proxy

proxy 权限在 Chrome 扩展中用于管理 Chrome 的代理设置。它允许扩展改变网络请求的代理服务器设置,这对于开发 VPN 扩展、管理网络流量或绕过地区限制的应用特别有用。

1）作用

（1）更改代理设置：允许扩展改变 Chrome 的代理服务器设置。

（2）监控代理设置：允许扩展监听并响应代理设置的更改。

2）用法注意事项

（1）用户体验：更改代理设置可能会影响用户的网络体验,例如导致网络速度变慢或访问某些网站时出现问题,因此,扩展应当在更改设置前通知用户,并提供一种简单的方式来恢复默认设置。

（2）最小权限原则：只请求必要的权限。例如,如果只需读取代理设置,则不要请求更改设置的权限。

3）安全考虑

（1）权限提示：当用户安装或更新扩展时,Chrome 会显示一个权限提示,告知用户该扩展将能够更改代理设置。

（2）隐私风险：代理服务器可以查看所有通过它的网络流量,这可能包括敏感信息。扩展应当只使用信任的代理服务器,并确保用户数据的安全。

21. scripting

scripting 权限在 Chrome 浏览器扩展中的作用是允许扩展程序通过执行脚本来与当前页面进行交互。这个权限允许扩展程序向当前页面注入 JavaScript 代码或者修改页面的内容。

1）作用

scripting 权限适用于需要与当前页面进行交互的扩展程序,例如向页面注入特定的功能或者样式,或者根据用户操作动态地修改页面内容。例如,一个广告拦截器扩展可以使用 scripting 权限来屏蔽网页上的广告内容。

2）用法注意事项

首先在扩展程序的清单文件(manifest.json)中声明 activeTab 权限,然后在扩展程序的代码中使用 tabs.executeScript 或 tabs.insertCSS 方法来执行脚本或者插入样式。

3）使用时产生的警告信息

使用 scripting 权限会触发警告,因为它允许扩展程序修改当前页面的内容,可能会对用户造成不良影响,因此,在使用时需要向用户解释扩展程序的功能和权限,以增加用户的信任度。

4）安全考虑

(1) 最小化权限:仅在必要的情况下使用 scripting 权限,并且只请求必需的最低权限,避免过度的权限请求。

(2) 输入验证:对于从网页收集的用户输入数据,进行严格验证和过滤,以防止恶意脚本注入。

(3) 安全沙盒:将脚本运行在安全的沙盒环境中,限制其对浏览器和用户数据进行访问的权限。

(4) 定期审查:定期审查扩展程序的脚本,确保没有恶意代码或安全漏洞。

(5) 遵循最佳实践:遵循 Chrome 扩展程序的最佳实践和安全建议,以确保脚本的安全性和合规性。

22．storage

Chrome 插件中的 storage 权限允许插件使用 chrome.storage API 存储、检索和跟踪用户数据的更改。Storage API 提供了一种特定于扩展的方式来持久保存用户数据和状态。它类似于 Web 平台的存储 API(IndexedDB 和 Storage),但是专门设计用于满足扩展的存储需求。

1）作用

Storage API 分为以下存储区域。

(1) storage.local:数据存储在本地,当扩展被移除时会被清除。存储限制为 10MB(在 Chrome 113 及更早版本为 5MB),但可以通过请求 unlimitedStorage 权限来增加。

(2) storage.sync:如果同步已启用,则数据将同步到用户登录的任何 Chrome 浏览器。如果禁用,则它的行为类似于 storage.local。Chrome 在浏览器离线时将数据存储在本地,并在恢复在线时恢复同步。存储限制约为 100KB,每个项目为 8KB。

(3) storage.session:在浏览器会话期间将数据保存在内存中。在默认情况下,它不会暴露给内容脚本,但可以通过设置 chrome.storage.session.setAccessLevel() 来更改此行为。存储限制为 10MB(在 Chrome 111 及更早版本为 1MB)。

(4) storage.managed:管理员可以使用模式和企业策略在受管理的环境中配置支持扩展的设置。此存储区域为只读。

2）用法注意事项

使用 local、sync 和 session 存储区域,代码如下:

```
chrome.storage.local.set({ key: value }).then(() => {
    console.log("Value is set");
});
chrome.storage.local.get(["key"]).then((result) => {
    console.log("Value currently is " + result.key);
});
```

在使用 Chrome 插件中的 storage 权限时的注意事项如下。

（1）存储限制:不同的存储区域(如 local、sync、session)都有不同的存储限制,需要根据实际需求选择合适的存储区域,并遵守相应的存储限制。特别是在使用 sync 存储区域时,需要注意存储空间的限制。

（2）数据同步和恢复:如果使用了 storage.sync 存储区域,则需要考虑数据同步和恢复的情况。确保数据能够正确地在用户登录的不同浏览器之间同步,并能够在浏览器离线时正确地恢复同步数据。

（3）权限请求:在清单文件中声明 storage 权限时,需要确保只请求支持扩展主要功能的权限,并遵循最佳实践来改善引导体验。

（4）存储区域的选择:根据数据的特性和使用场景,选择合适的存储区域(如 local、sync、session)来存储数据。避免将不必要的数据存储在浏览器中,以降低安全风险。

（5）数据隐私和安全:存储在本地或同步到用户登录的浏览器中的数据可能包含用户的个人信息,因此需要特别注意数据的隐私和安全。确保存储的数据不包含敏感信息,并采取必要的安全措施来保护用户数据。

（6）数据访问权限:确保只有必要的内容脚本能够访问存储的数据,可以通过设置 chrome.storage.session.setAccessLevel() 控制数据访问权限。

3）安全考虑

（1）数据加密:对于可能包含敏感信息的数据,可以在存储之前对数据进行加密处理,确保数据在存储和传输过程中都处于加密状态。可以使用加密算法(如 AES、RSA 等)来对数据进行加密。

（2）最小化数据收集:只收集和存储必要的数据,避免收集不必要的个人信息。在设计插件时,需要明确确定需要存储的数据类型和范围,避免存储过多的用户信息。

（3）数据处理透明度:在插件的隐私政策或用户协议中明确说明插件收集和存储的数据类型、用途和处理方式,向用户提供透明的数据处理信息,让用户知晓其数据的去向和用途。

（4）安全存储:确保存储数据的存储区域是安全的,避免将敏感信息存储在本地存储区域中,尤其是在使用 storage.sync 存储区域时需要格外小心。

23. search

Chrome 浏览器扩展中的 chrome.search 权限允许扩展访问浏览器的搜索功能。这个权限允许扩展在用户进行搜索时获取搜索关键词和搜索结果。

1）作用

（1）用于开发搜索相关的扩展，例如搜索引擎工具栏、搜索结果定制等。

（2）可以用于开发个性化搜索功能，根据用户的搜索习惯提供定制化的搜索建议和结果。

2）用法注意事项

（1）确保扩展只请求必要的权限，避免请求过多权限。

（2）仅在扩展的主要功能需要时请求 chrome.search 权限。

（3）在扩展的清单文件中声明 chrome.search 权限。

3）安全考虑

（1）请求 chrome.search 权限可能会触发权限警告，用户在安装扩展时可能会看到相关的警告信息。

（2）扩展开发者应该遵循最佳实践，最小化权限请求，以提高用户对扩展的信任度。

24．sessions

在 Chrome 浏览器扩展中，sessions 权限允许扩展跟踪浏览器会话中的标签和窗口。这个权限的作用是允许扩展在浏览器会话期间唯一标识和跟踪标签和窗口。这意味着在同一次浏览器会话中，标签和窗口将保持唯一的 ID，直到关闭浏览器。

1）作用

（1）标签和窗口管理：允许扩展在浏览器会话中管理和跟踪标签和窗口的状态和位置。

（2）会话恢复：在用户关闭浏览器后，可以使用 sessions 权限来恢复上次浏览会话的标签和窗口状态，提供更好的用户体验。

2）用法注意事项

（1）该权限允许扩展唯一标识，以及跟踪标签和窗口，因此应谨慎使用，避免滥用用户隐私。

（2）在使用该权限时，需要遵循 Chrome 扩展的权限规范，确保权限的使用符合扩展的主要功能。

（3）由于使用该权限可能会触发警告，因此在申请权限时需要向用户解释权限的用途，以获得用户的同意。

3）安全考虑

（1）用户隐私保护：需要确保使用该权限不会泄露用户的隐私信息，避免跟踪用户的浏览行为。

（2）警告提示：由于申请该权限可能会触发 Chrome 浏览器的警告提示，因此需要向用户解释权限的合理用途，获得用户的同意。

25．tts

chrome.tts API 是 Chrome 浏览器的文本到语音合成 API。它允许开发者使用浏览器的语音合成功能，将文本转换为语音。在使用 chrome.tts API 时，需要在插件的清单文件中声明相应的权限。

1）作用

tts 允许插件使用 chrome. tts API 进行文本到语音合成。允许插件调用 chrome. tts. speak()方法将指定的文本转换为语音并播放出来。

2）用法注意事项

在插件的清单文件中声明 tts 权限，以便插件可以调用 chrome. tts API。

插件的 Content Scripts 有一些限制，不能直接使用 chrome. * APIs，包括 chrome. tts，但是可以通过消息传递的方式，将需要转换为语音的文本传递给 Background Page，然后在 Background Page 中调用 chrome. tts API 进行语音合成。

下面是一个示例代码，展示了如何在 Content Script 中通过消息传递的方式，将文本传递给 Background Page，然后在 Background Page 中调用 chrome. tts API 进行语音合成。

首先是 manifest. json 文件，代码如下：

```
//第 6 章,6.3.25
{
  "manifest_version": 3,
  "name": "Text - to - Speech Extension",
  "version": "1.0",
  "permissions": ["activeTab"],
  "background": {
    "service_worker": "background.js"
  },
  "content_scripts": [
    {
      "matches": ["<all_urls>"],
      "js": ["content.js"]
    }
  ]
}
```

其次是内容脚本 content. js，它用于将消息发送到后台页面，代码如下：

```
//第 6 章,6.3.25 content.js

//要发送的文本内容
var textToSpeak = "Hello, this is a text to be spoken.";

//将消息发送到后台页面
chrome.runtime.sendMessage({ text: textToSpeak }, function(response) {
  console.log("Message sent to background page");
});
```

最后是后台页面的代码 background. js，它用于接收来自内容脚本的消息，并使用 Chrome TTS API 进行语音合成，代码如下：

```
//第 6 章,6.3.25 background.js
//监听来自内容脚本的消息
chrome.runtime.onMessage.addListener(function(request, sender, sendResponse) {
    //检查消息中的文本内容
    if (request && request.text) {
        //使用 Chrome TTS API 进行语音合成
        chrome.tts.speak(request.text);
    }
});
```

确保这 3 个文件(manifest.json、content.js、background.js)处于相同的目录中,并且权限和匹配的 URL 设置正确。

3）安全考虑

在开发插件时,合理设置 chrome.tts 权限可以保障用户隐私和安全。下面是一些开发安全策略。

(1) 最小化权限请求:只请求插件所需的最低权限。如果插件只需使用 chrome.tts API 进行文本到语音合成,则只需声明 tts 权限,避免请求过多不必要的权限。

(2) 动态请求权限:在必要时,使用 chrome.permissions.request()方法动态地请求权限。这样可以在用户需要使用特定功能时再请求权限,而不是一开始就请求所有权限。

(3) 提供清晰的解释:在插件的说明文档或者用户界面中清晰地解释为什么插件需要使用 chrome.tts 权限,以及如何保障用户隐私和安全。

(4) 及时移除权限:当插件不再需要使用 chrome.tts API 时,可以及时移除相应的权限,避免插件拥有不必要的权限。

(5) 遵循 Chrome 开发者政策:遵循 Chrome 开发者政策和最佳实践,确保插件的权限请求合理且符合用户隐私和安全的要求。

26．ttsEngine

chrome.ttsEngine API 允许开发者创建自定义的文本到语音引擎,提供了一些高级用法和功能。

1）作用

ttsEngine 权限提供了更高级别的控制和定制化能力,允许插件开发者使用自定义的文本转语音引擎来实现语音合成功能。开发者可以选择特定的语音引擎和算法,自定义语音输出的声音、语速、音调等参数,其功能主要体现在以下几点。

(1) 高度定制化:这个权限允许开发者更深入地控制文本到语音的转换过程,可以满足特定领域的定制化需求,如特定行业术语、不同语种的语音合成等。

(2) 特定领域的定制化:允许开发者针对特定行业或语言领域创建定制化的语音合成引擎,提供更适合特定用户群体的语音服务。

(3) SSML 支持:可以支持 SSML(Speech Synthesis Markup Language)格式,这使开发者能够更精细地控制语音合成的行为,包括语速、音调、语音特效等。

（4）多语言支持：支持多语言的处理和合成，使插件可以更好地满足多语种的语音合成需求。

（5）更复杂的功能：可以实现更复杂和更高级的语音合成功能，适用于需要定制化语音合成引擎的特殊情况。

2）用法注意事项

（1）语音参数控制：可以使用 ttsEngine API 控制语音合成的参数，例如语速、音调、音量等，以满足特定的需求。

（2）权限申请：使用 ttsEngine 需要在插件清单文件（manifest.json）中申请相应的权限。

（3）调试和测试：在开发和测试阶段，建议详细记录和测试自定义语音合成引擎的各种参数和场景，确保语音合成的稳定性和质量。

（4）用户体验优化：确保语音合成功能的交互和体验符合用户预期，避免出现不必要的干扰或影响用户使用。

3）安全考虑

（1）数据处理和存储：开发者需要确保用户的文本数据在语音合成过程中得到适当处理和保护，保障用户的隐私和数据安全。

（2）合规性和规范：在设计和实现自定义的语音引擎时，需要遵循相应的隐私政策和法律规定，确保数据的合法性和安全性。

27．tabs

Chrome 浏览器扩展中的 tabs 权限允许扩展程序访问浏览器标签页的信息和操作。

1）作用

允许扩展程序获取当前标签页的 URL、标题和其他信息，以及在标签页之间切换、关闭标签页等操作。

2）用法注意事项

使用 tabs 权限时，需要在扩展程序的清单文件（manifest.json）中声明该权限。

3）安全考虑

使用 tabs 权限时需要注意不要滥用该权限，只在必要的情况下获取标签页信息和执行操作，以保护用户隐私和安全。

28．videoCapture

在 Chrome 浏览器中，videoCapture 权限允许扩展程序访问用户的摄像头设备，以便进行视频捕获和处理。通过请求 videoCapture 权限，扩展程序可以使用 navigator.mediaDevices.getUserMedia 方法来获取用户的摄像头视频流。

注意 请求 videoCapture 权限需要用户明确的授权，通常会出现一个弹出窗，询问用户是否允许该网站或扩展程序访问摄像头。用户可以选择允许或拒绝，因此开发人员需要处理用户的选择，并根据用户的授权状态进行相应操作。

1）作用

通过 videoCapture 权限,扩展程序可以创建丰富的视频功能,例如视频通话、视频录制、视频监控等,从而为用户提供更多的交互和娱乐体验。

2）用法注意事项

（1）尽量在用户明确交互行为后再请求摄像头权限,避免滥用用户隐私。

（2）在使用摄像头权限时,要确保对视频流进行适当处理,避免不当使用而导致用户信息泄露或滥用。

3）安全考虑

在开发基于 videoCapture 权限的应用程序时,平衡用户体验和隐私保护之间的关系至关重要,以下是一些安全考虑。

（1）明确的权限请求：在应用程序中明确地向用户解释为什么需要访问摄像头,并在请求权限之前提供清晰的说明。用户应该清楚地知道他们为什么需要授予该权限,并且应该有选择权。

（2）最小化数据收集：只收集应用程序所需的最小数据量。避免收集不必要的个人信息或未经用户明确同意的数据。确保数据收集的合法性和透明性。

（3）保护用户数据：对于通过摄像头捕获的任何个人数据都要采取适当的安全措施来保护用户隐私。例如加密敏感数据,并确保数据在存储和传输过程中的安全性。

（4）提供明确的隐私政策：在应用程序中提供明确的隐私政策,解释数据收集和使用方式。用户应该清楚地知道他们的数据将如何被使用,并且应该有权选择是否同意。

（5）用户控制权：为用户提供控制其个人数据的选项。例如,提供关闭摄像头访问权限的选项,并在不需要时停止摄像头的使用。

（6）安全更新和维护：定期更新应用程序以解决安全漏洞,并确保用户数据的安全。及时响应安全问题,并向用户透明地披露任何数据泄露或安全事件。

29．vpnProvider

在 Chrome 浏览器插件中,vpnProvider 权限允许插件创建和管理 VPN 连接。这是一个非常特殊的权限,只有少数几个插件才会用到。使用这个权限,插件可以创建、修改或删除 VPN 连接,从而控制用户的网络流量。

1）作用

vpnProvider 权限允许 Chrome 浏览器插件创建和配置虚拟专用网络（VPN）连接。这意味着插件可以通过 chrome.vpnProvider API 来实现以下功能：

（1）创建 VPN 连接。

（2）配置 VPN 连接的参数,如服务器地址、用户名、密码等。

（3）监控和管理已建立的 VPN 连接。

（4）断开已建立的 VPN 连接。

2）用法注意事项

用法注意事项如下：

（1）在 manifest.json 文件中声明 vpnProvider 权限。

（2）使用 chrome.vpnProvider API 来创建和配置 VPN 连接。

（3）请求用户授权,确保用户同意使用 VPN 连接。

（4）插件必须在 manifest.json 文件中声明 vpnProvider 权限。

（5）插件需要请求用户授权才能创建和配置 VPN 连接。

（6）插件需要提供清晰的隐私政策,说明如何处理用户的 VPN 连接数据。

3）安全考虑

安全方面需要考虑以下几点:

（1）使用 vpnProvider 权限需要用户明确授权,否则插件无法创建 VPN 连接。

（2）插件需要保护用户的 VPN 连接数据,确保数据不被泄露或滥用。

（3）用户在使用插件时应注意隐私和安全,确保插件来源可信。

30. processes

Chrome 浏览器扩展中的 processes 权限允许扩展访问和管理浏览器中的进程。

1）作用

processes 权限的作用如下:

（1）通常用于开发一些高级的系统管理类扩展,例如系统性能监控工具、资源管理工具等。

（2）用于开发一些特定领域的工具,例如开发者工具、系统优化工具、反恶意软件工具、安全监控工具,可以使用 processes 权限来监视和管理系统进程,以便及时发现和应对潜在的安全威胁。

2）用法注意事项

用法注意事项如下:

（1）processes 权限允许扩展访问和管理浏览器中的进程,包括创建、终止和管理进程。

（2）通过这个权限,扩展可以与浏览器进程进行交互,从而实现一些高级功能,例如资源管理、性能优化等。

3）安全考虑

使用 processes 权限需要谨慎,因为对进程的管理可能会对系统的稳定性和安全性产生影响。由于这个权限涉及对系统底层资源的管理,因此在申请和使用时需要经过严格的审核和权限控制,以防止恶意行为和安全漏洞。

31. webNavigation

webNavigation 权限是 Chrome 浏览器扩展中的一种权限,用于接收有关正在进行的导航请求状态的通知。它允许扩展程序监听和控制用户的浏览活动,包括 URL 更改和拦截网页请求。

1）作用

webNavigation 权限适用于需要跟踪和控制用户浏览活动的扩展,它的主要应用场景如下。

（1）导航状态监控：允许扩展监听用户在浏览器中的导航状态，包括页面加载、导航错误等，以便执行相应的操作或提供用户反馈。

（2）URL跟踪：用于捕获用户访问的URL，以便扩展可以根据用户访问的特定网站或页面执行特定的操作。

（3）页面加载前后处理：允许扩展在页面加载前后执行特定的逻辑，例如在页面加载完成后自动执行某些操作。

（4）导航事件分析：用于收集和分析用户的导航行为，以便提供个性化的浏览体验或统计分析数据。

（5）重定向和过滤：允许扩展在页面导航时进行重定向或过滤，以改变页面加载的行为或过滤特定类型的导航。

2）用法注意事项

用法注意事项如下：

（1）webNavigation权限允许扩展接收有关导航请求状态的通知，包括导航的各个阶段和事件顺序。

（2）使用webNavigation API，扩展可以获取有关导航请求的详细信息，如导航的状态、错误情况、时间戳、帧ID等。

（3）注意事项包括事件顺序、帧ID的标识、时间戳的使用、转换类型和限定符等。

3）使用时产生的警告信息

当扩展请求某些需要用户授权的权限时，Chrome会显示警告以提示用户授权。一些权限可能会触发警告，需要用户明确同意才能继续使用。

4）安全考虑

安全方面需要考虑以下几点。

（1）最小化权限：确保扩展只请求和使用必要的权限。避免请求过多权限，以减少潜在的安全风险。

（2）数据隐私：在处理从webNavigation API获取的任何敏感信息时，要确保对用户数据进行适当保护和处理，以遵守隐私法规和用户数据保护的最佳实践。

（3）权限更新：在更新扩展的权限时，要确保用户能够理解和同意新的权限请求。同时，需要测试并验证权限更新的行为，以避免扩展被临时禁用或出现意外行为。

（4）安全沙盒：确保扩展的代码和功能被适当地沙盒化，以防止恶意代码或攻击者利用webNavigation权限进行不当操作。

（5）安全通信：当使用webNavigation权限时，确保与其他网站或服务之间的通信是安全的，以防止中间人攻击或数据泄露。

32．webRequestBlocking

webRequestBlocking权限通常在浏览器扩展中使用，它允许扩展在网络请求完成之前修改、重定向或阻止这些请求。这个权限通常与webRequest权限配合使用，后者用于观察和分析流经浏览器的网络请求。

1) 作用

webRequestBlocking 权限允许扩展在请求发送到服务器之前,或者在服务器的响应返回浏览器之前,修改、取消或重定向这些请求。一个合理使用 webRequestBlocking 权限的实际场景是开发一个广告拦截器的 Chrome 扩展。通过 webRequestBlocking 权限,扩展程序可以拦截网页加载过程中的广告请求,并阻止这些请求,从而实现广告拦截功能。在这种情况下,用户可以在浏览网页时免受广告干扰,提升浏览体验。也可以用于修改请求头或响应头,或者对数据进行其他形式的处理。

2) 用法注意事项

用法注意事项如下。

(1) 最小权限原则:只有在必要时才应申请 webRequestBlocking 权限。如果扩展不需要修改或阻止请求,则应该避免申请这一权限,以减少对用户隐私和网络活动的潜在影响。

(2) 透明性和用户同意:开发者应该在扩展的隐私政策中明确说明如何使用 webRequestBlocking 权限,并确保用户了解和同意这种使用方式。

(3) 性能考虑:由于扩展可以在请求处理过程中执行代码,这可能会影响浏览器的性能,因此,开发者应该确保其代码尽可能高效,以减少对用户体验的影响。

3) 使用时产生的安全警告

使用 webRequestBlocking 权限可能会引起用户的警告,特别是涉及读取用户浏览活动等敏感信息时,因此,在使用该权限时,需要明确告知用户,并确保扩展程序的安全性,避免滥用权限而造成用户隐私泄露或安全风险。

4) 安全考虑

安全方面需要考虑以下几点。

(1) 隐私泄露:扩展可以访问所有通过浏览器的网络请求和响应,因此存在隐私泄露的风险。如果扩展被恶意利用或开发不当,则敏感数据可能会被截获或滥用。

(2) 安全风险:恶意扩展可能会利用 webRequestBlocking 权限来将用户重定向到钓鱼网站或其他恶意网站。

(3) 信任问题:用户需要信任扩展不会滥用其权限。如果扩展的行为与用户的预期不符,则可能会导致信任问题,甚至可能损害用户对整个浏览器扩展生态系统的信任。

6.4 本章小结

本章深入地探讨了浏览器扩展权限的概念、用法及它们在扩展功能实现中的重要性。权限在浏览器扩展开发中扮演着至关重要的角色,它们决定了扩展可以访问的浏览器功能和用户数据的范围。

首先,区分了浏览器权限和浏览器扩展权限。浏览器权限通常指的是网站在用户浏览时请求的权限,例如获取地理位置、发送通知等,而浏览器扩展权限则专指扩展在安装或运行时需要请求的权限,这些权限允许扩展访问浏览器的各种 API 和用户的敏感数据。

其次,探讨了浏览器扩展权限的生命周期,包括用户如何授予、管理和撤销这些权限。强调了扩展在请求权限时应该遵循最小权限原则,即只请求完成其功能所必需的权限,以保护用户的隐私和安全。

再次,详细地介绍了 32 个常用的浏览器扩展权限。对于每个权限,讨论了它的作用、使用时需要注意的事项及可能出现的告警信息。这些权限包括访问浏览器标签、修改用户设置、访问下载功能、使用网络请求等。通过了解这些权限,开发者可以更好地设计和构建功能丰富且安全的浏览器扩展。

最后,本章还提供了关于如何在扩展的清单文件中声明权限,以及如何在扩展的逻辑中按需请求权限的指导。这为开发人员提供了实际操作的框架和最佳实践,确保在开发过程中能够有效地管理权限,同时保障用户体验和安全。

Popup and Option Page

在浏览器插件开发中与用户进行交互的页面有很多种类型,例如弹出页面(Popup Page)、配置页面(Option Page)、侧边面板(Side Panel)、开发者工具页面(DevTools Page)、工具提示(Tooltips)、右键菜单(Context Menu)、多功能框(Omnibox)等多种与用户交互的组件。在实际应用中弹出页面与配置页面使用得比较多,在本章主要侧重于对这两部分进行介绍。

7.1 基本概念

在浏览器插件开发时,弹出页面和配置页面是两个重要的概念,它们在扩展中担任着不同的角色。

7.1.1 角色定位

弹出页面和配置页面在浏览器插件开发中扮演着不同的角色,一个用于提供即时、轻量级的功能访问,另一个用于管理插件的设置和选项。这两者共同为用户提供了更好的插件体验和更灵活的使用方式。

弹出页面是浏览器插件中的一种特殊页面,它是一个小型的浮动窗口,通常通过单击插件图标或者其他触发方式而弹出。这个页面通常包含一些简单的交互元素,用于提供快速访问插件功能或显示相关信息。

弹出页面为用户提供了一种轻量级的、即时的插件体验。用户可以通过单击图标快速地打开插件,执行一些常见的操作,而无须打开新的标签页或离开当前页面。这对于提高用户的操作效率和插件的易用性非常重要。

配置页面是用于管理插件设置和选项的页面。用户可以通过插件图标的右键菜单或其他指定方式打开配置页面,以修改插件的行为、设置参数或进行个性化调整。

配置页面使用户能够自定义插件的行为,以满足个人的需求和偏好。这对于插件的通用性和适应性来讲是至关重要的,因为不同用户可能有不同的使用场景和偏好。

7.1.2　弹出页面与配置页面的区别

弹出页面和配置页面在浏览器插件中各司其职,一个注重提供直观、即时的功能访问,另一个专注于插件的灵活性和个性化定制。这样的设计分工能够为用户提供更好的使用体验,使插件可以满足不同用户的需求。弹出页面和配置页面在浏览器插件开发中有一些关键的区别,这些区别主要涉及它们的生命周期、触发方式及所承担的功能角色。

1. 生命周期

1)弹出页面

弹出页面是一种临时性的页面,它在用户打开插件时动态生成,在用户关闭弹出页面后,页面会被立即销毁。弹出页面的生命周期较短,主要用于短时交互。

2)配置页面

配置页面是一直存在的,用户可以在插件图标的右键菜单或其他指定方式中打开它。配置页面的生命周期更长,因为用户可能需要在不同的时间进入配置页面进行设置。

2. 触发方式

1)弹出页面

弹出页面通过单击插件图标或其他指定的触发方式弹出。一般用于提供快速访问插件功能。

2)配置页面

配置页面通过插件图标的右键菜单或其他指定的方式打开。一般用于管理插件的设置和进行详细配置。

3. 功能角色

1)弹出页面

弹出页面主要用于展示插件的主要功能,以提供直观的用户体验。通常包含简洁的界面和快捷的操作,适合满足用户的即时需求。

2)配置页面

配置页面专注于管理插件的设置和选项,包含各种配置项,用户可以通过配置页面来自定义插件的行为,使插件更加灵活和满足不同用户的需求。

7.2　弹出页面

浏览器插件(通常指的是 Chrome 扩展或 Firefox 插件等)的弹出页面,也称为 Popup 页面,是当用户单击浏览器工具栏上的插件图标时显示的一个小型交互界面。它是扩展与用户交互的主要方式之一。

7.2.1 弹出页面

弹出页面容器可以被认为是一个简单的浏览器选项卡，没有任何浏览器、没有 URL 栏、没有浏览器控件等。在绝大多数其他方面，弹出页面就像任何其他网页一样。以下代码使用 Manifest V3 版本语法展示了弹出页面的一些基本属性和用法。

在一个文件夹中创建以下文件：

```
`manifest.json`：描述扩展的清单文件。
`popup.html`：展示与用户交互的弹出界面。
`popup.js`：弹出界面的事件处理文件。
`popup.css`：弹出界面的样式表文件。
```

编写清单文件 manifest.json，代码如下：

```
//第 7 章 7.2.1 manifest.json
{
  "manifest_version": 3,
  "name": "My Extension",
  "version": "1.0",
  "description": "A simple browser extension with a popup page",
  "permissions": [
    "storage"
  ],
  "action": {
    "default_popup": "popup.html",
    "default_icon": {
      "16": "images/icon16.png",
      "48": "images/icon48.png",
      "128": "images/icon128.png"
    }
  },
  "icons": {
    "16": "images/icon16.png",
    "48": "images/icon48.png",
    "128": "images/icon128.png"
  }
}
```

编写弹出文件 popup.html，代码如下：

```
//第 7 章 7.2.1 popup.html
<!DOCTYPE html>
<html lang = "en">
<head>
  <meta charset = "UTF - 8">
  <meta name = "viewport" content = "width = device - width, initial - scale = 1.0">
  <title>Popup Page</title>
```

```
</head>
<body>
  <h1>Hello, this is a popup page!</h1>
</body>
</html>
```

编写弹出页面事件处理文件 popup.js,代码如下:

```
//第7章 7.2.1 popup.js
document.querySelector("#url").innerHTML = `
<pre>Page URL: ${window.location.href}</pre>
`;

document.querySelector("#xid").innerHTML = `
<pre>Extension ID: ${chrome.runtime.id}</pre>
`;
```

编写弹出页面样式表文件 popup.css,代码如下:

```
//第7章 7.2.1 popup.css
body {
min-width: 40rem;
padding: 6rem;
text-align: center;
}

#url, #xid {
margin-top: 1rem;
}
```

在目录下创建一个名为 images 的文件夹,然后在其中添加 3 个图标文件,分别为 icon16.png、icon48.png 和 icon128.png。

在该示例中,manifest.json 文件中的 default_popup 属性将弹出页面的文件指定为 popup.html。当单击插件图标时,浏览器将显示这个弹出页面。读者可以根据需要在 popup.html 文件中添加更多的内容和交互元素,以实现需要的插件功能。

7.2.2　弹出页面的设计原则

设计浏览器插件需要考虑许多因素,以下是相对比较重要的设计原则,使用这些原则有助于设计一个高质量的浏览器插件。

1. 明确目标

需要明确插件的主要功能和目标。这将有助于在设计和开发过程中保持聚焦。插件是用来做什么的?它将如何改善用户的浏览体验?清楚地定义这些目标将有助于明确地进行设计和开发。

2. 用户友好

无论插件功能多么强大,如果用户无法轻松安装、配置和使用,则插件的效用将大打折扣。插件应该易于使用。设计一个直观的用户界面,以便让用户可以快速理解和使用插件。避免复杂的设置和选项,除非它们是必要的。

3. 性能优化

插件对浏览器性能的影响直接关系到用户体验。如果插件使浏览器运行变得缓慢,则用户可能会选择禁用它或卸载它,因此,保持插件的轻量级和高性能是至关重要的。避免在插件中使用大量的内存或CPU,同时异步操作的使用和减少对主线程的阻塞可以确保插件对浏览器的负担最小化,提高整体性能。

以上3个原则的重要性在于它们会直接影响插件的可用性、用户体验和整体性能。一个简洁清晰的插件容易被用户接受和使用,用户友好性确保用户能够充分地利用插件的功能,而性能优化则可以保证插件不会对浏览器的运行速度和稳定性造成不良影响。

7.2.3 开发弹出页面的常用操作

1. 打开与关闭

弹出窗口是一种显示窗口的操作,允许用户调用多个扩展功能。它是通过键盘上的快捷键或单击扩展程序的操作图标触发的。

在插件的manifest.json文件中配置弹出页面,代码如下:

```
//第7章 7.2.3 manifest.json
{
  "manifest_version": 3,
  "name": "My Extension",
  "version": "1.0",
  "description": "An extension with a popup window",
  "action": {
    "default_popup": "popup.html",
    "default_icon": {
      "16": "images/icon16.png",
      "48": "images/icon48.png",
      "128": "images/icon128.png"
    }
  },
  "permissions": [
    "activeTab"
  ],
  "icons": {
    "48": "images/icon.png"
  },
  "background": {
    "service_worker": "background.js"
  }
}
```

其中,在 action 属性中有一个 default_popup 属性,用于配置弹出界面 popup.html。

通过在插件的 manifest.json 文件中配置快捷键来实现弹出界面,代码如下:

```
//第 7 章 7.2.3 manifest.json

{
    "manifest_version": 3,
    "name": "My Extension",
    "version": "1.0",
    "description": "An extension with a popup window",
    "action": {
        "default_popup": "popup.html",
        "default_icon": {
            "16": "images/icon16.png",
            "48": "images/icon48.png",
            "128": "images/icon128.png"
        }
    },
    "commands": {
        "openPopup": {
            "suggested_key": {
                "default": "Ctrl + Shift + Y",
                "mac": "Command + Shift + Y"
            },
            "description": "Open the popup window"
        }
    },
    "permissions": [
        "activeTab"
    ],
    "icons": {
        "48": "images/icon.png"
    },
    "background": {
        "service_worker": "background.js"
    }
}
```

在上述代码中,通过添加 commands 字段定义了一个命令,该命令会触发打开弹出窗口的操作,并设置了默认的键盘快捷键。

当用户将注意力集中在弹出窗口之外的浏览器的某些部分时,弹出窗口会自动关闭。当用户单击离开后,无法保持弹出窗口打开。以下是常见的退出方式。

2. 更新弹出页面

在 Manifest V3 中可以通过动态更新 chrome.browserAction 中的 default_popup 属性来实现类似的效果。以下是一个代码示例。

在一个文件夹中创建以下文件:

`manifest.json`: 描述扩展的清单文件。
`popup.html`: 展示与用户交互的弹出界面。
`popup.js`: 弹出界面的事件处理文件。
`new-popup.html`: 展示新的与用户交互的弹出界面。
`new-popup.js`: 新的弹出界面的事件处理文件。

编写清单文件 manifest.json,代码如下:

```
//第 7 章 7.2.3.2 manifest.json
{
  "manifest_version": 3,
  "name": "My Extension",
  "version": "1.0",
  "description": "An extension with a popup window",
  "action": {
    "default_popup": "popup.html",
    "default_icon": {
      "16": "images/icon16.png",
      "48": "images/icon48.png",
      "128": "images/icon128.png"
    }
  },
  "permissions": [
    "activeTab"
  ],
  "icons": {
    "48": "images/icon.png"
  },
  "background": {
    "service_worker": "background.js"
  }
}
```

编写后台事件处理文件 background.js,代码如下:

```
//第 7 章 7.2.3.2 background.js
chrome.runtime.onInstalled.addListener(function() {
  console.log('Extension installed!');
});

chrome.runtime.onMessage.addListener(function(request, sender, sendResponse) {
  console.log('Message received:', request);

  if (request.command === "changePopupContent") {
    //在这里处理改变弹出页面内容的逻辑
    //这里简单地将 default_popup 更新为新的 HTML 文件
    chrome.action.setPopup({
```

```
    popup: chrome.runtime.getURL("new-popup.html")
  });
  }
});
```

编写弹出界面文件 popup.html,代码如下:

```
//第 7 章 7.2.3.2 popup.html
<!DOCTYPE html>
<html>
<head>
  <title> Popup Window </title>
  <style>
    body {
      width: 200px;
      padding: 10px;
    }
  </style>
  <script type = "module" src = "popup.js"></script>
</head>
<body>
  <h1> Welcome to My Extension! </h1>
  <button id = "btnChangeContent"> Change Content </button>
</body>
</html>
```

编写弹出界面事件处理文件 popup.js,代码如下:

```
//第 7 章 7.2.3.2 popup.js
document.addEventListener('DOMContentLoaded', function() {
  document.getElementById('btnChangeContent').addEventListener('click', function() {
    //向 background 发送消息,请求改变弹出页面的内容
    chrome.runtime.sendMessage({ command: "changePopupContent" });
  });
});
```

编写新的弹出界面文件 new-popup.html,代码如下:

```
//第 7 章 7.2.3.2 new-popup.html
<!DOCTYPE html>
<html>
<head>
  <title> New Popup Window </title>
  <style>
    body {
      width: 200px;
      padding: 10px;
    }
```

```
  </style>
  <script type = "module" src = "new - popup.js"></script>
</head>
<body>
  <h1>New Popup Content</h1>
</body>
</html>
```

编写新的弹出界面事件处理文件 new-popup.js，代码如下：

```
//可以在新的弹出页面中添加相应的逻辑
console.log('New Popup Script');
```

在以上代码中，当用户单击弹出页面上的 Change Content 按钮时，popup.js 会向 background.js 发送消息，请求改变弹出页面的内容。background.js 在收到消息后，通过 chrome.action.setPopup 将 default_popup 属性更新为新的 HTML 文件。新的 HTML 文件为 new-popup.html，它有自己的脚本 new-popup.js。

3. 检测弹出页面状态

在 Manifest V3 中可以通过动态更新 chrome.browserAction 中的 default_popup 属性来实现类似的效果。以下是一个代码示例。

在一个文件夹中创建以下文件：

```
`manifest.json`: 描述扩展的清单文件。
`popup.html`: 展示与用户交互的弹出界面。
`popup.js`: 弹出界面的事件处理文件。
```

编写清单文件 manifest.json，代码如下：

```
//第 7 章 7.2.3.3 manifest.json
{
  "manifest_version": 3,
  "name": "Popup Demo",
  "version": "1.0",
  "description": "A demo of using chrome.extension.getViews in Popup",
  "action": {
    "default_popup": "popup.html",
    "default_icon": {
      "16": "images/icon16.png",
      "48": "images/icon48.png",
      "128": "images/icon128.png"
    }
  },
  "permissions": [
    "activeTab"
```

```
  ],
  "icons": {
    "48": "images/icon.png"
  },
  "background": {
    "service_worker": "background.js"
  }
}
```

编写后台事件处理文件 background.js,代码如下:

```
//第 7 章 7.2.3.3 background.js
chrome.runtime.onInstalled.addListener(function() {
  console.log('Extension installed!');
});
chrome.runtime.onMessage.addListener(function(request, sender, sendResponse) {
  console.log('Message received:', request);
  if (request.command === "updatePopupCount") {
    //在这里处理更新弹出页面计数的逻辑
    //发送消息,通知所有弹出页面更新计数
    const popupViews = chrome.extension.getViews({ type: "popup" });
    popupViews.forEach(view => {
      chrome.runtime.sendMessage({ command: "popupCountUpdated" });
    });
  }
});
```

编写弹出界面文件 popup.html,代码如下:

```
//第 7 章 7.2.3.3 popup.html
<!DOCTYPE html>
<html>
<head>
  <title>Popup Window</title>
  <style>
    body {
      width: 200px;
      padding: 10px;
    }
  </style>
  <script type = "module" src = "popup.js"></script>
</head>
<body>
  <h1>Popup Demo</h1>
  <p>Number of open popups: <span id = "popupCount">0</span></p>
  <button id = "btnUpdateCount">Update Count</button>
</body>
</html>
```

编写弹出界面事件处理文件 popup.js，代码如下：

```
//第 7 章 7.2.3.3 popup.js
document.addEventListener('DOMContentLoaded', function() {
  //获取所有类型为 "popup" 的视图
  const popupCountElement = document.getElementById('popupCount');
  const updateCountButton = document.getElementById('btnUpdateCount');
  updateCountButton.addEventListener('click', function() {
    //向 background 发送消息,请求更新弹出页面的计数
    chrome.runtime.sendMessage({ command: "updatePopupCount" });
  });
  //初始时获取当前的弹出页面数量并显示
  updatePopupCount();

  //获取当前的弹出页面数量并显示
  function updatePopupCount() {
    const popupViews = chrome.extension.getViews({ type: "popup" });
    popupCountElement.textContent = popupViews.length.toString();
  }
  //监听来自 background 的消息,以响应弹出页面数量的更新
  chrome.runtime.onMessage.addListener(function(request, sender, sendResponse) {
    if (request.command === "popupCountUpdated") {
      updatePopupCount();
    }
  });
});
```

在上面的示例中，当用户单击 Update Count 按钮时，popup.js 向 background.js 发送消息，请求更新弹出页面的计数。background.js 收到消息后，通过 chrome.extension. getViews(｛ type："popup" ｝)获取所有打开的弹出页面，然后向每个弹出页面发送消息，通知其更新计数。

7.2.4　常见的弹出页面使用建议

以下是开发弹出页面的建议策略。

1. 上下文相关性

弹出窗口应提供与用户当前任务或页面内容相关的信息或功能，确保用户在使用弹出窗口时不会失去当前页面的上下文。

2. 简洁明了

弹出窗口应该尽可能地简洁和明了。避免包含过多的信息或选项，以免用户感到困惑或不知所措。

3．易于关闭

用户应能够轻松地关闭弹出窗口。提供一个明显的关闭按钮，并考虑在用户单击弹出窗口外的区域时自动关闭弹出窗口。

4．动态加载

如果弹出窗口需要加载大量的数据或内容，则可以考虑使用动态加载（如滚动加载或分页加载）来提高性能。

5．响应式设计

确保弹出窗口在不同大小和分辨率的屏幕上都能正常工作。使用响应式设计可以确保弹出窗口在所有设备上都能正常显示和使用。

6．无障碍性

弹出窗口应该采用无障碍设计，考虑到一些用户可能有视觉或动作障碍。提供键盘导航，使用高对比度的颜色，并确保所有功能都可以通过屏幕阅读器读出。

7．测试和反馈

在开发完成后，进行全面测试以确保弹出窗口在所有预期的情况下都能正常工作。收集用户反馈，以便持续改进和优化弹出窗口。

7.3　配置页面

就像浏览器插件程序允许用户自定义 Chrome 浏览器一样，选项页面也允许用户自定义插件程序。使用选项（Options Page）来启用功能并允许用户选择与需求相关的功能。

7.3.1　配置页面介绍

浏览器插件的配置页面，也称为选项或设置页面，是用户可以定制插件功能和行为的地方。简单来讲，配置页面是浏览器插件中的用户界面，用于允许用户定制和调整插件的各种设置和参数。以下代码使用了 Manifest V3 版本语法展示了弹出页面的一些基本属性和用法。

在一个文件夹中创建以下文件：

```
`manifest.json`：描述扩展的清单文件。
`options.html`：选项页面的 HTML 文件。
`options.js`：选项页面的 JavaScript 文件。
`background.js`：后台脚本。
`popup.html`：展示与用户交互的弹出界面。
`popup.js`：弹出界面的事件处理文件。
`popup.css`：弹出界面的样式表文件。
```

编写清单文件 manifest.json,代码如下:

```
//第 7 章 7.3.1
{
"manifest_version": 3,
"name": "Options Page Demo",
"version": "1.0",
"description": "A demo of options page in MV3 extension",
"permissions": ["storage"],
"action": {
"default_popup": "popup.html",
"default_icon": {
"16": "images/icon-16.png",
"32": "images/icon-32.png",
"48": "images/icon-48.png",
"128": "images/icon-128.png"
}
},
"options_page": "options.html",
"background": {
"service_worker": "background.js"
},
"icons": {
"16": "images/icon-16.png",
"32": "images/icon-32.png",
"48": "images/icon-48.png",
"128": "images/icon-128.png"
}
}
```

编写 options.html 文件,代码如下:

```
//第 7 章 7.3.1
<!DOCTYPE html>
<html>
<head>
  <title>Options Page Demo</title>
</head>
<body>
  <h1>Options Page</h1>
  <form id="optionsForm">
    <label for="welcomeMessage">Welcome Message:</label>
    <input type="text" id="welcomeMessage" name="welcomeMessage">
    <br>
    <button type="button" id="saveButton">Save</button>
  </form>
  <script src="options.js"></script>
</body>
</html>
```

编写 options.js 文件,代码如下:

```
//第 7 章 7.3.1
document.addEventListener('DOMContentLoaded', function() {
  var saveButton = document.getElementById('saveButton');
  saveButton.addEventListener('click', saveOptions);
  restoreOptions();
});

function saveOptions() {
  var welcomeMessage = document.getElementById('welcomeMessage').value;
  chrome.storage.sync.set({
    welcomeMessage: welcomeMessage
  }, function() {
    alert('Options saved!');
  });
}

function restoreOptions() {
  chrome.storage.sync.get({
    welcomeMessage: 'Welcome to the extension!'
  }, function(items) {
    document.getElementById('welcomeMessage').value = items.welcomeMessage;
  });
}
```

编写 popup.html 文件,代码如下:

```
//第 7 章 7.3.1
<!DOCTYPE html>
<html>
<head>
  <title>Popup</title>
</head>
<body>
  <h1>Popup</h1>
  <p id="welcomeText"></p>
  <script src="popup.js"></script>
</body>
</html>
```

编写 popup.js 文件,代码如下:

```
//第 7 章 7.3.1
document.addEventListener('DOMContentLoaded', function() {
  chrome.storage.sync.get({
    welcomeMessage: 'Default welcome message'
  }, function(items) {
    document.getElementById('welcomeText').textContent = items.welcomeMessage;
  });
});
```

编写后台文件,代码如下:

```
//第 7 章 7.3.1 background.js

//当插件安装或更新时触发
chrome.runtime.onInstalled.addListener(function() {
  console.log('Options Page Demo extension installed or updated.');
});
```

以上是一个简单的基于 MV3 的浏览器插件的选项页面示例。打开浏览器中的插件程序,单击插件图标,首先弹出窗口中应该显示默认的欢迎消息,然后进入选项页面,修改欢迎消息并保存,再次单击插件图标,应该能够看到修改后的欢迎消息。

7.3.2　配置页面的设计原则

开发一个好的配置页面需要遵循一些设计和开发原则,下面列举 3 个重要性排序的原则。

1. 简洁性与可用性

简洁性与可用性(Simplicity and Usability)强调的是配置页面的设计应当简单明了,并且容易理解和操作。这意味着配置项的数量和复杂性应当尽可能地降低,同时确保必要的功能和灵活性。此外,每个配置项的作用和效果都应当清楚地向用户解释。一个简单而易用的配置页面可以让用户更快地理解和使用插件,提升用户满意度,降低用户流失率。

2. 一致性

一致性(Consistency)原则强调的是配置页面的设计和行为应与插件的其他部分及用户的预期保持一致。这意味着配置页面的视觉风格、交互方式、术语和概念应当与插件的其他部分一致,也应当符合用户的预期和习惯。一致性可以降低用户的学习成本,提升用户的使用效率和满意度。

3. 反馈与错误处理

反馈与错误处理(Feedback and Error Handling)原则强调的是配置页面应当提供充足的反馈,包括操作成功的确认,以及错误和问题的提示。此外,配置页面还应当尽可能地防止用户犯错误,或者帮助用户纠正错误。充足的反馈可以让用户了解他们的操作是否成功,以及如何更好地使用插件。良好的错误处理可以防止用户因为错误和问题而感到困扰,提升用户满意度。

7.3.3　开发配置页面的常用操作

1. 选项页面行为

(1) 整页选项:通常是一个独立的 HTML 文件,它提供了一个完整的用户界面,让用户能够配置插件的各种选项和设置。用户可以通过插件图标的右键菜单或者在浏览器的扩

展管理页面中单击插件的"选项"打开整页选项。通常,选项页面需要使用浏览器的存储
API(例如 chrome. storage)来保存用户的设置,以便插件能够在不同的会话中保持一致的
配置。

(2) 嵌入选项:通常是指选项页面被嵌套在插件的弹出窗(Popup)中或者在浏览器的
右键菜单的某个子菜单中。这种方式的选项页面不是一个完整的独立页面,而是与插件的
其他部分共享同一个上下文,通常会以弹出层的形式展示。

嵌入选项页面与插件的弹出窗或右键菜单共享相同的执行上下文。它们可以访问相同
的变量、函数等资源。与整页选项一样,嵌入选项页面通常需要使用浏览器的存储 API(例
如 chrome. storage)来保存用户的设置。以下是一个使用 MV3 的程序注入的示例代码。

在一个文件夹中创建以下文件:

```
`manifest. json`: 描述扩展的清单文件。
`options. html`: 选项页面的 HTML 文件。
`options. js`: 选项页面的 JavaScript 文件。
`popup. html`: 展示与用户交互的弹出界面。
`popup. js`: 弹出界面的事件处理文件。
```

编写清单文件 manifest. json,代码如下:

```
//第 7 章 7.3.3
{
"manifest_version": 3,
"name": "Embedded Options Extension",
"version": "1.0",
"description": "Extension with embedded options",
"permissions": ["storage"],
"action": {
"default_popup": "popup.html",
"default_icon": {
"16": "images/icon-16.png",
"32": "images/icon-32.png",
"48": "images/icon-48.png",
"128": "images/icon-128.png"
}
},
"options_ui": {
"page": "options.html",
"open_in_tab": false
},
"icons": {
"16": "images/icon-16.png",
"32": "images/icon-32.png",
"48": "images/icon-48.png",
"128": "images/icon-128.png"
}
}
```

编写 popup.html 文件,代码如下：

```
//第 7 章 7.3.3
<!-- popup.html -->
<!DOCTYPE html>
<html lang = "en">
<head>
<meta charset = "UTF-8" />
<meta name = "viewport" content = "width = device-width, initial-scale = 1.0" />
<title>Popup with Embedded Options</title>
<script src = "popup.js"></script>
</head>
<body>
<h1>Popup with Embedded Options</h1>
<button id = "openOptionsButton">Open Options</button>
</body>
</html>
```

编写 popup.js 文件,代码如下：

```
//第 7 章 7.3.3 popup.js
document.addEventListener('DOMContentLoaded', function () {
var openOptionsButton = document.getElementById('openOptionsButton');

openOptionsButton.addEventListener('click', function () {
//打开嵌入选项页面
chrome.runtime.openOptionsPage();
});
});
```

编写 options.html 文件,代码如下：

```
//第 7 章 7.3.3

<!-- options.html -->
<!DOCTYPE html>
<html lang = "en">
<head>
<meta charset = "UTF-8" />
<meta name = "viewport" content = "width = device-width, initial-scale = 1.0" />
<title>Extension Options</title>
<script src = "options.js"></script>
</head>
<body>
<h1>Extension Options</h1>
<label for = "username">Username:</label>
<input type = "text" id = "username" />
<button id = "saveButton">Save</button>
</body>
</html>
```

编写 options.js 文件,代码如下:

```
//第 7 章 7.3.3 options.js

document.addEventListener('DOMContentLoaded', function () {
var usernameInput = document.getElementById('username');
var saveButton = document.getElementById('saveButton');

//保存设置
saveButton.addEventListener('click', function () {
var username = usernameInput.value;

//将设置保存到浏览器存储中
chrome.storage.sync.set({ 'username': username }, function () {
console.log('Options saved');
});
});

//在页面加载时检查是否存在保存的设置
chrome.storage.sync.get('username', function (data) {
if (data.username) {
usernameInput.value = data.username;
}
});
});
```

以上示例展示了单击插件图标,弹出的弹出窗中包含一个按钮。单击此按钮将打开嵌入选项页面,用户可以在其中输入用户名并保存到浏览器存储中。

2. 打开与关闭

1) 链接到选项页面

以下是一个使用 Manifest V3 版本程序展示的通过链接打开浏览器插件配置页面的示例代码。

在一个文件夹中创建以下文件:

```
`manifest.json`: 描述扩展的清单文件。
`options.html`: 选项页面的 HTML 文件。
`options.js`: 选项页面的 JavaScript 文件。
`background.js`: 事件处理文件。
`popup.html`: 展示与用户交互的弹出界面。
`popup.js`: 弹出界面的事件处理文件。
```

编写清单文件 manifest.json,代码如下:

```
//第 7 章 7.3.3.1
{
"manifest_version": 3,
"name": "Link Options Page Demo",
"version": "1.0",
```

```
"description": "A demo of link options page in MV3 extension",
"permissions": ["storage"],
"action": {
"default_popup": "popup.html",
"default_icon": {
"16": "images/icon - 16.png",
"32": "images/icon - 32.png",
"48": "images/icon - 48.png",
"128": "images/icon - 128.png"
}
},
"options_ui": {
"page": "options.html",
"open_in_tab": true
},
"background": {
"service_worker": "background.js"
},
"icons": {
"16": "images/icon - 16.png",
"32": "images/icon - 32.png",
"48": "images/icon - 48.png",
"128": "images/icon - 128.png"
}
}
```

编写 popup.html 文件，代码如下：

```
//第 7 章 7.3.3.1
<!DOCTYPE html>
<html>
<head>
<title>Popup</title>
</head>
<body>
<h1>Popup</h1>
<button id = "go - to - options">Go to options</button>
<script src = "popup.js"></script>
</body>
</html>
```

编写 popup.js 文件，代码如下：

```
//第 7 章 7.3.3.1
document.querySelector('#go - to - options').addEventListener('click', function () {
if (chrome.runtime.openOptionsPage) {
chrome.runtime.openOptionsPage();
} else {
window.open(chrome.runtime.getURL('options.html'));
}
});
```

编写 options.html 文件,代码如下:

```
//第 7 章 7.3.3.1
<!-- options.html -->
< body >
< h1 > Options Page </h1 >
< label for = "username"> Username:</label >
< input type = "text" id = "username" />
< button id = "saveButton"> Save </button >
< script src = "options.js"></script >
</body >
```

编写 options.js 文件,代码如下:

```
//第 7 章 7.3.3.1 options.js
function saveOptions() {
var username = document.getElementById('username').value;
chrome.storage.sync.set({ 'username': username }, function () {
console.log('Options saved');
});
}
document.addEventListener('DOMContentLoaded', function () {
var saveButton = document.getElementById('saveButton');
saveButton.addEventListener('click', saveOptions);
chrome.storage.sync.get('username', function (data) {
if (data.username) {
document.getElementById('username').value = data.username;
}
});
});
```

该示例展示了用户单击插件图标之后出现 go-to-options 的链接,单击该链接后会打开配置界面,用户输入用户名后会被保存到浏览器的 sync 存储中,并在页面加载时从存储中获取已保存的用户名。

用户关闭该配置页面就完了配置页面的操作。

2) TabsAPI 选项卡

如果选项页面没有被托管在标签页中,而是被嵌入在插件的页面中,则直接使用 Tabs API 将不起作用。相反,需要使用 runtime.connect() 和 runtime.sendMessage() 来与后台脚本进行通信,以实现选项页面对标签页的操作。

以下是一个使用 Manifest V3 版本的程序展示在嵌入 option 中的消息通信的示例代码。

在一个文件夹中创建以下文件：

```
`manifest.json`：描述扩展的清单文件。
`options.html`：选项页面的 HTML 文件。
`options.js`：选项页面的 JavaScript 文件。
`background.js`：事件处理文件。
`popup.html`：展示与用户交互的弹出界面。
`popup.js`：弹出界面的事件处理文件。
```

编写清单文件 manifest.json，代码如下：

```
//第 7 章 7.3.3.2
{
"manifest_version": 3,
"name": "Tabs API Extension",
"version": "1.0",
"description": "Extension using runtime.connect() and runtime.sendMessage()",
"permissions": ["storage"],
"action": {
"default_popup": "popup.html",
"default_icon": {
"16": "images/icon－16.png",
"32": "images/icon－32.png",
"48": "images/icon－48.png",
"128": "images/icon－128.png"
}
},
"options_ui": {
"page": "options.html",
"open_in_tab": false
},
"background": {
"service_worker": "background.js"
},
"icons": {
"16": "images/icon－16.png",
"32": "images/icon－32.png",
"48": "images/icon－48.png",
"128": "images/icon－128.png"
}
}
```

编写 popup.html 文件，代码如下：

```
//第 7 章 7.3.3.2 popup.html

<!DOCTYPE html>
<html lang = "en">
<head>
```

```
< meta charset = "UTF - 8" />
< meta name = "viewport" content = "width = device - width, initial - scale = 1.0" />
< title > Tabs API Extension Options </title >
< script src = "options. js"></script >
</head >
< body >
< h1 > Options Page </h1 >
< button id = "openTabButton"> Open New Tab </button >
</body >
</html >
```

编写 popup. js 文件,代码如下:

```
//第 7 章 7.3.3.2
document. querySelector('# go - to - options'). addEventListener('click', function () {
if (chrome. runtime. openOptionsPage) {
chrome. runtime. openOptionsPage();
} else {
window. open(chrome. runtime. getURL('popup. js'));
}
});
```

编写 background. js 文件,代码如下:

```
//第 7 章 7.3.3.2 background. js

//连接到选项页面
var port;
chrome. runtime. onConnect. addListener(function (runtimePort) {
port = runtimePort;
//示例:在接收到选项页面消息时,在新标签页中打开一个网址
port. onMessage. addListener(function (msg) {
if (msg. action === "openTab") {
chrome. tabs. create({ url: msg. url }, function (tab) {
console. log("Opened tab with ID: " + tab. id);
});
}
});
});
```

编写 options. html 文件,代码如下:

```
//第 7 章 7.3.3.2 options. html

<! DOCTYPE html >
< html lang = "en">
```

```
< head >
< meta charset = "UTF - 8" />
< meta name = "viewport" content = "width = device - width, initial - scale = 1.0" />
< title > Tabs API Extension Options </title >
< script src = "options.js"></script >
</head >
< body >
< h1 > Options Page </h1 >
< button id = "openTabButton"> Open New Tab </button >
</body >
</html >
```

编写 options.js 文件,代码如下:

```
//第 7 章 7.3.3.2 options.js
document.addEventListener('DOMContentLoaded', function () {
//连接到后台脚本
var port = chrome.runtime.connect({ name: "options" });
var openTabButton = document.getElementById('openTabButton');
openTabButton.addEventListener('click', function () {
//示例:将消息发送到后台脚本,在新标签页中打开一个网址
port.postMessage({ action: "openTab", url: "https://www.baidu.com" });
});
});
```

该示例代码展示了打开浏览器后单击插件图标,在弹出的页面中包含一个按钮。单击此按钮将通过消息传递到后台脚本,从而使用 Tabs API 在新标签页中打开百度的网址。

7.3.4 常见的配置页面建议

在开发选项页面时,应该遵循以下策略,确保配置页面专业高效。

(1)明确用户界面:选项页面最适合包含控制扩展行为的用户界面。开发者需要确保页面的设计直观易懂,让用户可以轻松地更改扩展的设置。

(2)分组相关设置:对相关的设置项进行分组,可以帮助用户更快地找到他们想要修改的设置。例如,可以将所有与隐私或通知相关的设置放在一起。

(3)提供默认设置:为新用户提供一些默认的设置,这样他们在开始使用扩展时就可以立即得到良好的体验,然后他们可以在需要的时候更改这些设置。

(4)使用易懂的语言:在描述各个设置项时,使用清晰、简洁的语言。避免使用过于技术性的术语,除非目标用户是技术人员。

(5)提供帮助和反馈:在选项页面上提供一个帮助或反馈链接,这样当用户遇到问题时可以方便地寻求帮助或提供反馈。

(6)测试和优化:在发布扩展前,确保进行充分测试,以便找出并修复任何可能的问

题。在扩展发布后,根据用户的反馈和使用情况进行优化,以提供更好的用户体验。

7.4　本章小结

本章介绍了浏览器插件开发中与用户交互的多种页面类型,包括弹出页面、配置页面及侧边面板。这些页面类型各有特色,能够提供丰富的用户交互体验。

首先深入地讲解了弹出页面和配置页面的基本概念。弹出页面通常是用户在单击浏览器工具栏中的插件图标时出现的一个小型窗口,它可以提供快速的用户交互功能,而配置页面则是插件的设置界面,它让用户可以根据自己的需求来调整插件的行为。

其次,讨论了这两种页面的设计原则。对于弹出页面,强调其设计应简洁明了,并且可以快速地响应用户的操作,而对于配置页面,指出了其应提供清晰的用户界面和直观的操作指南,以便用户可以轻松地改变插件的设置。在开发这两种页面时,详细地介绍了一些常用的操作,例如如何创建和显示页面,如何响应用户的操作,以及如何保存用户的设置等。这些操作都是浏览器插件开发中的基础知识,掌握它们可以帮助开发者更好地开发出用户友好的插件。

最后,提出了一些开发弹出界面和配置界面的建议。例如,弹出界面应该设计得尽可能简洁,以减少用户的操作步骤;配置页面应该提供足够的信息,以帮助用户理解每个设置的作用。遵循这些建议,便可以设计出更符合用户需求的浏览器插件。

第 8 章

CHAPTER 8

Content

内容脚本是浏览器扩展中最强大的工具之一，在 Chrome 扩展程序如何与用户访问的网页进行交互方面发挥着关键作用。内容脚本是在网页上下文中运行的 JavaScript 文件。使用标准文档对象模型（DOM）可以读取或修改浏览器访问的网页的详细信息。

内容脚本在插件开发中有着十分重要的地位，通过内容脚本可以完成很多有意思的事情。总之，因为内容脚本会直接影响网页内容，所以提供了在这些页面上下文中执行脚本的安全方法，并充当用户浏览器和插件程序之间的通信管道。正确管理内容脚本对于创建功能强大且用户友好的 Chrome 插件程序至关重要。

8.1　深入理解内容脚本

8.1.1　什么是内容脚本

内容脚本是在网页上下文中运行的文件。使用标准文档对象模型，能够读取浏览器访问的网页的详细信息，对其进行更改，并将信息传递给其父扩展。可以从以下 6 点来深入理解内容脚本。

1. 直接交互

使用内容脚本的主要目的是直接进行页面交互。内容脚本可以直接访问它们所注入的页面的 DOM。这意味着内容脚本可以修改页面的内容，更改样式，甚至向页面添加新功能。

2. 隔离性与安全性

内容脚本的隔离性与安全性：虽然内容脚本可以与网页进行交互，但它们与这些页面上的 JavaScript 代码是隔离的。这意味着它们不共享相同的 JavaScript 环境，这有助于维护安全性并防止页面上的脚本与扩展程序之间发生冲突。

3. 控制执行

内容脚本控制执行：开发人员可以使用清单文件指定内容脚本应注入哪些页面及何时

运行。这样可以精确地控制扩展程序与用户浏览体验的交互。

4. 通信代理

内容脚本的通信代理：内容脚本可以充当网页和扩展的其他部分(例如后台脚本或弹出页面)之间的桥梁。它可以发送和接收消息,从而实现反应式和交互式的扩展体验。

5. 增强用户体验

内容脚本：由于内容脚本可以对用户访问的网页进行更改,因此它们通常用于增强用户体验,例如广告拦截、更改字体或颜色以提高可读性或添加自定义导航。

6. 事件处理

内容脚本可以监听并响应网页上的事件,允许动态地更改内容以响应用户操作。

8.1.2　创建第 1 个内容脚本文件

在一个文件夹中创建以下文件：

```
`manifest.json`: 描述扩展的清单文件。
`background.js`: 用作后台脚本,处理事件。
`content.js`: 用作内容,用于更新内容。
`style.css`: CSS 样式脚本,用来定义页面的样式。
```

编写清单文件 manifest.json,代码如下:

```
//第 8 章 8.1.2 manifest.json
{
"manifest_version": 3,
"name": "My First Content Script Extension",
"version": "1.0",
"permissions": ["activeTab", "scripting"],
"host_permissions": ["https://*/*"],
"background": {
"service_worker": "background.js"
},
"action": {},
"content_scripts": [
{
"matches": ["https://*/*"],
"js": ["content.js"]
}
]
}
```

编写 background.js 脚本,代码如下:

```
//第 8 章 8.1.2 background.js
chrome.runtime.onInstalled.addListener(() => {
```

```
console.log('Extension installed');
});

//background.js
chrome.runtime.onMessage.addListener((message, sender, sendResponse) => {
if (message.action === "injectCSS" && sender.tab.id) {
chrome.scripting.insertCSS({
target: { tabId: sender.tab.id },
files: ["styles.css"]
}).then(() => {
console.log("CSS injected!");
}).catch((error) => {
console.error("Failed to inject CSS: ", error);
});
}
});
```

注意　在 Manifest V3 中，内容脚本在注入的网页上下文中运行，而不是在扩展的后台服务工作线程上下文中运行，因此，它们无法访问后台脚本所执行的所有 API，包括部分 chrome.scripting API。

编写 content.js 脚本，代码如下：

```
//第 8 章 8.1.2 content.js
//content.js 方法 1
//document.body.style.backgroundColor = "lightblue";
//content.js 方法 2
chrome.runtime.sendMessage({ action: "injectCSS" });
```

注意　可以使用第 1 种方式直接访问 DOM 来修改注入页面的样式，本实例使用了方法 2 与 background 通信的方式来注入 style 文件实现。

编写 style.css 文件，代码如下：

```
//第 8 章 8.1.2 styles.css
body {
background-color: hsla(50, 33 % , 25 % , .75) !important;
}
```

注意　可能有其他 CSS 规则覆盖了设置的 background-color 属性。这可能是由于优先级、特定性或后续 CSS 规则覆盖导致的。可以尝试使用 !important 来确保自己设置的属性优先级最高。

打开 Chrome 并导航至 chrome://extensions/。启用右上角的开发者模式。单击加载解压的文件并选择扩展程序的目录。扩展程序现在应该处于活动状态,当导航到网页时,背景颜色应该更改为设置的颜色。

8.1.3　内容脚本的隔离性

隔离的环境是浏览器扩展中的一个概念,在 Chrome 浏览器中被广泛采用。每个扩展的内容脚本都会创建一个独立的执行环境,这个环境对于网页的脚本和其他扩展的内容脚本是私密且不可访问的。由于这种隔离,在扩展的内容脚本中使用 JavaScript 创建的变量、函数或对象对于宿主页面或其他扩展的内容脚本是不可见或不可访问的。这种分离确保了扩展的操作和修改不会干扰网页的功能或其他扩展的正常运行,从而提高了安全性和稳定性。

隔离的环境概念最初是在 Chrome 发布时引入的,旨在为浏览器标签页内的扩展提供安全和可控的执行环境,使其能够执行脚本而不会引发冲突或安全漏洞。

隔离性和 Java 的 ClassLoader 在某种程度上是相似的,因为它们都涉及创建独立的执行环境或加载环境,以防止不同代码之间的干扰或冲突。举一个相似的例子,在 Java 语言中,不同的 ClassLoader 可以加载同一个类的不同实例,这些实例之间是相互隔离的,它们拥有自己的类定义和变量状态。类似地,在浏览器扩展中的隔离性,每个扩展的内容脚本都有自己的执行环境,其中的变量、函数和对象对于其他内容脚本和宿主页面是不可见的。

就像 Java 的 ClassLoader 可以创建隔离的类加载环境一样,浏览器扩展中的隔离性可以创建独立的 JavaScript 执行环境,这样不同的脚本可以在其自己的环境中运行,而不会干扰其他脚本或页面的功能。这种隔离性有助于确保代码的安全性和稳定性。

注意　在不同语言中为了代码安全,隔离性的实现机制并不相同,在 Java 语言中使用的是类加载器,而在 Go 语言中可以使用协程的机制类实现一定程度的隔离性。

内容脚本(Content Scripts)是指它们与网页中原有脚本的隔离程度,这种隔离性主要表现在以下几方面。

(1)命名空间隔离:内容脚本运行在与网页原生脚本不同的 JavaScript 环境中。这意味着内容脚本中声明的变量和函数不会与网页原生脚本中的变量和函数冲突。例如,如果内容脚本和网页都声明了一个名为 myFunction 的函数,则这两个函数互不干扰。

(2)DOM 访问:尽管内容脚本和网页的 JavaScript 运行在不同的环境,但是内容脚本仍然可以访问和修改 DOM。这是通过浏览器提供的 API 实现的,内容脚本可以读取页面的 DOM 元素、修改样式、注册事件监听器等,但它们操作的是与原始页面共享的 DOM 树。

(3)限制的 API 访问:内容脚本通常没有访问浏览器全部 API 的权限。例如,它们可能无法直接访问浏览器的标签页(Tab)或其他敏感数据,除非扩展声明了相应的权限。这样做可以防止恶意脚本损害用户的隐私和安全。

（4）沙箱执行环境：虽然内容脚本可以与页面共享 DOM，但它们的 JavaScript 代码实际上是在一个沙箱环境中执行的，这意味着它们不能直接访问网页的全局变量或函数。如果内容脚本需要与网页脚本进行通信，则必须使用消息传递 API（如 window.postMessage）。

（5）样式隔离：内容脚本注入的 CSS 样式默认为隔离的，这样可以防止样式冲突，但是，内容脚本仍然可以通过操作 DOM 来添加样式，这可能会影响页面原有的样式。

（6）安全限制：为了安全起见，内容脚本通常受到同源策略（Same-Origin Policy）的限制，这意味着它们无法直接访问跨源资源，除非资源服务器设置了 CORS（跨源资源共享）头部允许。

（7）隔离的存储：内容脚本可以使用浏览器扩展提供的存储 API（如 chrome.storage 或 browser.storage），这些存储 API 与网页的 localStorage 或 sessionStorage 是隔离的。

这种隔离性设计的主要目的是保护用户，防止扩展滥用权限，同时也保证了网页脚本的安全性，不会被扩展中的内容脚本所破坏。下面使用 Chrome Extension MV3 来创建一个示例，展示内容隔离。

在一个文件夹中创建以下文件：

`manifest.json`：描述扩展的清单文件。
`background.js`：用作后台脚本，处理事件。
`content.js`：用作内容脚本，它将在隔离环境中执行。
`popup.js`：用户显示界面的事件处理。
`popup.html`：用户单击扩展图标时会显示这个页面。

编写清单文件 manifest.json，代码如下：

```
//第 8 章 8.1.3 manifest.json
{
"manifest_version": 3,
"name": "My Content Script Extension",
"version": "1.0",
"permissions": ["activeTab", "scripting"],
"action": {
"default_popup": "popup.html"
},
"background": {
"service_worker": "background.js"
},
"content_scripts": [
{
"matches": ["<all_urls>"],
"js": ["content.js"]
}
]
}
```

编写事件处理 background.js 文件,代码如下:

```
//第 8 章 8.1.3 background.js
chrome.action.onClicked.addListener((tab) => {
chrome.scripting.executeScript({
target: { tabId: tab.id },
files: ['content.js']
});
});
```

编写弹出页面的 popup.html 文件,代码如下:

```
//第 8 章 8.1.3 popup.html
<!DOCTYPE html>
<html>
<head>
<title>My Extension Popup</title>
</head>
<body>
<h1>Welcome to My Extension</h1>
<button id = "run - script">Run Content Script</button>
<script src = "popup.js"></script>
</body>
</html>
```

编写弹出页面的事件处理 popup.js 文件,代码如下:

```
//第 8 章 8.1.3 popup.js
document.getElementById('run - script').addEventListener('click', () => {
chrome.tabs.query({ active: true, currentWindow: true }, (tabs) => {
chrome.scripting.executeScript({
target: { tabId: tabs[0].id },
files: ['content.js']
});
});
});
```

在该实例中,内容脚本 content.js 将在每个匹配的页面加载时运行,并且它会在网页的右下角添加一个红色的消息框。这个脚本是隔离的,它不能访问网页脚本的私有变量或函数。

8.1.4　扩展 API 的访问

在 8.1.3 节讲到了安全性和隔离性的原因。内容脚本运行在网页的上下文中,因此如果它们能够直接访问所有的扩展 API,就存在被恶意网站利用的风险。例如,恶意网站可能会通过调用某些 API 来篡改扩展的行为,或者访问敏感的数据。

内容脚本可以直接访问以下扩展 API。

（1）chrome.extension：该 API 提供了一些方法，使内容脚本可以与其他扩展交互。

（2）chrome.i18n：用于国际化，允许内容脚本根据用户的语言偏好来显示适当的本地化字符串。此 API 用于国际化，允许内容脚本访问扩展的本地化字符

（3）chrome.runtime：此 API 提供了一些方法，例如 sendMessage 和 onMessage，允许内容脚本与扩展的其他部分（如后台脚本）进行通信。

（4）chrome.storage：用于存储和检索扩展的数据，如用户偏好设置或其他需要持久化的数据。提供了一个异步的、持久的键值存储系统。

（5）chrome.cookies：允许读取和修改 Cookie，但这通常受到严格的权限控制。

（6）chrome.notifications：用于在扩展中创建系统通知。

（7）chrome.dom：用于在扩展中访问特殊的扩展 API。

总之，内容脚本被限制使用所有扩展 API 的原因是限制扩展对用户数据进行访问，防止恶意扩展损害用户的浏览体验或者侵犯用户隐私。例如，内容脚本不能直接访问浏览历史或标签页信息，这些都是出于隐私考虑的。此外，由于某些 API 可能会改变浏览器的行为或影响其他网站的功能，因此它们在内容脚本中受到限制，以防止滥用。

8.1.5 脚本注入

Chrome 扩展的内容脚本可以通过 3 种方式注入网页中，分别是静态声明（Statically Declared）、动态声明（Dynamically Declared）和程序化注入（Programmatically Injected）。以下是这 3 种注入方式的详细解释。

1. 静态声明

静态声明是在扩展的 manifest.json 文件中预先声明内容脚本的方法。这种方法定义了内容脚本何时及在哪些网页上自动运行，代码如下：

```
//第 8 章 8.1.5 manifest.json
{
  "name": "My extension",
  "content_scripts": [
    {
      "matches": ["https:// * .nytimes.com/ * "],
      "Exclude_matches": [" * :// * / * business * "],
      "css": ["my - styles.css"],
      "js": ["contentScript.js"]
    }
  ]
}
```

主要字段属性解释如下。

（1）matches：定义了哪些 URL 匹配模式下才会注入内容脚本。它是一个数组，包含了 URL 匹配模式字符串，例如 https://.example.com/。只有当当前页面的 URL 符合这

些模式中的至少一个时,内容脚本才会被注入页面中。

(2) css:用于指定注入页面的 CSS 文件路径或数组。可以是单个 CSS 文件的路径,也可以是一个数组,包含多个 CSS 文件的路径。这些 CSS 文件将会被注入匹配的页面中。

(3) js:定义了要注入匹配页面的 JavaScript 文件路径或数组。和字段 css 类似,可以是单个 JavaScript 文件的路径,也可以是一个数组,包含多个 JavaScript 文件的路径。这些 JavaScript 文件会被注入匹配的页面中。

(4) run_at:定义内容脚本的执行时机。它是一个字符串,可以是 document_start、document_end 或 document_idle 中的一个。document_start 在页面开始解析前执行,document_end 在页面的 DOMContentLoaded 事件之后执行,而 document_idle 表示在页面空闲时执行。

(5) match_about:用于匹配关于页面(about:),如 about:blank。它是一个布尔值,如果设置为 true,则内容脚本将匹配关于页面。在默认情况下,内容脚本不会匹配关于页面。

2. 动态声明

在运行时使用 chrome.scripting API 注册内容脚本,并排除某些匹配的 URL。这些脚本可以在特定的时间或事件触发时运行。

以下是一个使用 MV3 的程序注入的示例代码。

在一个文件夹中创建以下文件:

```
`manifest.json`:描述扩展的清单文件。
`background.js`:用作后台脚本,处理事件。
`contentscript.js`:用作内容脚本,执行自定义动作。
```

编写清单文件 manifest.json,代码如下:

```
//第 8 章 8.1.5.2
{
  "manifest_version": 3,
  "name": "Dynamic Content Script",
  "version": "1.0",
  "permissions": ["scripting"],
  "background": {
    "service_worker": "background.js"
  }
}
```

编写事件处理 background.js 文件,代码如下:

```
//第 8 章 8.1.5.2 background.js

console.log('Service Worker 已启动!');
chrome.scripting
```

```
.registerContentScripts([{
id: "myContentScript",
js: ["contentScript.js"],
persistAcrossSessions: false,
matches: ["https://*.baidu.com/*"],
runAt: "document_idle",
}])
.then(() => console.log("registration complete"))
.catch((err) => console.warn("unexpected error", err))
```

编写内容脚本 contentscript.js 文件，代码如下：

```
//第 8 章 8.1.5.2 contentscript.js
document.body.style.backgroundColor = 'green';
```

在这个示例中，在扩展启动时使用 chrome.scripting.registerContentScripts API 注册的内容脚本。内容脚本将在匹配 https://*.baidu.com/ 的页面中运行，运行时机为 document_idle，也就是当页面的主要内容已经完成加载时。

3. 程序性注入

在 Manifest V3 中，程序性注入允许扩展在运行时动态地添加或移除内容脚本，而不是在 manifest.json 文件中静态声明。这为扩展提供了更大的灵活性，可以根据需要在运行时注入脚本。动态声明是先在扩展的 manifest.json 文件中通过 permissions 字段声明内容脚本的匹配模式，然后在扩展的后台脚本或弹出脚本中动态地注册内容脚本。

动态声明内容脚本可以通过 chrome.scripting.executeScript() 和 chrome.scripting.insertCSS() 方法来实现。这些方法允许扩展根据特定条件在运行时向页面注入 JavaScript 和 CSS。

chrome.scripting.executeScript()：允许扩展在页面中执行 JavaScript 代码。

chrome.scripting.insertCSS()：允许扩展向页面注入 CSS 样式。

这两种方法都接受一个对象参数，其中包含了要执行或注入的代码，以及执行的条件，例如用 target 指定注入的目标。

使用动态脚本控制的优点是具备动态性，允许在运行时根据条件动态地注入脚本，增加了扩展的灵活性，并且具备精准控制，可以根据特定事件或条件选择性地注入脚本，避免不必要的脚本注入，但是缺点是相较于静态声明，动态声明需要更多的代码来管理脚本的注入和移除。频繁的动态脚本注入可能会对页面性能产生一定的影响，特别是如果注入的脚本过多或频繁执行，则在使用时需要注意根据需求做好权衡。

以下是一个使用 Manifest V3 版本的程序注入的示例。

在一个文件夹中创建以下文件：

```
`manifest.json`: 描述扩展的清单文件。
`background.js`: 用作后台脚本,处理事件。
```

`popup.js`：用户显示界面的事件处理。
`popup.html`：用户单击扩展图标时会显示这个页面。

编写清单文件 manifest.json，代码如下：

```
//第 8 章 8.1.5.3 manifest.json
{
  "manifest_version": 3,
  "name": "Dynamic Content Script Demo",
  "version": "1.0",
  "permissions": [
    "activeTab","scripting"
  ],
  "background": {
    "service_worker": "background.js"
  },
  "action": {
    "default_popup": "popup.html"
  }
}
```

编写事件处理 background.js 文件，代码如下：

```
//第 8 章 8.1.5.3 background.js

//监听单击浏览器图标的事件
chrome.action.onClicked.addListener(async () => {
  //获取当前活动页面的标签页信息
  let [tab] = await chrome.tabs.query({ active: true, currentWindow: true });

  //向当前标签页注入脚本
  chrome.scripting.executeScript({
    target: { tabId: tab.id },          //指定标签页
    function: injectScript,             //要注入的 JavaScript 函数
  });
});

//要注入的 JavaScript 函数
function injectScript() {
  //在页面中注入脚本
  //这里是要注入的 JavaScript 代码
  console.log('Injected script!');
}
```

编写弹出页面的 popup.html 文件，代码如下：

```
//第 8 章 8.1.5.3 popup.html
<!DOCTYPE html>
```

```
<html>
<head>
  <title>Popup</title>
</head>
<body>
  <button id="injectButton">Inject Script</button>
  <script src="popup.js"></script>
</body>
</html>
```

编写弹出页面的事件处理 popup.js 文件,代码如下:

```
//第8章 8.1.5.3 popup.js

document.addEventListener('DOMContentLoaded', () => {
  document.getElementById('injectButton').addEventListener('click', injectScript);
});

function injectScript() {
  chrome.tabs.query({ active: true, currentWindow: true }, (tabs) => {
    const activeTab = tabs[0];
    chrome.scripting.executeScript({
      target: { tabId: activeTab.id },
      function: () => {
        console.log('Injected script!');
      },
    });
  });
}
```

该示例展示了当单击浏览器图标时,扩展会获取当前活动页面的标签页,并使用 chrome. scripting. executeScript()方法向该页面注入指定的 JavaScript 代码。这种方法允许在特定事件触发时灵活地向页面注入脚本,增加了扩展的交互性和灵活性。

8.1.6　与共享页面通信

尽管内容脚本的执行环境与承载它们的页面是相互隔离的,但它们共享对页面 DOM 的访问权限。如果页面希望与内容脚本进行通信,或者通过内容脚本与扩展进行通信,则必须通过共享的 DOM 来实现。

window. postMessage()是一种安全的在不同执行环境(例如内容脚本和页面)之间传递消息的方法。它被广泛使用是因为它具有以下优点:

(1) 安全性:window. postMessage()提供了一种安全的方式,防止恶意脚本的直接访问。它只允许在确定了发送消息方和接收消息方的情况下进行通信,降低了跨站点脚本攻击

（XSS）的风险。

（2）跨域通信：它允许在不同的域或不同的执行环境（如内容脚本和页面）之间进行通信，即使它们处于不同的安全原点（origin）也可以进行交互。

（3）灵活性：window.postMessage()可以传递各种类型的数据（对象、字符串等），并且可以携带额外的信息，以便确定消息的来源或目的。

下面的代码是一个涵盖了内容脚本与页面之间双向通信的示例。

内容脚本的代码如下：

```
//第8章 8.1.6 contentscript.js - 内容脚本

//监听来自页面的消息
window.addEventListener('message', (event) => {
  if (event.data && event.data.from === 'page') {
    console.log('收到来自页面的消息:', event.data.message);
    //向页面发送响应消息
    window.postMessage({ from: 'contentScript', message: '你好,页面!' }, '*');
  }
});
```

假设这段代码运行在内容脚本注入的页面中，代码如下：

```
//第8章 8.1.6 Webpage - 页面

//向内容脚本发送消息
window.postMessage({ from: 'page', message: '你好,内容脚本!' }, '*');

//监听内容脚本发送的消息
window.addEventListener('message', (event) => {
  if (event.data && event.data.from === 'contentScript') {
    console.log('收到来自内容脚本的消息:', event.data.message);
  }
});
```

在该示例中内容脚本监听页面的消息，并对来自页面的消息进行响应。页面将消息发送给内容脚本，并监听内容脚本发送的消息。这种 window.postMessage()方法允许内容脚本和页面之间安全地进行双向通信。在实际应用中，消息可以包含更复杂的数据结构，允许页面和内容脚本之间进行更丰富的交互和通信。

8.2　模块化

在 Manifest V3 中，Chrome 引入了模块化和代码拆分的概念，允许开发者更有效地管理和加载内容脚本。这种方式有助于减少扩展对资源的需求，提高性能并减少加载时间。

现代 JavaScript 强依赖 ES6 模块和 import 关键字,但是,顶级内容脚本不是一个模块,目前也没有办法将其定义为模块,因此无法直接使用静态导入,但是有一些简单直接的解决方案。

8.2.1 动态导入

内容脚本中使用动态导入来加载其他模块。这种方法允许在函数内或运行时导入模块。下面是一个使用 MV3 的动态导入的示例。

在一个文件夹中创建以下文件:

`manifest.json`:描述扩展的清单文件。
`background.js`:用作后台脚本,处理事件。
`contentScript.js`:为用户界面注入的脚本。
`otherModule.js`:属于其他模块,用于在 contentScript 脚本执行时加载。

编写清单文件 manifest.json,代码如下:

```
//第 8 章 8.2.1
{
"manifest_version": 3,
"name": "Dynamic Import Demo",
"version": "1.0",
"permissions": ["activeTab", "scripting"],
"host_permissions": ["https:// * .baidu.com/ * "],
"background": {
"service_worker": "background.js"
},
"action": {},
"content_scripts": [
{
"matches": ["https:// * .baidu.com/ * "],
"js": ["contentScript.js"]
}
]
}
```

注意 在 host_permissions、matches 中设置好对哪些 host 的权限信息,避免权限滥用。

编写注入脚本文件 contentScript.js,代码如下:

```
//第 8 章 8.2.1 contentScript.js
chrome.runtime.sendMessage({ action: 'loadModule' });
//监听来自后台脚本的消息
```

```
chrome.runtime.onMessage.addListener((message, sender, sendResponse) => {
if (message.action === 'moduleLoaded') {
//Now otherModule.js has loaded; you can use the exported functions or variables
exampleFunction();
}
});


function exampleFunction() {
console.log('This is an example function from otherModule.js');
}
```

编写事件处理文件 background.js,代码如下:

```
//第 8 章 8.2.1 background.js

chrome.runtime.onMessage.addListener((message, sender, sendResponse) => {
if (message.action === 'loadModule') {
//创建一个 Content Script 来加载并运行脚本
chrome.scripting.executeScript({
target: { tabId: sender.tab.id },
files: ['otherModule.js']
}, () => {
//将消息发送到 Content Script,通知模块加载完成
chrome.tabs.sendMessage(sender.tab.id, { action: 'moduleLoaded' });
});
}
});
```

编写模块文件 otherModule.js,代码如下:

```
//第 8 章 8.2.1 otherModule.js

function exampleFunction() {
console.log('This is an example function from otherModule.js');
}
```

在该示例中,当用户访问 https://baidu.com/* 网站时,contentScript.js 将作为一个模块化的内容脚本执行。在内容脚本中给后端发送'loadModule'消息,后端通过 chrome.scripting.executeScript 执行其依赖的模块以完成 exampleFunction()的执行。

8.2.2　打包

当谈到现代浏览器开发中的捆绑(Bundling)时,其实就是把多个源文件合并成一个或少数几个较大文件的过程。这种技术被称为打包。打包的概念是将多个源文件(如 JavaScript、CSS、图像等)合并到较少的文件中,以提高加载速度和性能。通过打包能够减少网络请求的次数,加快页面加载速度,并优化资源以提高整体性能。

打包是一个构建工程化的概念，它在开发过程中将多个源文件（通常是 JavaScript、CSS、图像等）合并到较少的文件中。随着 Web 应用程序和网站变得更加复杂，需要加载的资源也随之增多，而传统的每个资源一个请求的加载方式已经不能满足用户对效率和性能的需求。

使用打包技术有非常多的好处。

（1）减少加载时间：将多个文件捆绑成一个或少数几个文件可以减少网络请求，从而加快页面加载速度。这对于大型应用或网站尤为重要，因为较少的请求次数意味着更快的加载速度。

（2）提高性能：较少的文件数量意味着浏览器能够更高效地加载和解析资源。此外，捆绑可以减少重复的代码和库的多次引用，从而减少资源浪费。

（3）优化资源：捆绑允许使用优化技术，例如压缩和混淆 JavaScript、CSS 文件，以减少文件大小，提高性能。

（4）模块化开发：使用捆绑器可以使开发更模块化，允许开发人员使用模块化的工具和库，使代码更易于维护和扩展。

大多数扩展开发是使用 Parcel、Webpack、Vite 或 Plasmo 等复杂的构建工具完成的，这些工具通常被配置为将整个内容脚本代码压缩到单个文件中，从而消除了在顶级内容脚本中使用导入的需要。传统的 Web 应用程序更需要延迟加载，因为从性能角度来看，从远程服务器加载数据的成本很高。由于浏览器扩展仅由本地设备上的扩展文件服务器提供服务，因此将整个内容脚本打包到巨大的整体脚本中的损失可以忽略不计。由于在实际的工程实践中为了能方便地使用一些现代的开发库（如 ReactJS、Vue 等）需要通过打包技术来实现现代化的浏览器插件开发，关于打包技术的详细论述和代码示例将会在后面的工程实践中详细展开。

8.2.3 模块加载库

有一些专门设计用于在非模块环境中加载 ES6 模块的库。例如，可以使用 SystemJS 或 RequireJS 这样的库来处理内容脚本中的模块加载。

8.2.4 转译

可以使用如 Babel 这样的工具对代码进行转译，将 ES6 模块转换为可以在非模块环境中使用的格式。这可能涉及使用不同的语法或方法来实现类似模块的行为。

8.3 特殊的属性

插件的内容脚本提供了一些特殊的属性以进一步地进行控制，包括何时注入脚本、应该或不应该注入哪些 URL 路径，以及是否应该注入特殊 URL（例如 about:blank）。可以使用以下属性。

1．run_at

run_at 用于指定扩展或插件中内容脚本运行的时机的属性。这个属性告诉浏览器在何时加载和执行内容脚本。这个属性有以下几个可能的取值。

（1）document_start：在文档开始解析时运行脚本。这意味着在 HTML 文档开始解析之前，但在任何网页内容或其他脚本加载之前，脚本会运行。

（2）document_end：在文档完成解析时运行脚本。脚本将在 HTML 文档解析完成并且所有 DOM 节点都已经生成之后执行，但在 DOMContentLoaded 事件之前。

（3）document_idle：在文档处于空闲状态时运行脚本。这意味着脚本将在文档解析完成并且所有子资源（如图片和样式表）加载完成后执行。这是默认的 run_at 值。

这些不同的选项允许控制扩展或插件内容脚本的执行时机，以便在最适合功能和性能要求的情况下运行脚本。

2．match_about_blank

match_about_blank 用于指定内容脚本匹配网页空白文档（about：blank）的属性。

当扩展或插件包含内容脚本且需要在空白文档（例如通过 JavaScript 动态创建的空白页面，或者浏览器默认的 about：blank 页面）中运行时，match_about_blank 属性变得很有用。这个属性有两个可能的取值。

（1）true：如果设置为 true，则内容脚本将匹配空白文档（about：blank）并在其上执行。

（2）false：如果设置为 false，则内容脚本将不会匹配空白文档。

通过将 match_about_blank 属性设置为 true，可以确保内容脚本在空白文档上运行，这在某些特定场景下可能会很有用，例如需要对动态创建的空白页面执行操作或注入一些功能性的代码。

3．match_origin_as_fallback

match_origin_as_fallback 是用于内容脚本匹配的属性之一。

这个属性主要针对声明的内容脚本匹配规则。当某个规则没有匹配到当前页面时，match_origin_as_fallback 会定义该规则是否作为回退（fallback）规则进行匹配。

当将 match_origin_as_fallback 设为 true 时，如果当前页面与内容脚本的匹配规则没有匹配项，则该内容脚本将会作为回退规则来匹配，即会尝试在当前页面上执行。

如果将 match_origin_as_fallback 设为 false（默认值），当没有其他规则匹配当前页面时，这个内容脚本不会作为回退规则，也就是不会在页面上执行。

这个属性对于确保内容脚本在特定情况下能够始终在页面上执行或作为备选方案非常有用。

4．exclude_matches

exclude_matches 是用于排除内容脚本匹配的规则的属性。

这个属性允许开发者定义一系列规则，用于排除某些页面不匹配内容脚本。也就是说，当

页面 URL 符合这些排除规则中的任何一个时,内容脚本将不会在这些页面上执行,代码如下:

```
//第 8 章 8.3.4
{
  "content_scripts": [
    {
      "matches": ["<all_urls>"],
      "Exclude_matches": ["*://example.com/*"],
      "js": ["content.js"]
    }
  ]
}
```

在这个示例中,内容脚本 content.js 将会匹配所有页面("<all_urls>"),但是排除了 example.com 下的所有页面,即使它们也符合匹配规则。这种排除匹配规则有助于在指定的范围内细化内容脚本的执行,避免在特定的页面或网站上执行代码。

5. include_globs

include_globs 用于内容脚本匹配的属性是 matches,用于指定在哪些页面上运行内容脚本。matches 属性允许指定一个数组,其中包含要匹配的 URL 模式,内容脚本将在匹配的页面上执行。这个属性支持的 URL 匹配模式包括简单的字符串或者使用通配符"*"和占位符<all_urls>,代码如下:

```
//第 8 章 8.3.5
{
  "content_scripts": [
    {
      "matches": [
        "https://example.com/*",
        "https://*.example.org/"
      ],
      "js": ["content.js"]
    }
  ]
}
```

在这个示例中,内容脚本 content.js 将会在以 https://example.com/开头或者 HTTPS 下的任意 example.org 域名的页面上执行。

6. exclude_globs

exclude_globs 用于内容脚本匹配的属性是 matches,用于指定在哪些页面上运行内容脚本。

matches 属性允许开发者指定一个数组,其中包含要匹配的 URL 模式,内容脚本将在匹配的页面上执行。这个属性支持的 URL 匹配模式包括简单的字符串或者使用通配符"*"和占位符<all_urls>。

7. all_frames

all_frames 用于指定内容脚本是否在所有框架中运行。这个属性的作用是控制内容脚本是否在页面的所有框架中执行代码。当设置为 true 时,内容脚本将在页面的所有框架中运行;当设置为 false 时,内容脚本将仅在顶级框架中运行(默认行为),代码如下:

```
//第 8 章 8.3.7
{
  "content_scripts": [
    {
      "matches": ["< all_urls >"],
      "js": ["content.js"],
      "all_frames": true
    }
  ]
}
```

在这个示例中,content.js 将会在匹配所有 URL 的页面的所有框架中运行代码。这在需要在页面的嵌套框架中执行代码时很有用,例如在 iframe 中运行一些功能,但需要注意,将 all_frames 设置为 true 可能会增加内容脚本的执行次数,可能导致性能问题或意外的行为,因此应谨慎使用。

8.4 与网页交互的范式

Chrome 扩展的 Content Scripts 是在用户浏览器中运行的脚本,能够直接与网页内容交互。它们通常用于以下场景。

(1) 页面 DOM 操作:Content Scripts 能读取或修改网页的 DOM 结构,如添加、删除或修改元素,以及调整网页样式等。

(2) 信息抓取:可以提取页面上的信息,例如商品价格、文章内容等,并将这些信息发送到扩展的其他部分或进行存储处理。

(3) 用户界面增强:通过添加按钮、菜单或其他界面元素为现有网页提供额外功能,例如一键翻译、笔记功能等。

(4) 自动化任务:能自动填写表单、单击按钮等,帮助用户完成重复性任务。

(5) 内容注入:可向网页注入自定义脚本或样式,如用户脚本(User Scripts)、用户样式(User Styles),改变网页行为或外观。

(6) 广告屏蔽:检测并移除或替换网页中的广告内容。

(7) 安全性增强:检测潜在的恶意内容,如钓鱼链接或恶意脚本,并提醒用户。

(8) 用户行为追踪:追踪用户在网页上的行为,如单击、滚动等,通常用于分析用户行为或进行 A/B 测试。

(9) 与扩展的其他部分进行通信:能与后台脚本、弹出页面等其他扩展组件交互,共享数据或触发其他功能。

（10）主题和样式自定义：允许用户自定义网站的主题或样式，提供更个性化的浏览体验。

Content Scripts 的运行受到一定的限制，例如不能直接访问页面 JavaScript 上下文的变量和函数，但可以通过 DOM 操作或自定义事件间接地进行交互。此外，Content Scripts 的权限也受到 manifest.json 文件中定义的匹配规则和权限的限制。总体来讲，Content Scripts 提供了强大的方式，使浏览器插件能够与网页内容进行交互，并根据用户需求进行定制和扩展。下面会举例一些使用 Content Scripts 的常用例子。

8.4.1 文章阅读时间生成器

本节展示如何创建一个文章阅读时间耗时浏览器插件。在微信文章中显示阅读该篇文章所需时间，如图 8-1 所示。

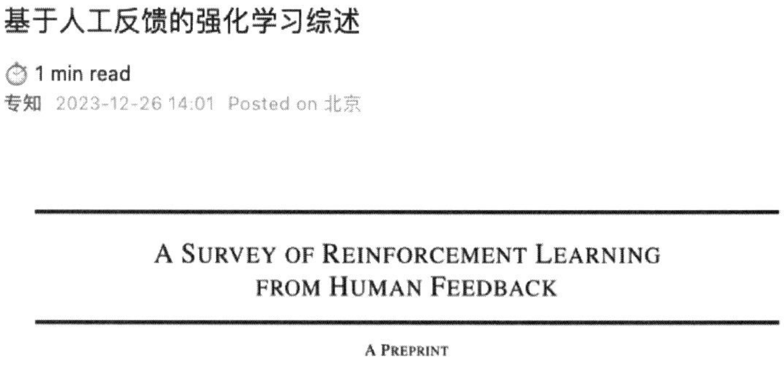

基于人工反馈的强化学习综述

🕐 1 min read
专知 2023-12-26 14:01 Posted on 北京

A SURVEY OF REINFORCEMENT LEARNING
FROM HUMAN FEEDBACK

A PREPRINT

图 8-1 阅读时间生成器

在一个文件夹中创建以下文件：

```
`manifest.json`: 描述扩展的清单文件。
`contentscript.js`: 为用户界面注入的脚本。
```

编写清单文件 manifest.json，代码如下：

```
//第 8 章 8.4.1

{
"manifest_version": 3,
"name": "Reading time",
"version": "1.0",
"description": "Add the reading time to weixin documentation articles",

"icons": {
"16": "images/icon-16.png",
"32": "images/icon-32.png",
"48": "images/icon-48.png",
```

```
"128": "images/icon - 128.png"
},
"content_scripts": [
{
"js": ["contentScript.js"],
"matches": ["https://mp.weixin.qq.com/ * "]
}
]
}
```

注意　文章字数的统计，正则表达式\b\w+\b 会匹配以单词边界（单词前后的非单词字符）为分隔的单词，并且不会将标点符号等包括在内。

编写内容脚本文件 contentscript.js，代码如下：

```
//第 8 章 8.4.1
const article = document.querySelector('.rich_media');
console.log("article:" + article)

//`document.querySelector` may return null if the selector doesn't match anything
if (article) {
const text = article.textContent;

const wordMatchRegExp = /\b\w + \b/g;
const words = text.matchAll(wordMatchRegExp);
console.log(text);
//matchAll returns an iterator, convert to array to get word count
const wordCount = [...words].length;
console.log("wordCount:" + wordCount);
const readingTime = Math.round(wordCount / 200);
const badge = document.createElement('p');
//Use the same styling as the publish information in an article's header
badge.classList.add('color - secondary - text', 'type -- caption');
badge.textContent = `{readingTime} min read`;

//Support for API reference docs
const heading = article.querySelector('h1');
//Support for article docs with date
const date = article.querySelector('time')?.parentNode;

(date ?? heading).insertAdjacentElement('afterend', badge);
}
```

8.4.2　沉浸式阅读模式

阅读模式通常是指浏览器或应用程序提供的一种能够改善阅读体验的特殊模式。它旨在消除干扰,将注意力集中于阅读内容,并提供更加舒适的阅读环境。阅读模式的功能包括以下几种。

（1）消除干扰：阅读模式会移除页面上的广告、侧边栏、弹窗及其他可能干扰阅读的内容,让用户专注于阅读主体内容。

（2）简化排版：页面样式可能会被修改,以提供更易读的排版,例如增加行高、修改字体、调整段落宽度等。

（3）集中阅读：有些阅读模式还会提供视觉上的焦点,例如使用更柔和的背景色、调整页面亮度等,让用户的注意力更集中于文章或内容上。

（4）自定义选项：有些阅读模式允许用户自定义偏好,例如调整字体大小、选择暗黑模式或亮度等。

（5）移动适配：在移动设备上,阅读模式可能会优化排版,使内容更适合小屏幕设备阅读。

阅读模式通常由浏览器或应用程序提供,在某些情况下,浏览器可以自动检测到文章或主要内容并提供阅读模式选项,用户也可以手动触发阅读模式。这种模式不仅提高了阅读体验,还有助于减少眼睛疲劳和提高专注度,特别是在长时间阅读时。笔者使用浏览器插件实现了一个阅读模式,效果如图 8-2 所示。

图 8-2　阅读模式

使用 Chrome Extension MV3 来创建一个示例,展示阅读模式实现。

在一个文件夹中创建以下文件:

```
`manifest.json`: 描述扩展的清单文件。
`content.js`: 用作内容脚本,它将在隔离环境中执行。
`popup.js`: 用户显示界面的事件处理。
`popup.html`: 用户单击扩展图标时会显示这个页面。
```

编写清单文件 manifest.json,代码如下:

```
//第 8 章 8.4.2

{
"manifest_version": 3,
"name":"沉浸式阅读模式",
"version": "1.0",
"description": "单击按钮进入沉浸式阅读模式",
```

```
"permissions": ["activeTab"],
"action": {
"default_popup": "popup.html",
"default_icon": {
"16": "images/icon‐16.png",
"32": "images/icon‐32.png",
"48": "images/icon‐48.png",
"128": "images/icon‐128.png"
}
},
"content_scripts": [
{
"matches": ["<all_urls>"],
"js": ["content.js"],
"run_at": "document_idle"
}
]
}
```

编写内容脚本 content.js 文件，代码如下：

```
//第 8 章 8.4.2

document.body.style.fontFamily = 'Arial, sans‐serif';
document.body.style.width = '80%';
document.body.style.backgroundColor = 'lightgreen';
document.body.style.fontSize = '18px'
```

编写弹出页面的 popup.html 文件，代码如下：

```
//第 8 章 8.4.2
<!DOCTYPE html>
<html>
<head>
<meta charset = "utf‐8" />
<title>沉浸式阅读模式</title>
<style>
body {
width: 100%;
text‐align: center;
}
button {
padding: 10px 20px;
font‐size: 16px;
}
</style>
</head>
<body>
```

```
< button id = "toggleButton">切换沉浸模式</button >
< script src = "popup.js"></script >
</body >
</html >
```

编写弹出页面的事件处理 popup.js 文件，代码如下：

```
//第 8 章 8.4.2
document.getElementById('toggleButton').addEventListener('click', async () => {
let [tab] = await chrome.tabs.query({ active: true, currentWindow: true });
chrome.scripting.executeScript({
target: { tabId: tab.id },
files: ['content.js']
});
});
```

该示例是一个简单的示例。读者可以根据自己的需要修改 content.js 文件中的样式设置，以适应更适合的沉浸式阅读模式。

最后，在 Chrome 浏览器中打开扩展页面 chrome：//extensions/，启用开发者模式，单击加载已解压的扩展程序，选择包含上述文件的文件夹。

注意　在使用该插件时，考虑到页面样式修改可能会对一些网站产生影响，需要确保修改不会干扰到其他网页的正常浏览。

8.4.3　对话助手界面生成

对话助手的交互界面是指用户与对话助手进行交互时所看到的界面。这个界面通常用于呈现对话助手的响应、接收用户输入、展示信息或执行特定操作，如图 8-3 所示。它可以采用多种形式，具体取决于对话助手的设计和功能。

使用 Chrome Extension MV3 创建一个示例，展示对话助手界面的实现。

图 8-3　对话助手界面

在一个文件夹中创建以下文件：

```
`manifest.json`: 描述扩展的清单文件。
`content.js`: 用作内容脚本，它将在隔离环境中执行。
`background.js`: 浏览器插件的事件处理。
`popup.html`: 用户单击扩展图标时会显示这个页面。
```

编写清单文件 manifest.json,代码如下:

```
//第 8 章 8.4.3

{
"manifest_version": 3,
"name": "对话助手",
"version": "1.0",
"description": "在右下角生成对话小人,单击时弹出对话内容",
"permissions": ["activeTab"],
"action": {
"default_icon": "icon.png",
"default_popup": "popup.html"
},
"background": {
"service_worker": "background.js"
},
"content_scripts": [
{
"matches": ["<all_urls>"],
"js": ["content.js"]
}
],
"web_accessible_resources": [
{
"resources": ["dialog.png"],
"matches": ["<all_urls>"]
}
]
}
```

编写内容脚本 content.js 文件,代码如下:

```
//第 8 章 8.4.3 content.js

//创建对话小人图像
const dialogImage = document.createElement('img');
dialogImage.src = chrome.runtime.getURL('dialog.png');

//设置图片固定大小
dialogImage.style.width = '100px';
dialogImage.style.height = '100px';

dialogImage.style.position = 'fixed';
dialogImage.style.bottom = '20px';
dialogImage.style.right = '20px';
dialogImage.style.cursor = 'pointer';

document.body.appendChild(dialogImage);
```

```
//单击图像时触发的操作
dialogImage.addEventListener('click', () => {
chrome.runtime.sendMessage({ action: 'showDialog'});
});
```

编写弹出页面的 popup.html 文件，代码如下：

```
//第 8 章 8.4.3

<!DOCTYPE html>
<html>
<head>
<meta charset = "utf-8" />
<title>对话内容</title>
<style>
body {
width: 200px;
height: 100px;
padding: 10px;
background-color: #fff;
border: 1px solid #ccc;
box-shadow: 0 2px 5px rgba(0, 0, 0, 0.1);
font-family: Arial, sans-serif;
}
</style>
</head>
<body>
<p>这里是对话内容...</p>
</body>
</html>
```

该示例是一个简单的例子，涵盖了创建插件所需的基本结构和功能。它在页面加载后在右下角会生成对话机器人图像，单击此图像后弹出对话内容。需要在加载插件时启用开发者模式，并在 chrome://extensions/ 页面加载该插件。

8.5　本章小结

本章首先从 6 个关键方面解析了内容脚本的概念，确保读者能够全面地理解这一核心组件。内容脚本作为浏览器扩展与网页之间的桥梁，它们能够在用户访问的网页中运行，而不需要更改页面本身的代码，从而实现对主机网页的深度交互与控制。

其次，从内容脚本的隔离性开始，讲解了它们是如何在一个独立的环境中运行的，同时又能够安全地访问网页的 DOM。随后，探讨了内容脚本对扩展 API 的访问能力，虽然它们的权限有限，但通过与后台服务工作线程的通信，内容脚本能够利用扩展的强大功能，为用户提供丰富的浏览器体验。接下来，讨论了脚本注入的技术细节，包括如何在不同的时间点和条件下将内容脚本注入网页中。同时，也深入地了解了内容脚本与网页共享的 DOM 如何进行高效通信。为了更好地组织和维护代码，本章从模块化的角度出发，介绍了内容脚本的实现机制。这不仅提高了代码的可读性和可维护性，也为后续章节中与现代插件结合的部分打下了坚实的基础。

最后，通过特定的属性和方法，演示了内容脚本的动态管理，包括如何在页面中动态地添加和删除内容脚本。通过 3 个精心设计的示例，向读者展示了内容脚本在实际应用中的强大能力，如动态修改页面内容、监听用户行为及与页面脚本互动等，为读者提供了宝贵的实践经验。

Background 脚本

后台脚本(Background Scripts)顾名思义就在浏览器后台执行的 JavaScript,它是一个单独的 JavaScript 运行时,它无须依赖任何网页或者插件用户界面即可工作。

在 Chrome 扩展的架构中,后台脚本起着重要的作用。它可以与浏览器扩展的不同部分进行通信,并且可以监听和响应不同的浏览器事件,如导航到新页面、删除书签或关闭标签。

后台脚本可以是持久的,也可以是非持久的(也被称为事件页面)。持久后台脚本在扩展启动时加载,在扩展被禁用或卸载时卸载。非持久后台脚本只有在需要响应事件时才加载,当它们变为空闲状态时,就会被卸载。

后台脚本在扩展的生命周期中持续运行,并且可以监听浏览器事件或扩展程序消息。它们可以使用 WebExtension API,只要扩展拥有必要的权限。后台脚本不能直接访问 Web 页面,但可以将内容脚本加载到 Web 页面,并使用消息传递 API 与这些内容脚本进行通信。

在 Chrome 扩展的架构中,后台脚本通常用于执行需要访问大量浏览器 API 的操作,如发送外部 fetch 请求。这些操作可能需要访问 Web 页面的 DOM,但由于安全原因,内容脚本被限制在与页面相同的 CORS 策略下,因此,需要从内容脚本向后台脚本发送消息,在后台脚本中执行 fetch 操作,然后将所需的数据返给内容脚本。

在 Manifest V3 中,后台脚本被定义为扩展的服务工作线程。服务工作线程是一种后台脚本,它充当着扩展的主事件处理器。可以在 manifest.json 文件中使用 Background 键来指定一个 JavaScript 文件作为服务工作线程。

注意 由于谷歌公司正在逐步推动替换升级到 Manifest V3 版本,本章的内容会围绕 Manifest V3 实现的后台脚本来进行说明。

9.1 Service Worker

对于刚接触浏览器插件的 Web 开发人员来讲,一个常见的误区是对后台服务工作线程的本质的理解。尽管许多 Web 开发人员在构建网页内容方面都有与服务工作线程打交道的经验,但插件中的服务工作线程与网页中的服务工作线程存在许多明显的差异。

9.1.1 Service Worker 简介

通常意义上讲服务工作线程是指 Web 开发中的服务工作线程。在 W3C 的规范中服务工作线程的核心功能是唤醒接收事件。它提供了一个事件接收的目的地,试图在其他事件处理目的地不工作或者不存在时接管事件接收。

在 MDN 中对服务工作线程的定义是本质上充当位于 Web 应用程序、浏览器和网络(如果可用)之间的代理服务器。此外,它们的目的是创建有效的离线体验、拦截网络请求并根据网络是否可用采取适当的操作,以及更新服务器上的资产。它们还允许访问推送通知和后台同步 API。

服务工作线程在 Worker 上下文中运行,即 JavaScript 任务在后台的 Worker 线程中运行,而不会影响主线程的性能。Worker 可以在不干扰用户界面和页面的情况下执行脚本操作。在没有服务工作线程的情况下,JavaScript 是在浏览器的主线程上运行的,这可能会导致页面的性能问题。例如,如果在主线程上运行一个复杂的计算或者处理大量数据,则可能会出现页面卡顿或者响应不及时的情况,因为 JavaScript 的执行会阻塞 DOM 的更新和用户的交互。

服务工作线程的引入改变了这种情况,因为它允许开发者将那些需要长时间运行的脚本放到后台线程中,从而保持页面的流畅性。使用服务工作线程可以提升页面性能,特别是在处理复杂或者耗时任务时,如图像处理、数据处理或网络请求。

由于在单独的线程环境中运行,因此服务工作线程是非阻塞的。它被设计为完全异步,所以同步 XHR 和 Web Storage 等 API 无法在 Service Worker 内部使用。

另外服务工作线程没有直接访问 DOM 的权限,但可以使用 postMessage 方法向主线程发送消息,并使用 onMessage 事件处理器接收消息。

以下是一个简单的 Service Worker 示例,代码如下:

```
//第 9 章 9.1.1 注册 Service Worker
if ('serviceWorker' in navigator) {
  window.addEventListener('load', () => {
    navigator.serviceWorker.register('/service-worker.js')
      .then(registration => {
        console.log('Service Worker 注册成功:', registration);
      })
      .catch(error => {
        console.log('Service Worker 注册失败:', error);
      });
  });
}

//Service Worker 文件(service-worker.js)
```

```javascript
//定义缓存名称
const CACHE_NAME = 'my-site-cache-v1';

//需要缓存的文件列表
const urlsToCache = [
  '/',
  '/styles/main.css',
  '/scripts/main.js',
  '/images/logo.png'
];

//监听安装事件,进行缓存
self.addEventListener('install', event => {
  event.waitUntil(
    caches.open(CACHE_NAME)
      .then(cache => {
        console.log('打开缓存');
        return cache.addAll(urlsToCache);
      })
  );
});

//监听 fetch 事件,从缓存中返回内容或者向网络发起请求
self.addEventListener('fetch', event => {
  event.respondWith(
    caches.match(event.request)
      .then(response => {
        if (response) {
          return response;
        }
        return fetch(event.request);
      })
  );
});

//监听激活事件,清除旧版本缓存
self.addEventListener('activate', event => {
  const cacheWhitelist = ['my-site-cache-v1'];

  event.waitUntil(
    caches.keys().then(cacheNames => {
      return Promise.all(
        cacheNames.map(cacheName => {
          if (cacheWhitelist.indexOf(cacheName) === -1) {
            return caches.delete(cacheName);
          }
        })
      );
    })
  );
});
```

这个示例代码包含以下主要部分。

（1）Service Worker 注册：首先检查浏览器是否支持 Service Worker，并在页面加载时注册 Service Worker 文件（service-worker.js），如果注册成功，则将会在控制台输出相关信息。

（2）Service Worker 文件：定义了一个缓存名称 CACHE_NAME，以及需要缓存的文件列表 urlsToCache。

（3）安装阶段：当 Service Worker 文件被安装时会打开一个缓存并将指定的文件缓存起来，这样在离线状态下也能访问这些文件。

（4）fetch 事件：当页面发起网络请求时，如果 Service Worker 监听到 fetch 事件，则会检查缓存中是否有对应的响应。如果有，则直接从缓存返回，否则向网络发起请求，以便获取数据。

（5）激活阶段：当新版本的 Service Worker 文件被激活时会清除旧版本的缓存，保证使用最新版本的缓存文件。

在该示例中涉及的关键事件有 install、fetch 和 activate。install 事件用于在 Service Worker 安装时进行缓存操作，fetch 事件用于拦截网络请求、处理缓存并返回，activate 事件用于激活新版本的 Service Worker 并清除旧版本的缓存。

注意 Service Worker 只能在 HTTPS 或者 localhost 环境下运行。

9.1.2 插件 Service Worker

Chrome 扩展的 Service Worker 是扩展的中心事件处理器，它们与 Web Service Worker 有一些共同之处。Service Worker 在需要时加载，当不活跃时卸载。一旦加载，Service Worker 通常会一直运行，只要它们正在积极接收事件。Service Worker 不能访问 DOM，但可以通过 Offscreen Documents（屏幕之外的文档）来使用。

Service Worker 不仅是网络代理（如 Web Service Worker 经常被描述的那样），除了标准的 Service Worker 事件外，它们还对扩展事件进行响应，例如导航到新页面、单击通知或关闭标签。它们的注册和更新方式与 Web Service Worker 不同。

Service Worker 的生命周期与 Background Pages（背景页面）相似，它们都在浏览器的后台运行，并且都没有访问 DOM 的能力，然而，Service Worker 持久性不同，它们是短暂的、基于事件的脚本，当长时间不活跃时，它们会被终止，并在事件触发器中启动，而 Background Pages 通常会在浏览器会话期间持久地存在，除非扩展被重新加载或更新。

Service Worker 在 Chrome 扩展中被引入，是为了提供更好的用户体验，例如支持离线体验。它们通过捕获和处理网络请求，可以提供更快的页面加载速度，并且可以在用户离线时进行离线体验。

需要注意的是，Service Worker 的生命周期是有限的，如果在浏览器中非活动时间达到

5min,则 Service Worker 通常会被强制终止所有活动和请求,因此,如果扩展需要监听频繁的事件,或者需要保持长时间的状态,则可能需要采取一些策略来保持 Service Worker 的活跃状态,例如使用 chrome 的 offscreen API,或者使用 chrome. runtime. connectNative 等方法。

以下是一个插件服务工作线程的示例,代码如下:

```
//第 9 章 9.1.2 background.js - 插件的后台脚本

//注册 Service Worker
chrome.runtime.onInstalled.addListener(() => {
navigator.serviceWorker.register('/service-worker.js')
.then(registration => {
console.log('Service Worker 注册成功:', registration);
})
.catch(error => {
console.log('Service Worker 注册失败:', error);
});
});

//content.js - 插件的内容脚本

//将消息发送给后台脚本,请求数据
chrome.runtime.sendMessage({ action: 'fetchData' }, response => {
console.log('收到后台脚本的响应:', response);
});

//service-worker.js - Service Worker 文件

self.addEventListener('fetch', event => {
//拦截网络请求,可以在这里处理请求逻辑,例如修改请求、返回自定义响应等
console.log('拦截到网络请求:', event.request.url);

//这里可以对请求进行处理,例如缓存或修改请求,然后返回自定义的响应
//例如,返回自定义的 Response
event.respondWith(new Response('Hello from Service Worker!'));
});
```

(1) background. js:当插件被安装时,使用 chrome. runtime. onInstalled 监听器注册 Service Worker。这样,Service Worker 将会在后台运行并处理网络请求。

(2) content. js:内容脚本向后台脚本发送消息 chrome. runtime. sendMessage 请求数据。这可以触发后台脚本中的相应逻辑。

(3) service-worker. js:Service Worker 拦截了所有发出的网络请求(使用 fetch 事件),并在控制台输出拦截到的请求 URL。在 Service Worker 中可以对请求进行处理,例如修改请求、缓存数据或者返回自定义的响应。

在该示例中,Service Worker 拦截了所有网络请求并输出日志,然后返回一个简单的自

定义响应。在实际应用中,可以根据需求处理请求,例如实现自定义缓存、动态修改请求、拦截特定域名的请求等。

9.1.3 Service Worker 与 Web Service Worker 的异同

Chrome 扩展的 Service Worker 与 Web Service Worker 在一些关键方面有所不同。

1. 相同点

（1）基本概念：Chrome 扩展中的 Service Worker 和 Web 中的 Service Worker 都是用于拦截和处理网络请求的后台脚本,能够在浏览器的后台运行。

（2）功能：都能够用于实现离线缓存、网络代理、推送通知等功能,提升应用性能和用户体验。

（3）单例：对于 Web 中的 Service Worker 和 Chrome 扩展中的 Service Worker 来讲,每个脚本只会有一个 Service Worker。在为 Service Worker 安装更新时,浏览器会小心地将旧的 Service Worker 替换为新的 Service Worker,同时确保在任何给定时间内只有一个 Service Worker 处于活动状态。

（4）安装和生命周期：所有的 Service Worker 都只安装一次,随后可能会闲置并最终终止。浏览器将决定何时唤醒 Service Worker,通常是因为事件被触发,并且 Service Worker 脚本每次都会重新执行。尽管已安装事件的概念对于网页和扩展具有不同的含义,但这些处理程序的使用模式保持不变。应该充分使用 installed 事件进行初始化工作。

（5）异步消息传递：由于所有服务工作人员都是严格异步的,因此两者都必须使用异步消息传递的形式与浏览器的其他部分进行通信。对于网页服务工作线程,将采用 postMessage()或 MessageChannel API 的形式。对于浏览器扩展,将采用运行时的形式,例如 sendMessage()、tabs.sendMessage()、runtime.connect() 或 tabs.connect()。

（6）顶级事件处理：Service Worker 可能会在特定事件唤醒时被激活,但如果在事件触发时没有相应的处理程序,则该事件可能会被错过,无法被正确处理,因此,在 Service Worker 的脚本结构中,必须确保在事件循环的初始阶段添加事件处理程序,以避免事件丢失。一些常见的顶级事件如表 9-1 所示。

表 9-1 常见的顶级事件

事 件	描 述	处 理 部 分
chrome.runtime.onInstalled	当插件被安装、更新或首次加载时触发	后台脚本
chrome.runtime.onStartup	在浏览器启动时触发,允许执行特定操作	后台脚本
chrome.runtime.onMessage	用于接收消息,以及插件各部分之间的通信	后台脚本、Popup、内容脚本
chrome.browserAction.onClicked	当用户单击插件图标时触发的事件	后台脚本
chrome.tabs.onCreated	当新标签页被创建时触发	标签页
chrome.tabs.onUpdated	当标签页的内容或状态发生变化时触发	标签页
chrome.windows.onCreated	当新窗口被创建时触发	窗口

2. 不同点

（1）使用环境：Chrome 扩展中的 Service Worker 主要用于拦截和处理插件（扩展）的网络请求，而 Web 中的 Service Worker 则主要用于拦截网页的网络请求。

（2）运行环境：Web Service Worker 运行在浏览器的主线程上下文中，而 Chrome 扩展的 Service Worker 运行在浏览器的扩展上下文中。这意味着 Service Worker 可以访问扩展的 API 和资源，但不能访问 DOM 或页面的 JavaScript 环境。

（3）运行权限：在 Chrome 扩展中，Service Worker 通常不受到跨域限制，可以拦截和处理插件内及插件向外发起的请求，而在 Web 中，Service Worker 受到跨域限制，只能拦截同域的请求或者符合 CORS（跨域资源共享）策略的请求。

（4）生命周期：Web Service Worker 的生命周期与页面无关，只要有需要，它们就会运行，而 Chrome 扩展的 Service Worker 的生命周期与扩展的生命周期相关，它们会在扩展被启用时加载，在扩展被禁用时卸载。

（5）事件处理：Web Service Worker 主要用于处理网络请求，如 fetch 事件和 push 事件，而 Chrome 扩展的 Service Worker 除了可以处理网络请求外，还可以处理扩展的其他事件，如导航到新页面、单击通知或关闭标签。

（6）安全性：Chrome 扩展中的 Service Worker 在处理插件网络请求时，一般受到插件权限和安全策略的限制，而 Web 中的 Service Worker 受到浏览器的安全策略限制，只能在安全连接（HTTPS）或者 localhost 下运行。

（7）数据存储：Web Service Worker 可以访问 IndexedDB 和 Cache API，而 Chrome 扩展的 Service Worker 可以访问 Chrome 扩展的 storage API，这使它们可以在浏览器中存储和检索数据。

总体来讲，Chrome 扩展中的 Service Worker 和 Web 中的 Service Worker 在概念和功能上是相似的，但是用途、运行环境和受限制方面有一些差异。Chrome 扩展中的 Service Worker 主要用于增强插件的网络请求处理能力，而 Web 中的 Service Worker 则主要用于网页的网络请求拦截和处理。

9.2 核心概念

9.2.1 插件的 Service Worker 生命周期

Service Worker 的生命周期是框架中最复杂的部分，其状态转换如图 9-1 所示。Service Worker 是基于事件的 JavaScript。一旦 Service Worker 安装并激活，它就会进入空闲状态并最终被终止。在终止状态下，一旦被事件（安装、激活、获取等）触发，它就可以返回空闲状态。由于这种架构，服务工作人员在其存在期间并不是持久的，并且不能用于维护任何内存中的数据。

扩展服务工作线程响应标准服务工作线程事件和扩展命名空间中的事件，其每个阶段的详细描述如图 9-1 所示。

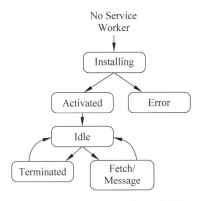

图 9-1　Service Worker 的生命周期

1. 安装阶段

当用户从 Chrome Web Store 安装或更新 Service Worker 或使用 chrome：//extensions 页面加载或更新解压的扩展程序时，就会触发安装事件。

安装期间触发的第 1 个事件是 ServiceWorkerRegistration.install 的安装事件。

接下来是扩展程序的 onInstalled 事件，该事件在首次安装扩展程序（而不是 Service Worker）、扩展程序更新到新版本及 Chrome 更新到新版本时触发。使用此事件设置状态或一次性初始化。

最后，Service Worker 的 activate 事件被触发。需要注意，与 Web 服务工作线程不同，此事件在安装扩展后会被立即触发，因为扩展中没有任何可与页面重新加载相比的事情。

2. 插件启动阶段

当用户配置文件启动时，将触发 chrome.runtime.onStartup 事件，但不会调用任何服务工作线程事件。

3. 事件监听

一旦 Service Worker 被激活，它可以开始监听来自扩展或浏览器的事件，例如来自其他脚本的消息、网络请求等。

4. 空闲和关机阶段

通常，当满足以下条件之一时，Chrome 会终止 Service Worker：

（1）30s 不活动后。接收事件或调用扩展 API 会重置此计时器。

（2）当单个请求（例如事件或 API 调用）的处理时间超过 5min 时。

（3）当 fetch() 响应需要超过 30s 才能到达时。

事件和对扩展 API 的调用会重置这些计时器，如果服务工作线程已休眠，则传入的事件将恢复它们。

注意 如果 Service Worker 关闭了,则设置的任何全局变量都将丢失。不使用全局变量,而是将值保存到存储中。需要注意,Web Storage API 不可用于扩展服务工作人员。

9.2.2 插件 Service Worker 的事件

扩展服务工作线程支持标准服务工作线程事件和扩展 API 中的许多事件。以下是常用的事件详解。

1. 声明式事件

服务工作线程中的事件处理程序需要在全局范围内声明,这意味着它们应该位于脚本的顶层,而不是嵌套在函数内。这可确保它们在初始脚本执行时同步注册,从而使 Chrome 能够在服务工作线程启动后立即将事件分派给它,代码如下:

```javascript
//第 9 章 9.2.2.1 background.js

//声明并添加单击事件监听器
chrome.action.onClicked.addListener(handleActionClick);

//以顶层方式声明事件处理程序,确保在初始化时同步注册
function handleActionClick() {
  //处理单击事件的代码逻辑
  //...
}

//在初始化时设置徽章文本
chrome.storage.local.get(["badgeText"], ({ badgeText }) => {
  chrome.action.setBadgeText({ text: badgeText });
});
```

在该代码中,background.js 文件作为后台脚本运行,通过 chrome.action.onClicked.addListener 方法注册了一个单击事件监听器 handleActionClick。同时,使用了 chrome.storage.local.get 来获取存储中的徽章文本,并通过 chrome.action.setBadgeText 方法将其设置为浏览器扩展的徽章文本。这种方式确保事件处理程序在初始化时被注册,并且能够在需要时立即响应对应的事件。

2. 常见事件

插件服务工作线程支持特定 API 中的事件。下面介绍一些常见的事件。需要注意,其中一些 API 需要使用权限,而其他 API 可能具有并非在所有 Chrome 版本中都可用的事件、方法或属性。

1) chrome action

响应用户与扩展程序工具栏图标的交互而触发,无论该操作是针对特定页面(选项卡),

还是针对整个扩展程序。下面使用 Chrome Extension MV3 版本来创建一个示例，展示 chrome action 事件的使用。

在一个文件夹中创建以下文件：

```
`manifest.json`：描述扩展的清单文件。
`background.js`：用作后台脚本，处理事件。
```

编写清单文件 manifest.json，代码如下：

```
//第 9 章 9.2.2.2.1
{
"manifest_version": 3,
"name": "MyExtension",
"version": "1.0",
"permissions": [
"tabs",
"activeTab"
],
"background": {
"service_worker": "background.js"
},
"action": {

}
}
```

注意 需要给 action 属性留空。

编写 service-worker 文件 background.js，代码如下：

```
//第 9 章 9.2.2.2.1

chrome.action.onClicked.addListener((tab) => {
console.log("Clicked on the extension!");
//执行想要的操作
chrome.tabs.query({ active: true, currentWindow: true }, (tabs) => {
//在这里执行与标签页相关的操作
if (chrome.runtime.lastError) {`
console.error(chrome.runtime.lastError.message);
return;
}
console.log("Clicked on the extension!");
console.log("Active tab:", tabs[0]);
});
});
```

确保在 chrome://extensions/ 中加载扩展文件夹（通过"加载已解压的扩展程"）。

2）chrome. management

chrome. management API 提供了管理已安装和运行的扩展程序/应用程序列表的方法。它对于覆盖内置新标签页的扩展特别有用。下面使用 Chrome Extension MV3 来创建一个示例，展示 chrome. management 的使用。

在一个文件夹中创建以下文件：

```
`manifest.json`：描述扩展的清单文件。
`background.js`：用作后台脚本，处理事件。
```

编写清单文件 manifest. json，代码如下：

```
//第9章 9.2.2.2.2

{
"manifest_version": 3,
"name": "ManagementDemo",
"version": "1.0",
"permissions": [
"management"
],
"background": {
"service_worker": "background.js"
}
}
```

编写 background. js 文件，代码如下：

```
//第9章 9.2.2.2.2 监听管理事件
chrome.management.onInstalled.addListener((info) => {
console.log(`Extension installed: ${info.id} - ${info.name}`);
});

chrome.management.onUninstalled.addListener((info) => {
console.log(`Extension uninstalled: ${info.id} - ${info.name}`);
});

chrome.management.onEnabled.addListener((info) => {
console.log(`Extension enabled: ${info.id} - ${info.name}`);
});

chrome.management.onDisabled.addListener((info) => {
console.log(`Extension disabled: ${info.id} - ${info.name}`);
});
```

这段代码在扩展启动时会监听扩展的安装、卸载、启用和禁用事件，并在控制台打印相关信息。需要记得在 chrome://extensions/页面中加载该扩展文件夹，然后打开开发者工具的控制台，以便查看 console. log 输出的信息。

3）chrome. notifications

使用 chrome. notifications API 可以通过模板创建丰富的通知，并在系统托盘中向用户显示这些通知。下面使用 Chrome Extension MV3 来创建一个示例，展示 chrome. notifications 的使用。

在一个文件夹中创建以下文件：

```
`manifest.json`：描述扩展的清单文件。
`background.js`：用作后台脚本，处理事件。
```

编写清单文件 manifest.json，代码如下：

```
//第 9 章 9.2.2.2.3
{
"manifest_version": 3,
"name": "NotificationsDemo",
"version": "1.0",
"permissions": [
"notifications"
],
"background": {
"service_worker": "background.js"
}
}
```

编写 background.js 文件，代码如下：

```
//第 9 章 9.2.2.2.3

//创建一个简单的通知
chrome.notifications.create({
type: 'basic',
iconUrl: 'icon.png',
title: 'Hello!',
message: 'This is a notification from your extension.'
}, (notificationId) => {
console.log('Notification created:', notificationId);
});

//监听通知被单击事件
chrome.notifications.onClicked.addListener((notificationId) => {
console.log('Notification clicked:', notificationId);
});

//监听通知被关闭事件
chrome.notifications.onClosed.addListener((notificationId, byUser) => {
console.log('Notification closed:', notificationId, 'by user:', byUser);
});
```

确保将一个 icon.png 图片文件放在扩展目录下,用作通知的图标。这个示例将在扩展启动时创建一个简单的通知,并监听通知的单击和关闭事件,在控制台输出相应信息。要查看通知的效果,需要在 chrome://extensions/ 页面中加载该扩展文件夹,然后启动扩展。应该会在浏览器的右上角看到一个通知。

注意 如果按照上面的操作完毕后还是不能显示通知,则可在 Chrome 浏览器中访问地址 chrome://flags,或者在搜索栏中搜索 notifications,找到 Enable system notifications 选项,将其选项值改为 Disabled,重启浏览器。

4) chrome.permissions

指示用户何时授予或撤销扩展权限。在 Manifest V3 版本下,Chrome 扩展可以使用 chrome.permissions API 处理权限相关的操作。下面使用 Chrome Extension MV3 来创建一个示例,展示 chrome.permissions 的使用。

在一个文件夹中创建以下文件:

```
`manifest.json`:描述扩展的清单文件。
`background.js`:用作后台脚本,处理事件。
```

编写清单文件 manifest.json,代码如下:

```
//第 9 章 9.2.2.2.4

{
"manifest_version": 3,
"name": "PermissionsDemo",
"version": "1.0",
"permissions": [
"activeTab"
],
"optional_permissions": ["storage"],
"background": {
"service_worker": "background.js"
},
"action": {
},
"host_permissions": [
"<all_urls>"
]
}
```

注意 在 MV3 中申请的权限需要配置在 optional_permissions 标签中。

编写 service-worker 文件 background.js，代码如下：

```
//第9章 9.2.2.2.4

//监听权限变化事件
chrome.permissions.onAdded.addListener((permissions) => {
console.log('Permissions added:', permissions);
});

chrome.permissions.onRemoved.addListener((permissions) => {
console.log('Permissions removed:', permissions);
});

//请求权限的示例
function requestPermissions() {
chrome.permissions.request({
permissions: ['storage'],
origins: ['<all_urls>']
}, (granted) => {
if (granted) {
console.log('Storage permission granted!');
} else {
console.log('Storage permission not granted.');
}
});
}

//监听扩展按钮单击事件
chrome.action.onClicked.addListener((tab) => {
//执行想要的操作
requestPermissions();                    //在用户单击扩展按钮时请求权限
});
```

在这个示例中，扩展会在启动时请求存储权限，并监听权限变化事件。当权限被添加或移除时会在控制台输出相应的信息。如果要测试这个示例，则需要将该扩展文件夹加载至Chrome(在 chrome://extensions/)页面中。在控制台中可以看到权限相关事件的输出信息。

5) chrome.runtime

使用 chrome.runtime API 检索服务工作线程、返回有关清单的详细信息，以及侦听和响应应用或扩展生命周期中的事件。还可以使用此 API 将 URL 的相对路径转换为完全限定的 URL。运行时 API 提供了支持插件可以使用的许多功能领域的方法，例如消息传递、访问扩展和平台元数据、管理扩展生命周期和选项、辅助实用程序、模式实用程序。下面使用 Chrome Extension MV3 来创建一个示例，展示 chrome.runtime 的使用。

在一个文件夹中创建以下文件：

```
`manifest.json`：描述扩展的清单文件。
`background.js`：用作后台脚本，处理事件。
```

编写清单文件 manifest.json，代码如下：

```
//第 9 章 9.2.2.2.5
{
  "manifest_version": 3,
  "name": "RuntimeDemo",
  "version": "1.0",
  "background": {
    "service_worker": "background.js"
  }
}
```

编写 service-worker 文件 background.js，代码如下：

```
//第 9 章 9.2.2.2.5

//获取扩展信息示例
console.log('Extension ID:', chrome.runtime.id);
console.log('Extension Version:', chrome.runtime.getManifest().version);

//监听扩展安装和更新事件
chrome.runtime.onInstalled.addListener((details) => {
  console.log('Extension installed or updated:', details);
});

//监听消息发送事件
chrome.runtime.onMessage.addListener((message, sender, sendResponse) => {
  console.log('Message received:', message, 'from:', sender);
  //如果需要，则可以发送回复
  //sendResponse({ received: true });
});
```

在这个示例中，扩展启动时会打印扩展的 ID 和版本信息，同时监听扩展的安装/更新事件和消息接收事件，并在控制台输出相应的信息。如果要测试这个示例，则需要将该扩展文件夹加载至 Chrome（在 chrome://extensions/ 页面中），然后可以在控制台中查看相关信息，并尝试将消息发送到该扩展，以此来触发 onMessage 监听器。

6）chrome.storage.onChanged

每当清除任何 StorageArea 对象、更改或设置键的值时都会触发。需要注意，每个 StorageArea 实例都有自己的 onChanged 事件。下面使用 Chrome Extension MV3 版本来创建一个示例，展示 chrome.storage.OnChanged 的使用。

在一个文件夹中创建以下文件：

```
`manifest.json`：描述扩展的清单文件。
`background.js`：用作后台脚本，处理事件。
```

编写清单文件 manifest.json,代码如下:

```
//第 9 章 9.2.2.2.6

{
  "manifest_version": 3,
  "name": "StorageDemo",
  "version": "1.0",
  "permissions": [
    "storage"
  ],
  "background": {
    "service_worker": "background.js"
  }
}
```

编写 service-worker 文件 background.js,代码如下:

```
//第 9 章 9.2.2.2.6

//监听存储变化事件
chrome.storage.onChanged.addListener((changes, area) = > {
  console.log('Storage changes:', changes, 'in', area);
});

//示例:将数据写到存储
chrome.storage.local.set({ 'key': 'value' }, () = > {
  console.log('Data saved to storage!');
});
```

在这个示例中,扩展会在启动时向本地存储写入数据,并监听存储的变化事件。当存储发生变化时会在控制台输出相关信息。如果要测试这个示例,则需要将该扩展文件夹加载至Chrome(在 chrome://extensions/)页面中,然后在控制台中可以看到存储变化事件的输出信息。

7) chrome.webNavigation

在 Chrome 扩展中,chrome.webNavigation API 允许开发者跟踪浏览器中的导航动作。下面是一个示例,展示如何使用 Background Service Worker 在 Manifest V3 结构下处理 chrome.webNavigation 事件。

在一个文件夹中创建以下文件:

```
`manifest.json`: 描述扩展的清单文件。
`background.js`: 用作后台脚本,处理事件。
```

编写清单文件 manifest.json,代码如下:

```
//第 9 章 9.2.2.2.7

{
```

```
"manifest_version": 3,
"name": "WebNavigationDemo",
"version": "1.0",
"permissions": [
  "webNavigation"
],
"background": {
  "service_worker": "background.js"
}
}
```

编写 service-worker 文件 background.js，代码如下：

```
//第 9 章 9.2.2.2.7

//监听页面导航事件
chrome.webNavigation.onCommitted.addListener((details) => {
  console.log('Navigation Committed:', details);
});

chrome.webNavigation.onBeforeNavigate.addListener((details) => {
  console.log('Before Navigation:', details);
});

//示例:向特定网站注入内容脚本
chrome.webNavigation.onCompleted.addListener((details) => {
  if (details.url.includes(google.com')) {
    chrome.scripting.executeScript({
      target: { tabId: details.tabId },
      function: () => {
        //在这里可以执行注入的脚本
        console.log('Injected script on google.com');
      }
    });
  }
});
```

在这个示例中，扩展会监听页面导航的不同事件（如 onCommitted、onBeforeNavigate、onCompleted），并在控制台输出相应的信息。此外，示例中还展示了如何在页面加载完成后向特定网站注入内容脚本。如果要测试这个示例，则需要将该扩展文件夹加载至 Chrome（在 chrome://extensions/）页面中，然后在访问网页时可以在控制台中看到相应的导航事件信息。

3. 过滤器

如果要将事件限制为特定用例，或消除不必要的事件调用，则可使用支持事件过滤器的 API，代码如下：

```
//第9章 9.2.2.3

const filter = {
  url: [
    {
      urlMatches: 'https://www.google.com/',
    },
  ],
};

chrome.webNavigation.onCompleted.addListener(() => {
  console.info("The user has loaded my favorite website!");
}, filter);
```

4. Web Service Worker 事件

1) ServiceWorkerGlobal.fetch

当从扩展包中检索任何内容、从扩展或弹出脚本调用 fetch() 和 XMLHttpRequest() 时触发。下面使用 Chrome Extension MV3 版本来创建一个示例,展示 ServiceWorkerGlobal.fetch 的使用。

在一个文件夹中创建以下文件:

`manifest.json`: 描述扩展的清单文件。
`background.js`: 用作后台脚本,处理事件。
`popup.html`: 扩展弹出页面。

编写清单文件 manifest.json,代码如下:

```
//第9章 9.2.2.4.1

{
  "manifest_version": 3,
  "name": "ServiceWorkerFetchDemo",
  "version": "1.0",
  "permissions": [
    "storage",
    "scripting",
    "activeTab",
    "declarativeNetRequest",
    "webRequest",
    "webNavigation"
  ],
  "background": {
    "service_worker": "service-worker.js"
  },
  "action": {
    "default_popup": "popup.html"
  }
}
```

编写后台脚本 background.js,代码如下：

```
//第9章 9.2.2.4.1

self.addEventListener('fetch', (event) = > {
  console.log('Fetch intercepted:', event.request.url);
  //在这里可以处理或者修改请求
  //例如返回自定义的响应、从缓存中获取资源等
});
```

编写弹出窗口 popup.html,代码如下：

```
//第9章 9.2.2.4.1

<! DOCTYPE html >
< html >
< head >
< title > My Extension </title >
</head >
< body >
< h1 > My Extension Popup </h1 >
</body >
</html >
```

在这个示例中,background.js 文件注册了一个 fetch 事件监听器,用于拦截所有的网络请求并在控制台中输出请求的 URL。可以在这个监听器中编写逻辑来处理请求,例如从缓存中获取资源、修改请求或返回自定义响应等。

2) ServiceWorkerGlobal.message

除了可以使用扩展传递消息之外,还可以使用 Service Worker 传递消息,但这两个系统不可互操作。这意味着使用 sendMessage()(可从多个扩展 API 获取)发送的消息不会被 Service Worker 消息处理程序拦截。同样,使用 postMessage()发送的消息不会被扩展消息处理程序拦截。扩展服务工作线程支持两种类型的消息处理程序,即 ServiceWorkerGlobal.message 和 chrome.runtime.onMessage。

9.3 Service Worker 的常用模式

9.3.1 事件处理器

事件处理器是指在程序中用于侦听和响应特定事件的机制。在 Chrome 扩展中,事件处理器用于捕获和处理来自浏览器、用户或其他源的各种事件,以执行相应的操作。

使用事件处理器有以下几个优势。

1. 响应性和交互性

事件处理器允许扩展对用户或浏览器的行为作出实时响应。无论是用户单击图标、标签页更新还是来自其他扩展的消息,事件处理器都能捕获这些事件并执行相应的操作。

2. 模块化和组织性

事件处理器可以将不同类型的事件处理逻辑分离开来,使代码更模块化、更易于维护和扩展。例如,将与标签页操作相关的逻辑和与用户界面交互相关的逻辑分离开来。

3. 异步处理

在事件处理器中,可以执行异步操作,而不会阻塞主线程。这意味着可以处理复杂的任务、与服务器通信或执行其他长时间运行的操作,而不会影响用户体验。

浏览器插件的事件处理的具体执行会有一些区别。不同的组件(例如内容脚本、弹出窗口、选项页面和后台脚本)都可以访问 Chrome Extension 的 API,并且可以处理事件,但是,这些组件有不同的生命周期和执行环境,因此处理事件的效果也会有所不同。

(1) 内容脚本(Content Scripts):这些脚本在匹配的页面上运行,与页面的生命周期相关联。它们可以响应页面上的事件并与页面进行交互,但它们是临时性的,不会一直运行。页面刷新或导航会重新加载内容脚本,从而可能导致事件处理中断或丢失。

(2) 弹出窗口(Popups):弹出窗口在用户单击扩展图标时显示,并提供一个临时的交互界面。它们也是临时性的,关闭弹出窗口会导致其被销毁,因此,事件处理在弹出窗口中可能不够持久,不适合长期的事件处理或状态保存。

(3) 选项页面(Options Pages):用于配置扩展的设置和选项。它们也是临时性的,当用户关闭选项页面时会被销毁,因此,事件处理在选项页面中也可能运行得不够持久,无法保证持续处理事件。

(4) 后台脚本(Background Scripts):唯一一个可以持久运行的组件,它始终在后台运行,即使其他页面或弹出窗口已经关闭,因此,事件处理在后台脚本中可以得到保证,不会因为页面的刷新或关闭而中断。

因此,尽管内容脚本、弹出窗口和选项页面也可以处理事件,但由于它们是临时性时,所以无法保证事件得到持续处理。后台脚本是最适合长期处理事件和保持状态的地方,它可以确保事件的持续性和稳定性,因此,对于需要持续处理事件或保持状态的任务,建议在后台脚本中处理事件。

下面使用 Chrome Extension MV3 版本来创建一个示例,展示事件处理器的使用。

在一个文件夹中创建以下文件:

`manifest.json`:描述扩展的清单文件。

`background.js`:用作后台脚本,处理事件。

`content.js`:内容脚本,用于与页面交互。

`popup.html` 和 `popup.js`:用于弹出窗口的 HTML 和 JavaScript 文件。

编写清单文件 manifest.json，代码如下：

```
//第 9 章 9.3.1.3.4

{
"manifest_version": 3,
"name": "Event Handler Extension",
"version": "1.0",
"description": "演示事件处理器的 Chrome 扩展。",
"permissions": ["tabs", "storage"],
"background": {
"service_worker": "background.js"
},
"action": {
"default_popup": "popup.html"
},
"content_scripts": [
{
"matches": ["<all_urls>"],
"js": ["content.js"]
}
]
}
```

编写后台脚本 background.js，代码如下：

```
//第 9 章 9.3.1.3.4

//background.js

console.log('Service Worker 已启动!');

chrome.runtime.onInstalled.addListener(() => {
console.log('扩展已安装!');
});

chrome.runtime.onMessage.addListener((message, sender, sendResponse) => {
console.log('收到来自内容脚本的消息:', message);

//在这里可以执行一些操作,然后将消息回复给内容脚本
sendResponse({ received: true });
});
```

编写内容脚本 content.js，代码如下：

```
//content.js
chrome.runtime.sendMessage({ greeting: '你好,后台!' }, function (response) {
console.log('收到来自后台的回复:', response);
});
```

编写弹出窗口 popup. html 和 popup. js, popup. html 文件中的代码如下:

```
<!DOCTYPE html >
< html lang = "en">
< head >
< meta charset = "UTF - 8" />
< meta name = "viewport" content = "width = device - width, initial - scale = 1.0" />
< title >事件处理器扩展</title >
< script src = "popup. js"></script >
</ head >
< body >
< h1 >事件处理器示例</h1 >
</ body >
</ html >
```

popup. js 文件的代码如下:

```
//popup. js

console. log('Popup 页面加载完成!');
```

打开 Chrome 浏览器并转到 chrome://extensions/,启用开发者模式。单击“加载已解压的扩展程序”,选择包含这些文件的文件夹。

9.3.2　消息总线

消息总线是一个通用术语,通常用于描述一个集中式的消息传递系统或平台,用于在不同的应用程序、服务或组件之间传递消息、通知或数据。它提供了一个集成的通信桥梁,使不同部分之间能够以统一的方式交换信息。使用消息总线主要有以下几点好处。

(1) 消息传递:允许不同应用程序或服务之间异步地发送和接收消息,从而降低了系统之间的耦合度。

(2) 解耦:通过消息队列等机制,使发送者和接收者之间可以独立地工作,减少了彼此的依赖性。

(3) 可靠性:提供可靠的消息传递机制,确保消息得到投递和处理。

(4) 伸缩性:能够处理大量消息,支持系统的扩展和高吞吐量。

(5) 集中式管理:提供了一个集中式的管理平台,用于监控和管理消息的流动和处理。

(6) 通用性:适用于不同类型的应用程序、服务或组件,提供了一种统一的消息传递解决方案。

一个 Chrome Extension MV3 版本中的 Message Hub 实例可能包括以下几部分。

(1) 实现消息传递:创建一个 Chrome 扩展,允许用户在不同的页面或模块之间发送和接收消息。

(2) 消息格式规范:定义消息格式和结构,以确保发送和接收消息的一致性。

（3）事件监听器：在扩展的不同部分设置监听器，以便捕获和处理特定类型的消息。

（4）消息路由：根据消息的内容或类型，将消息路由到适当的处理程序或模块。

（5）集中式消息存储：使用 Chrome 扩展的 storage API 或其他适合的存储机制，作为消息的中转站或存储库。

使用 Chrome Extension MV3 创建一个示例，展示消息总线的使用。在一个文件夹中创建以下文件：

```
`manifest.json`: 描述扩展的清单文件。
`background.js`: 用作后台脚本，处理事件。
`content.js`: 内容脚本，用于与页面交互。
`popup.html` 和 `popup.js`: 用于弹出窗口的 HTML 和 JavaScript 文件。
```

编写清单文件 manifest.json，代码如下：

```
//第 9 章 9.3.2.1

{
"manifest_version": 3,
"name": "Message Hub Extension",
"version": "1.0",
"background": {
"service_worker": "background.js"
},
"permissions": [
"storage"
]
}
```

编写后台脚本 background.js，代码如下：

```
//第 9 章 9.3.2.1

chrome.runtime.onMessage.addListener(function (message, sender, sendResponse) {
if (message.type === 'send_message') {
//接收到消息后的处理逻辑
console.log('Received message:', message.data);
//在这里可以进行任何想要的处理,例如存储消息内容或者进一步处理
}
});

function sendMessageToContentScript(message) {
chrome.tabs.query({ active: true, currentWindow: true }, function (tabs) {
chrome.tabs.sendMessage(tabs[0].id, message);
});
}
```

编写内容脚本 content.js,代码如下:

```
//第9章 9.3.2.1
//Content Script 用于与当前激活的页面进行通信

chrome.runtime.onMessage.addListener(function (message, sender, sendResponse) {
if (message.type === 'content_script_message') {
console.log('Received message in content script:', message.data);
//处理接收的消息
}
});

//示例:向 Background 发送消息
chrome.runtime.sendMessage({
type: 'send_message',
data: 'Message from Content Script'
});
```

编写弹出窗口 popup.html 和 popup.js,popup.html 文件中的代码如下:

```
//第9章 9.3.2.1

<!DOCTYPE html>
<html>
<head>
<title> Message Hub Extension </title>
</head>
<body>
<h1> Send Message </h1>
<input type = "text" id = "messageInput" placeholder = "Type a message..." />
<button onclick = "sendMessage()"> Send </button>

<script src = "popup.js"></script>
</body>
</html>
```

popup.js 文件中的代码如下:

```
//第9章 9.3.2.1

function sendMessage() {
const message = document.getElementById('messageInput').value;
chrome.runtime.sendMessage({ type: 'send_message', data: message });
}
```

在示例中,Popup 页面允许用户输入消息并将其发送到 Background Scripts,然后 Background Scripts 可以根据需要进一步地处理该消息。Content Scripts 是在当前激活的页面上运行的脚本,可以与页面交互并处理来自 Extension 的消息,其交互方式如下:

（1）Background Script（background.js）监听来自不同部分的消息，并处理它们。它也可以向 Content Script 发送消息。

（2）Content Script（`contentScript.js`）用于与当前激活的页面进行通信，并且也可以与 Background Script 交换消息。

（3）Popup 页面（`popup.html`和`popup.js`）允许用户输入消息，并将其发送给 Background Script。

9.3.3 存储管理

Storage Manager 是用于管理数据存储的系统或工具，它可以用于管理和操作数据的存储、检索和处理。在计算机科学中，数据存储管理是非常重要的，特别是在应用程序、数据库或系统中涉及大量数据时。

Chrome 扩展程序的 Storage API 允许扩展程序保存和检索键－值对数据。这个 API 有两个主要部分：chrome.storage.sync 和 chrome.storage.local。扩展程序还可以使用 chrome.storage.managed，这部分用于访问由企业策略设置的预配置的默认设置。

chrome.storage.sync API 允许扩展程序在用户的谷歌账户中同步数据，这意味着如果用户在多台设备上登录，则这些设备上的 Chrome 浏览器都将共享这些数据。

注意 chrome.storage.sync 有较低的配额限制（100KB），例如每项数据大小的限制、每分钟写操作的次数限制和总存储空间的限制。

---

chrome.storage.local API 允许扩展程序在用户的本地设备上保存数据。与 chrome.storage.sync 不同，这些数据不会跨设备同步。

注意 数据不会在用户的多个设备之间同步，这可能会导致不一致的用户体验。

---

chrome.storage.managed API 用于访问企业策略所设置的扩展程序配置。这些设置是只读的，可以被企业管理员通过策略强制应用。

在选择使用 chrome.storage.sync 还是 chrome.storage.local 时，需要考虑扩展程序的需求。如果需要在多个设备间同步用户数据，并且可以接受存储限制，下面是一个使用 Chrome Extension MV3 版本创建的示例，展示数据存储管理的使用，展示如何使用 Storage API 来创建一个 Storage Manager，用于存储和检索用户的笔记信息。允许用户添加、删除和查看笔记，并使用 Chrome Extension 的 Storage API 来保存这些笔记信息。

在一个文件夹中创建以下文件：

```
`manifest.json`: 描述扩展的清单文件。
`popup.html` 和 `popup.js`: 用于弹出窗口的 HTML 和 JavaScript 文件。
```

编写清单文件 Manifest.json,代码如下:

```
//第 9 章 9.3.3.1

{
"manifest_version": 3,
"name": "Note Storage Extension",
"version": "1.0",
"permissions": ["storage"],
"action": {
"default_popup": "popup.html"
}
}
```

编写弹出窗口文件 popup.html,代码如下:

```
//第 9 章 9.3.3.1

<!DOCTYPE html>
<html>
<head>
<title> Note Storage Extension </title>
</head>
<body>
<h1> Notes </h1>
<textarea id = "noteInput" rows = "4" cols = "50"></textarea><br />
<button id = "saveButton"> Save Note </button>
<button id = "loadButton"> Load Notes </button>
<ul id = "notesList"></ul>

<!-- 引用外部的 JavaScript 文件 -->
<script src = "popup.js"></script>
</body>
</html>
```

编写弹出窗口脚本 popup.js,代码如下:

```
//第 9 章 9.3.3.1

document.addEventListener('DOMContentLoaded', function () {
document.getElementById('saveButton').addEventListener('click', saveNote);
document.getElementById('loadButton').addEventListener('click', loadNotes);
});

function saveNote() {
const note = document.getElementById('noteInput').value;
chrome.storage.sync.get(['notes'], function (result) {
const notes = result.notes || [];
notes.push(note);
```

```
chrome.storage.sync.set({ 'notes': notes }, function () {
console.log('Note saved');
});
});
}

function loadNotes() {
const notesList = document.getElementById('notesList');
notesList.innerHTML = '';
chrome.storage.sync.get(['notes'], function (result) {
const notes = result.notes || [];
notes.forEach(function (note, index) {
const li = document.createElement('li');
li.textContent = note;
notesList.appendChild(li);
});
});
}
```

在示例中,用户可以在文本框中输入笔记,然后单击 Save Note 按钮保存。用户可以单击 Load Notes 按钮来加载之前保存的笔记。笔记将使用 Chrome Extension 的 Storage API 存储在同步存储中,并在需要时加载和显示。

但是对于需要存储大量数据的扩展,后台 Service Worker 可以使用 IndexedDB。弹出窗口、选项页面和内容脚本都可以使用消息传递 API 读取和写入 IndexedDB。使用后台作为 IndexedDB 管理器的优点是版本控制:浏览器保证每个扩展在任何时候都有一个后台 Service Worker,因此需要运行的任何 IndexedDB 迁移都可以在 Service Worker 内安全地执行,而不会存在版本控制冲突的风险。下面展示的一个示例使用 IndexedDB 及消息传递 API 在弹出窗口、选项页面和内容脚本之间读取和写入 IndexedDB。

在一个文件夹中创建以下文件:

```
`manifest.json`:描述扩展的清单文件。
`background.js`:用作后台脚本,处理事件。
`content.js`:内容脚本,用于与页面交互。
`popup.html` 和 `popup.js`:用于弹出窗口的 HTML 和 JavaScript 文件。
`options.html`:设置页面。
```

创建清单文件 Manifest.json,代码如下:

```
//第 9 章 9.3.3.2

{
"manifest_version": 3,
"name": "IndexedDB Demo Extension",
"version": "1.0",
"permissions": [
```

```
"storage",
"activeTab"
],
"background": {
"service_worker": "background.js"
},
"action": {
"default_popup": "popup.html"
},
"options_ui": {
"page": "options.html",
"open_in_tab": true
},
"content_scripts": [
{
"matches": ["<all_urls>"],
"js": ["contentScript.js"]
}
]
}
```

创建后台脚本 background.js，代码如下：

```
//第 9 章 9.3.3.2

//使用 IndexedDB
const dbName = 'myDB';
const dbVersion = 1;
let db;

function openDB() {
const request = indexedDB.open(dbName, dbVersion);
request.onupgradeneeded = function (event) {
const db = event.target.result;
const objectStore = db.createObjectStore('notes', { keyPath: 'id', autoIncrement: true });
objectStore.createIndex('content', 'content', { unique: false });
};
request.onsuccess = function (event) {
db = event.target.result;
};
}

openDB();

//处理消息传递
chrome.runtime.onMessage.addListener(function (message, sender, sendResponse) {
if (message.type === 'save_note') {
const transaction = db.transaction(['notes'], 'readwrite');
const objectStore = transaction.objectStore('notes');
```

```
const request = objectStore.add({ content: message.data });
request.onsuccess = function (event) {
console.log('Note saved');
};
} else if (message.type === 'get_notes') {
const transaction = db.transaction(['notes'], 'readonly');
const objectStore = transaction.objectStore('notes');
const getAllRequest = objectStore.getAll();
getAllRequest.onsuccess = function (event) {
sendResponse({ notes: event.target.result });
};
return true;                //保持消息通道打开,以便在异步操作完成后发送响应
}
});
```

创建弹出窗口文件 popup.html,代码如下:

```
//第 9 章 9.3.3.2
<!DOCTYPE html>
<html>
<head>
<title> IndexedDB Demo - Popup </title>
</head>
<body>
<h1> Popup </h1>
<textarea id="noteInput" rows="4" cols="50"></textarea><br />
<button id="saveButton"> Save Note </button>
<button id="loadButton"> Load Notes </button>
<ul id="notesList"></ul>

<script src="popup.js"></script>
</body>
</html>
```

创建弹出窗口脚本 popup.js,代码如下:

```
//第 9 章 9.3.3.2

document.addEventListener('DOMContentLoaded', function () {
document.getElementById('saveButton').addEventListener('click', saveNote);
document.getElementById('loadButton').addEventListener('click', loadNotes);
});

function saveNote() {
const note = document.getElementById('noteInput').value;
chrome.runtime.sendMessage({ type: 'save_note', data: note });
}
```

```
function loadNotes() {
chrome.runtime.sendMessage({ type: 'get_notes' }, function (response) {
const notesList = document.getElementById('notesList');
notesList.innerHTML = '';
response.notes.forEach(function (note) {
const li = document.createElement('li');
li.textContent = note.content;
notesList.appendChild(li);
});
});
}
```

创建设置页面文件 options.html,代码如下:

```
//第9章 9.3.3.2

<!DOCTYPE html>
<html>
<head>
<title> IndexedDB Demo - Options </title>
</head>
<body>
<h1> Options Page </h1>
<p> This is the options page content.</p>
</body>
</html>
```

创建内容脚本 contentscript.js,代码如下:

```
//第9章 9.3.3.2

chrome.runtime.sendMessage({ type: 'get_notes' }, function (response) {
console.log('Content Script received notes:', response.notes);
});
```

该示例演示了如何在 Chrome Extension 中使用 IndexedDB 来保存和获取笔记信息,并使用消息传递 API 在不同部分之间进行通信。Popup 页面允许用户输入笔记信息并将其保存到 IndexedDB 中,同时也可以加载并显示所有笔记信息。Options 页面和 Content Script 分别可以将消息发送给 Background Script 以获取笔记信息。

9.3.4　认证与密钥

大部分插件程序经常需要管理身份验证和密钥。在内容脚本需要与服务器通信的情况下尤其如此。由于跨域请求的限制,内容脚本往往不能直接与远程服务器进行通信。此外,由于在内容脚本中与所在的 Host 是共享 DOM 和存储 API 的,所以无法做到收集凭据或存储身份验证密钥。此时需要采用 9.2.1 节所示的 MessageHub 方式,通过间接消息通信给服务工作线程完成远程网络请求，而由于 Popup 页面或者 Options 页面与浏览器插件共享一个域，所以可以在此页面完成用户认证与密钥的存储，然后在服务工作线程中读取存储的用户凭证，从而完成与远端 Server 的通信。

在一个文件夹中创建以下文件：

`manifest.json`：描述扩展的清单文件。
`background.js`：用作后台脚本，处理事件。
`content.js`：内容脚本，用于与页面交互。
`popup.html` 和 `popup.js`：用于弹出窗口的 HTML 和 JavaScript 文件。

创建清单文件 Manifest.json，代码如下：

```
//第 9 章 9.3.4.1

{
"manifest_version": 3,
"name": "Token - Based Authentication Extension",
"version": "1.0",
"permissions": [
"storage",
"activeTab"
],
"background": {
"service_worker": "background.js"
},
"action": {
"default_popup": "popup.html"
},
"content_scripts": [
{
"matches": ["< all_urls >"],
"js": ["contentScript.js"]
}
]
}
```

创建弹出窗口文件 pupop.html，代码如下：

```
//第 9 章 9.3.4.1

<!DOCTYPE html>
<html>
<head>
<title>Login</title>
</head>
<body>
<h1>Login</h1>
<form id="loginForm">
```

```
< input type = "text" id = "username" placeholder = "Username" />< br />
< input type = "password" id = "password" placeholder = "Password" />< br />
< button type = "submit" id = "loginBtn"> Login </button>
</form>

< script src = "popup.js"></script>
</body>
</html>
```

创建弹出窗口脚本 popup.js,代码如下:

```
//第 9 章 9.3.4.1

document.getElementById('loginForm').addEventListener('submit', function (event) {
event.preventDefault();
const username = document.getElementById('username').value;
const password = document.getElementById('password').value;
console.log("username:", username);

//模拟获取令牌并存储
const token = 'example_token';            //替换为实际的获取令牌逻辑

chrome.storage.local.set({ 'token': token }, function () {
if (chrome.runtime.lastError) {
console.error(chrome.runtime.lastError);
} else {
console.log('Token saved successfully');
}
});

//将令牌发送给 Service Worker
chrome.runtime.sendMessage({ type: 'login', data: { 'token': token } });
});
```

创建内容脚本 contentscript.js,代码如下:

```
//第 9 章 9.3.4.1

//示例:向 Service Worker 发送服务请求
chrome.runtime.sendMessage({ type: 'service_request', data: { /* 服务请求的数据 */ } });
```

该示例展示了如何在 Chrome Extension 中实现一个基本的登录功能,并且通过消息传递 API 在不同部分之间进行通信和操作。Popup 页面的登录:用户在 Popup 页面中输入用户名和密码,然后模拟获取一个示例令牌(token),并将其存储在本地存储,单击"登录"按钮触发表单提交事件。JavaScript 捕获表单提交事件,获取输入的凭证,并将它们发送给 Service Worker(通过 chrome.runtime.sendMessage 实现),同时使用 chrome.storage.local

存储凭证以供后续使用。Content Script 发送服务请求：Content Script 可以在需要服务请求的地方将消息发送给 Service Worker。这个请求可能需要使用登录过的凭证来执行特定的操作。Service Worker 处理消息：Service Worker 监听来自 Popup 和 Content Script 的消息，根据不同的消息类型执行不同的操作。当收到登录凭证时，它可以将凭证保存到持久化存储中。当收到服务请求时，它可以从存储中获取登录凭证，并使用它们执行相应的服务操作。

9.3.5　强制 Service Worker 活跃

Service Worker 在大部分情况下不需要在后台一直保持运行状态。根据定义，Service Worker (SW)不能持久，浏览器必须在一定时间后强制终止其所有活动/请求，在 Chrome 中这段时间为 5 分钟。不活动计时器(没有此类活动正在进行时)甚至更短：只有 30 秒。Chromium 团队目前认为这种行为很好，但这仅适用于观察不频繁事件的扩展，这些事件每天只运行几次，从而减少浏览器两次运行之间的内存占用。

但是在有些场景下开发者仍然需要将服务工作线程设置为永久活跃，以便完成业务逻辑。一个使用场景是实时通知和推送。Service Worker 可以保持活跃状态以监听推送通知事件，即使用户没有直接与应用程序交互，也能及时地接收到重要的通知信息。这对于即时通信应用、新闻推送、提醒和警报等场景非常有用，因为 Service Worker 可以在后台监听服务器推送的消息并触发通知，即使用户没有打开应用程序也能及时得到通知。

在 MV3 版本中有很多种方法可以用来强制 Service Worker 活跃。常用的方法有 offscreen API、nativeMessaging API、WebSocket API、Connectable Tab、Chrome Messaging API、chrome.runtime.connect、Dedicate Tab，这些 API 都能达到目标，但每种方式都有其优缺点。

下面以连接的标签页(Connectable Tab)的机制作示例。这种方法可以确保在用户打开一个特定的标签页时，Service Worker 会保持活跃状态，直到这个标签页被关闭。注意该方法需要一个打开的网页选项卡并且内容脚本需要广泛的主机权限(< all_urls > 或 * ://* / *)，这导致在将扩展放入网络商店审核时需要更多的审核时间。

在一个文件夹中创建以下文件：

```
`manifest.json`: 描述扩展的清单文件。
`service - worker.js`: 用作后台脚本,处理事件。
```

创建清单文件 Manifest.json，代码如下：

```
//第 9 章 9.3.5.1

{
"manifest_version": 3,
"name": "Connectable Tab Demo",
"version": "1.0",
```

```
"background": {
"service_worker": "service - worker.js"
},
"permissions": [
"activeTab",
"scripting"
],
"host_permissions": ["<all_urls>"]
}
```

创建后台脚本 service-worker.js，代码如下：

```
//第9章 9.3.5.1
const onUpdate = (tabId, info, tab) => /^https?:/.test(info.url) && findTab([tab]);
findTab();
chrome.runtime.onConnect.addListener(port => {
if (port.name === 'keepAlive') {
setTimeout(() => port.disconnect(), 250e3);
port.onDisconnect.addListener(() => findTab());
}
});
async function findTab(tabs) {
if (chrome.runtime.lastError) { /* tab was closed before setTimeout ran */ }
for (const { id: tabId } of tabs || await chrome.tabs.query({ url: '*://*/*' })) {
try {
await chrome.scripting.executeScript({ target: { tabId }, func: connect });
chrome.tabs.onUpdated.removeListener(onUpdate);
return;
} catch (e) { }
}
chrome.tabs.onUpdated.addListener(onUpdate);
}
function connect() {
chrome.runtime.connect({ name: 'keepAlive' })
.onDisconnect.addListener(connect);
}

let age = 0;
setInterval(() => console.log(`Age: ${++age}s`), 1000);
```

安装扩展，并记录扩展的 ID，然后打开一个 Tab 页。在 Chrome 的网址栏输入 chrome://serviceworker-internals/，通过记录的插件 ID 查询对应的 Service Worker，可以观察 Service Worker 的状态和打印的 Log 信息。

注意　不应该仅仅为了简化状态/变量管理而让工作人员持久化。这种做法虽然可以恢复因工作线程重启而造成的性能损失，但恢复状态的代价非常昂贵。

9.3.6 网络流量监控

服务工作线程可以跟踪用户正在访问的页面，并根据该页面的详细信息有条件地执行逻辑。以下是用户访问微信公众号界面就会被阻止的一个示例。

在一个文件夹中创建以下文件：

```
`manifest.json`：描述扩展的清单文件。
`background.js`：用作后台脚本，处理事件。
```

创建清单文件 manifest.json，代码如下：

```
//第 9 章 9.3.6.1

{
"manifest_version": 3,
"name": "Network Sniffer Extension",
"version": "1.0",
"permissions": [
"declarativeNetRequest",
"declarativeNetRequestFeedback"              //用于收集规则效果的权限
],
"background": {
"service_worker": "background.js"
}
}
```

创建后台脚本 background.js，代码如下：

```
//第 9 章 9.3.6.1

//background.js
//定义规则,拦截特定网址的请求并记录 URL
const rules = [
{
id: 1,
priority: 1,
action: {
type: "block"
},
condition: {
urlFilter: "mp.weixin.qq.com",              //要监控的特定网址
resourceTypes: ["main_frame", "sub_frame", "script", "image", "stylesheet", "font",
"object", "xmlhttprequest", "ping", "csp_report", "media", "websocket", "other"]
}
}
];
```

```
//安装规则
chrome.declarativeNetRequest.updateDynamicRules({ removeRuleIds: [], addRules: rules }, () => {
if (chrome.runtime.lastError) {
console.error("Failed to install rules: ", chrome.runtime.lastError.message);
} else {
console.log("Rules installed successfully.");
}
});
```

在 Manifest V3 的 declarativeNetRequest API 中，目前仅支持一组特定的动作类型。对于 action 的类型，Manifest V3 目前支持以下几种。

（1）allow：允许请求通过。

（2）allowAllRequests：允许所有请求通过。

（3）block：阻止请求。

（4）modifyHeaders：修改请求头。

（5）redirect：将请求重定向到另一个 URL。

（6）upgradeScheme：将请求协议从 HTTP 转换为 HTTPS 或者相反。

该示例会拦截特定网址（微信公众号）下的所有类型请求，并且阻止访问。

9.3.7 安装与事件更新

开发人员通常只需在更新或安装扩展时运行一段代码。根据安装原因来区分逻辑对于提供定制化体验和管理插件变更是非常有益的。主要有以下使用场景。

（1）首次安装欢迎/指引：在扩展首次安装时，可以显示欢迎页面或提供用户指引，帮助他们了解扩展的功能和使用方法。

（2）更新提示/变更说明：扩展更新后，可以弹出通知或者展示变更说明，告知用户更新了哪些功能或修复了哪些 Bug。

（3）数据迁移/更新处理：在某些情况下，扩展更新可能需要对之前存储的数据进行迁移或更新。

（4）特定功能的启用/禁用：根据安装原因，决定是否启用特定的功能或者模块，例如，某些功能可能只在首次安装后才可以启用。

以下是一个该用例的示例。

在一个文件夹中创建以下文件：

```
`manifest.json`：描述扩展的清单文件。
`background.js`：用作后台脚本，处理事件。
```

创建清单文件 manifest.json，代码如下：

```
//第 9 章 9.3.7.1

{
```

```
"manifest_version": 3,
"name": "Extension with Install Reasons",
"version": "1.0",
"permissions": [],
"background": {
"service_worker": "background.js"
}
}
```

创建后台文件 background.js,代码如下:

```
//第 9 章 9.3.7.1

//background.js
chrome.runtime.onInstalled.addListener(function (details) {
if (details.reason === "install") {
console.log("Extension installed.");
//首次安装时的逻辑
} else if (details.reason === "update") {
console.log("Extension updated.");
//扩展更新时的逻辑
} else if (details.reason === "chrome_update") {
console.log("Chrome updated.");
//Chrome 浏览器更新时的逻辑
} else if (details.reason === "shared_module_update") {
console.log("Shared module updated.");
//扩展共享模块更新时的逻辑
}
});
```

使用 chrome.runtime.onInstalled 事件监听器。这个事件会在扩展安装、更新或者首次加载时触发,并且可以根据 reason 属性来识别安装原因。

9.3.8 Opening Tab

内容脚本无法打开扩展 URL,但可以将打开操作委托给后台脚本。以下示例向页面添加两个按钮:一个将无法间接地打开扩展 URL;另一个将向后台脚本发送消息以打开 URL。

在一个文件夹中创建以下文件:

```
`manifest.json`: 描述扩展的清单文件。
`background.js`: 用作后台脚本,处理事件。
`content.js`: 内容脚本,用于与页面交互。
`example.html`: 用于展示打开扩展内部的 HTML 文件。
```

创建清单文件 manifest.json，代码如下：

```
//第9章 9.3.8.1

{
"manifest_version": 3,
"name": "Open Extension URL Demo",
"version": "1.0",
"permissions": [
"activeTab",
"tabs"
],
"content_scripts": [
{
"matches": ["<all_urls>"],
"js": ["content.js"]
}
],
"background": {
"service_worker": "background.js"
}
}
```

创建内容脚本 content.js，代码如下：

```
//第9章 9.3.8.1

function createButtons() {
//创建一个直接打开页面的按钮
const directButton = document.createElement("button");
directButton.textContent = "直接打开页面";
directButton.addEventListener("click", function () {
window.open(chrome.runtime.getURL("example.html"));
});
document.body.appendChild(directButton);

//创建一个通过 background 打开页面的按钮
const indirectButton = document.createElement("button");
indirectButton.textContent = "通过 background 打开页面";
indirectButton.addEventListener("click", function () {
chrome.runtime.sendMessage({ openExamplePage: true });
});
document.body.appendChild(indirectButton);
}

//在 DOMContentLoaded 事件触发时调用创建按钮的函数
if (document.readyState === "loading") {
document.addEventListener("DOMContentLoaded", createButtons);
} else {
createButtons();
}
```

创建后台脚本 background.js，代码如下：

```
//第 9 章 9.3.8.1

//background.js
chrome.runtime.onMessage.addListener(function (message, sender, sendResponse) {
if (message.openExamplePage) {
chrome.tabs.create({ url: chrome.runtime.getURL("example.html") });
}
});
```

创建展示文件 example.html，代码如下：

```
//第 9 章 9.3.8.1

<!DOCTYPE html>
<html>
<head>
<title>Example Page</title>
</head>
<body>
<h1>Example Page</h1>
<p>This is an example page opened by the extension.</p>
</body>
</html>
```

该示例展示了在 Content Script（content.js）中添加两个按钮，一个按钮会直接使用 window.open 方法打开 example.html 页面，另一个按钮会向 background.js 发送消息来间接地打开 example.html 页面。

9.3.9　脚本注入

后台服务工作人员可以以编程的方式将内容脚本注入页面中。当需要有条件或异步注入内容脚本时，这非常有用。

在一个文件夹中创建以下文件：

```
`manifest.json`：描述扩展的清单文件。
`background.js`：用作后台脚本，处理事件。
```

创建清单文件 manifest.json，代码如下：

```
//第 9 章 9.3.9.1

{
  "manifest_version": 3,
  "name": "Function Execution Extension",
  "version": "1.0",
```

```
    "permissions": [
      "activeTab"
    ],
    "background": {
      "service_worker": "background.js"
    }
}
```

创建后台脚本 background.js,代码如下:

```
//第 9 章 9.3.9.1

//background.js

chrome.runtime.onInstalled.addListener(() => {
  chrome.tabs.query({ active: true, currentWindow: true }, (tabs) => {
    const activeTab = tabs[0];
    if (activeTab) {
      const tabId = activeTab.id;
      chrome.scripting.executeScript({
        target: { tabId: tabId },
        function: wipeOutPage              //引用函数名称
      });
    }
  });
});

//定义要执行的函数
function wipeOutPage() {
  //这里是函数的具体实现逻辑
  console.log("Wiping out the page!");
  //例如,在这里执行特定的操作
  //注意:这个函数将会在页面上下文中执行
}
```

在这个示例中,background.js 使用 chrome.scripting.executeScript 方法在激活的标签
页中执行 wipeOutPage 函数。wipeOutPage 函数在 background.js 文件中被定义,将会在
页面上下文中执行。

注意　chrome.scripting.executeScript 方法用于在特定页面中执行脚本。如果需要在
特定页面执行一个命名函数,则可以将定义函数的代码放在一个单独的 JavaScript 文件中,
然后在 executeScript 中引用这个函数。

9.4　本章小结

本章首先介绍了浏览器扩展中 Manifest V3 版本引入的 Service Worker，这是一个重要的更新，它在浏览器扩展的开发中起到了关键的作用。详细解释了 Service Worker 是什么，以及它与 Web Service Worker 之间的区别。这两者虽然名字相似，但在功能和应用场景上存在显著的差别。

其次，深入地讨论了浏览器扩展中 Service Worker 的生命周期，包括它的安装、激活、空闲和终止等阶段。也介绍了在这些阶段中常见的事件，例如 install、activate、fetch 等，这些事件在 Service Worker 的工作过程中扮演着重要的角色。

最后，详细地介绍了 9 种 Service Worker 的常用模式，包括事件处理器、消息总线、存储管理、认证与密钥等。这些模式可以帮助读者理解 Service Worker 的工作原理，并根据实际场景的需求，选择最合适的模式应用到自己的项目中。

扩展与浏览器 API

25min

WebExtensions API 是现代浏览器扩展开发的核心，被认为是浏览器扩展的关键工具包。它为开发者提供了访问浏览器功能的接口。该工具包允许开发人员以前所未有的方式定制和增强用户在浏览器中的体验。它的强大之处在于其能够深入网页和浏览器的内部，赋予扩展开发者广泛的控制权。

10.1 快速预览

10.1.1 基本概念

WebExtensions API 是 Chrome 扩展开发的关键工具，为开发者提供了访问浏览器功能的接口。每个 API 都包含在特定的命名空间中，用于执行特定类型的任务。清单文件和权限声明用于配置和控制扩展的功能和访问权限。异步操作的设计通过 Promises 使扩展的执行效率更高。

（1）WebExtensions API 提供了访问浏览器功能的接口。WebExtensions API 是一组用于开发 Chrome 扩展的接口和工具，它们允许开发者深度集成和定制浏览器功能。这些API 提供了访问浏览器内部组件、操作网页内容、控制用户界面等关键功能的能力。

（2）API 组织在特定的命名空间中，执行特定类型的任务。每个 WebExtensions API 都被组织成一个或多个命名空间。命名空间是一组相关的方法和属性的集合，用于执行特定类型的工作。例如，chrome. tabs 命名空间包含了用于操作标签页的方法，而 chrome. storage 命名空间提供了本地和同步存储数据的功能。

（3）清单文件和权限声明用于配置和控制扩展的功能和访问权限。WebExtensions API 通常需要在扩展的 manifest. json 文件中进行配置。清单文件中包含了有关扩展的基本信息，例如名称、版本号、图标等。某些 API 需要在清单文件中声明特定的字段或对象，以启用相应的功能。

（4）异步操作通过 Promises 实现，提高扩展的执行效率。为了确保扩展在执行敏感操作时具有适当的权限，WebExtensions API 要求在清单文件中声明所需的权限。这有助于确保用户的隐私和安全得到保护，同时有助于对扩展功能进行控制。

10.1.2 深入理解 WebExtensions API

1. 全局命名空间

所有扩展都可以通过全局 API 命名空间进行访问。这可以通过 Chrome 命名空间进行管理。

2. Promises vs Callbacks

在 async/await 成为行业标准之前，WebExtensions API 的初始实现使用了回调函数来支持异步代码执行。这是一种常见的 JavaScript 编程模式，尤其在 Node.js 环境中，回调函数被广泛地应用于处理异步操作。在接收到消息响应后执行回调，代码如下：

```
chrome.runtime.sendMessage({ greeting: "Hello" }, function(response) {
  console.log(response.farewell);
});
```

这种使用回调的方式有一些缺点。首先，代码的可读性不佳，尤其是当需要处理多个异步操作并按特定顺序执行它们时，代码将很快变得复杂且难以理解。这种情况通常被称为"回调地狱"。

另外，错误处理也变得复杂。在每个回调函数中都需要检查是否有错误，并决定如何处理这些错误。这意味着错误处理代码会分散在整个代码库中，这使维护和调试变得更加困难。

为了解决这些问题，许多开发者开始使用 Promise 来编写异步代码。Promise 提供了一种更一致的方式来处理异步操作的成功和失败。后来，async/await 语法出现，让异步代码看起来更像同步代码，大大地提高了代码的可读性和可维护性。这就是 WebExtensions API 在 async/await 成为行业标准之前的编写方式。

为了与现代编程惯例保持一致，大多数浏览器已经对其 API 方法进行了改造，以支持回调和 Promise。上面的代码片段可以被重构为使用 async/await 的形式：

```
const response = await chrome.runtime.sendMessage("msg");
console.log("Received a response!", response);
```

await 关键字用于暂停异步函数的执行，直到 Promise 被解析。这意味着，如果 webExtensions.get 方法返回一个 Promise，则 await 将暂停 fetchData 函数的执行，直到这个 Promise 被解析。这使异步代码看起来和同步代码一样，从而极大地提高了代码的可读性。

注意　await 只能在 async 函数内部使用。

　　尽管许多现代浏览器 API 已经更新以支持返回 Promise 的异步模式,但并不是所有的 API 都提供了这种方式,因此,当使用某个 API 时,最佳实践是查阅最新的官方文档来了解其当前的支持情况。如果一个 API 不支持 Promise,则不得不回退到使用回调函数的传统方法。如果发现 API 不支持 Promise,但仍想在现代的 async/await 风格中使用它,则可以创建一个返回 Promise 的包装函数。这就可以将老式的回调模式转换为 Promise 模式,进而允许使用 async/await。这种模式可以用来处理任何老式的基于回调的 API,从而能够在现代的 JavaScript 代码中保持一致的异步编程风格。

10.1.3　浏览器扩展的关键因素

1. 错误处理

　　当使用浏览器扩展的回调函数时,对于从 WebExtensions API 方法抛出的错误,需要根据使用情况进行不同的处理。当方法失败时,chrome. runtime. lastError 属性只会在回调处理程序内部被定义。

　　这意味着在回调函数内部,可以通过检查 chrome. runtime. lastError 属性来确定是否有错误发生。如果该属性未定义(undefined),则表示没有错误发生。如果该属性被定义且有值,则表示发生了错误,并且可以根据具体的错误信息进行适当处理。

　　下面是一个更具体的示例,演示如何处理使用回调函数的 WebExtensions API 方法的错误:

```
//第 10 章 10.1.3.1

chrome.tabs.query({ active: true, currentWindow: true }, function(tabs) {
  if (chrome.runtime.lastError) {
    //发生了错误,进行错误处理
    console.error("Error querying active tab:", chrome.runtime.lastError);
  } else {
    //没有发生错误,处理返回的结果
    if (tabs.length > 0) {
      var activeTab = tabs[0];
      console.log("Active tab URL:", activeTab.url);
    } else {
      console.log("No active tab found.");
    }
  }
});
```

　　在上面的示例中,使用 chrome. tabs. query 方法查询当前活动的标签页。如果发生了错误,则通过检查 chrome. runtime. lastError 属性来对错误进行处理,并将错误信息打印到控制台。如果没有发生错误,则检查返回的结果数组 tabs;如果数组长度大于 0,则表示找到了活动的标签页,可以访问其中的第 1 个标签页对象,并将其 URL 打印到控制台。如果数组长度为 0,则表示没有找到活动的标签页,将相应的消息打印到控制台。

2. 上下文受限 API

在浏览器扩展开发中，存在一些称为 Context-restricted APIs（上下文限制 API）的特殊 API。这些 API 仅在特定的上下文环境中可用，并受到一些限制和安全策略的约束。常见的上下文限制 API 如下。

（1）chrome.tabs API：这个 API 允许扩展与浏览器的标签页进行交互，然而，它受到一些限制，例如只能在扩展的背景页面或浏览器操作页面中使用，无法在内容脚本中直接访问。如果要在内容脚本中使用 chrome.tabs API，则需要通过消息传递或其他通信机制与扩展的背景页面进行交互。

（2）chrome.windows API：这个 API 用于管理浏览器窗口。类似于 chrome.tabs API，它也受到上下文限制，只能在扩展的背景页面或浏览器操作页面中使用。

（3）chrome.extension API：这个 API 提供了一些扩展相关的功能，例如获取扩展的 ID、获取扩展的 URL 等。它也受到上下文限制，只能在扩展的背景页面或浏览器操作页面中使用。

（4）chrome.runtime API：这个 API 提供了一些运行时相关的功能，例如发送消息、管理权限等。它可以在扩展的各个上下文环境中使用，包括背景页面、内容脚本和浏览器操作页面。

注意　上下文限制 API 的使用方式可能会因浏览器扩展平台的不同而异。不同的浏览器（如 Chrome、Firefox、Edge 等）可能会有不同的 API 和限制策略，因此，在开发浏览器扩展时，建议查阅相关浏览器的文档和开发者指南，以了解特定平台的上下文限制 API 的详细信息。

总之，上下文限制 API 是浏览器扩展中一类特殊的 API，它们受到上下文环境和安全策略的限制。了解和遵守这些限制是开发高质量、安全的浏览器扩展的重要一步。

3. 事件接口

事件接口（Events API）指在浏览器扩展中添加事件监听器的一般模式。大多数 WebExtensions API 使用这种格式。在浏览器扩展中，事件是在特定的情况下触发的动作或状态变化。通过事件监听器，可以指定在特定事件发生时执行的代码。

事件接口的基本模式如下。

1）注册事件监听器

通过调用特定的 API 方法，可以注册事件监听器来监听特定的事件。例如，对于浏览器标签页的事件，可以使用 browser.tabs.onEvent.addListener() 方法注册事件监听器。

2）定义事件处理函数

在注册事件监听器时，需要指定一个事件处理函数。这是一个 JavaScript 函数，用于定义在事件发生时要执行的代码。事件处理函数接收事件对象作为参数，可以从中获取有关事件的信息。

3）处理事件

当注册的事件发生时，浏览器扩展会调用相应的事件处理函数，并将事件对象传递给它。可以在事件处理函数中编写适当的代码来响应事件。这可以包括修改扩展的行为、与其他 API 进行交互或更新用户界面。

通过事件接口，可以对浏览器扩展中的各种事件进行监听和响应。这包括与标签页、窗口、书签、网络请求等相关的事件。通过捕获和处理这些事件，可以创建功能丰富且交互性强的浏览器扩展。以下是常见的事件接口的介绍。

（1）chrome. runtime. onMessage. addListener（listener）：该方法用于向 chrome. runtime. onMessage 事件添加一个监听器。当扩展或应用程序收到来自其他部分（如内容脚本、扩展页面或其他扩展）发送的消息时，将触发该事件，并调用注册的监听器函数。

listener 是一个函数，用于处理接收的消息。它接收 3 个参数：message（包含消息内容的对象）、sender（发送消息的发送器对象）和 sendResponse（一个回调函数，用于向消息发送者发送响应）。

（2）chrome. runtime. onMessage. dispatch（message，callback）：该方法用于手动将消息分发给 chrome. runtime. onMessage 事件的监听器。

它接收两个参数 message（要发送的消息对象）和可选的 callback（一个回调函数，用于接收监听器的响应）。

调用此方法将触发已注册的监听器函数，并将消息对象传递给它们进行处理。

（3）chrome. runtime. onMessage. hasListener（listener）：该方法用于检查是否存在特定的监听器函数在 chrome. runtime. onMessage 事件上。它接收一个参数 listener（要检查的监听器函数）。

如果指定的监听器函数已经注册在事件上，则返回值为 true，否则返回值为 false。

（4）chrome. runtime. onMessage. hasListeners（）：该方法用于检查是否有任何监听器函数已注册在 chrome. runtime. onMessage 事件上。如果至少有一个监听器函数已注册，则返回值为 true，否则返回值为 false。

（5）chrome. runtime. onMessage. removeListener（listener）：该方法用于从 chrome. runtime. onMessage 事件中移除特定的监听器函数。它接收一个参数 listener（要移除的监听器函数）。如果成功移除监听器函数，则返回 true，否则返回 false。

4. 事件过滤器

事件过滤器（Event Filter）是浏览器扩展中的一个特性，它允许开发者为事件监听器指定更具体的条件，以便只有在特定情况下事件监听器才会被触发。这样可以提高扩展的效率，因为它避免了对所有事件的无差别监听，而是只关注那些确实需要处理的事件。

在 Chrome 扩展中，很多事件 API 允许传递一个可选的 filter 参数，这个参数是一个对象，包含一系列用于匹配事件的属性。只有当事件对象与这些属性匹配时，相关的事件监听器才会被调用。

例如，chrome. webRequest API 允许监听和拦截浏览器的网络请求。如果只对特定类型的请求或只对发往特定域名的请求感兴趣，则可以使用 Event Filtering 来指定这些条件，代码如下：

```
chrome.webRequest.onBeforeRequest.addListener(
  function(details) {
    //处理匹配过滤条件的请求
  },
  {urls: [" * :// * .example.com/ * "]}   //这里是过滤条件,只匹配到 example.com 域下的请求
);
```

在上面的例子中，{urls：[" * :// * .example.com/ * "]}是一个过滤条件，它指定了一个 URL 模式，只有当请求的 URL 与这种模式匹配时，监听器才会被触发。

Event Filtering 的使用不仅限于网络请求，它也可以用于其他类型的事件，例如标签页、窗口或者任何支持过滤的事件。通过精确地指定感兴趣的事件，可以确保代码只在必要时运行，从而优化扩展的性能和资源的使用。

10.2 关键功能

10.2.1 网络请求

浏览器扩展的网络请求模块是指那些允许浏览器扩展与网络请求交互的一组 API。这些 API 使扩展能够监听、分析、修改或拦截在浏览器中发出或接收的 HTTP 请求。网络请求模块的核心功能是在浏览器处理用户的网络活动时提供一个介入点，允许扩展在请求生命周期的不同阶段执行特定的逻辑。

本质上，网络请求模块是浏览器提供的一种编程接口，它作为浏览器的一部分，但又运行在扩展的上下文中，旨在增强对网络交互的控制。这些 API 通常非常强大，因为它们可以改变网络请求的行为，甚至在请求到达服务器之前就完全阻止它们。这种能力使浏览器扩展可以实现广告拦截、隐私保护、资源优化、内容安全策略强制等功能。

网络请求模块通常包括但不限于以下几种 API。WebRequest API 允许扩展查看和修改网络请求的详细信息，包括请求和响应头、请求体及可以根据需要取消或重定向请求。DeclarativeNetRequest API 允许扩展声明性地定义网络请求的规则，而无须处理每个网络请求的具体逻辑，这有助于提高性能并减少对用户数据的访问。WebNavigation API 虽然不直接修改网络请求，但它允许扩展跟踪浏览器的导航事件，这些事件与网络请求紧密相关，其详细解释如下。

1) DeclarativeNetRequest API

DeclarativeNetRequest API 是 Chrome 扩展中用于处理网络请求的现代化替代方案。与 WebRequest API 相比，它更注重性能和隐私，因为规则是由浏览器而不是 JavaScript 代码处理的。开发者可以声明性地定义规则，这些规则决定如何修改或拦截网络请求。这意

味着扩展不需要执行代码来处理每个网络请求,从而提高了效率。DeclarativeNetRequest API 通常用于创建广告拦截器和内容过滤器,并且由于它不需要访问用户数据的权限,因此对用户隐私的影响较小。

2) WebRequest API

WebRequest API 是 Chrome 扩展的一部分,允许开发者观察、分析和修改流经浏览器的网络请求。通过这个 API,扩展可以在请求的各个阶段注册监听器,例如在请求发送前、请求头发送前、收到响应头后等时刻。这使开发者能够实现如修改请求头、拦截和重定向请求、分析和记录请求数据等功能。WebRequest API 非常强大,但也需要较高的权限,可能会引起隐私和性能方面的关注。

3) WebNavigation API

WebNavigation API 提供了观察和操作浏览器导航事件的能力。这个 API 允许扩展在网页的生命周期中的不同阶段执行代码,如页面开始加载、页面提交到渲染进程、DOM 就绪等时刻。开发者可以利用 WebNavigation API 来了解页面加载的进度,或者在页面导航发生时触发特定的扩展逻辑。这个 API 对于需要在页面加载过程中进行干预的扩展(如页面重写、内容注入或用户行为跟踪等)是非常有用的。

注意　扩展开发者需要在扩展的 manifest.json 文件中声明相应的权限,并确保遵守浏览器的安全和隐私政策。这些模块的设计旨在平衡强大的网络控制能力和用户隐私保护之间的关系。

10.2.2　隐私

浏览器扩展中的 privacy API 是一组允许扩展管理用户隐私相关设置的接口。这些 API 通常涉及控制浏览器的各种隐私选项,如跟踪保护、Cookie 管理、结果记录等。通过 privacy API,扩展可以配置或更改用户的隐私首选项,以提供更个性化的浏览体验或增强用户隐私保护。以下是 privacy API 的一些关键部分。

(1) privacy.services:这部分允许扩展控制与浏览器相关的各种服务,例如是否开启拼写检查器、安全浏览服务和自动填充功能等。

(2) privacy.websites:通过这部分,扩展可以管理对网站的隐私设置,如第三方 Cookie 的处理、超链接预加载、referrer 数据的发送策略等。

(3) privacy.network:这部分涉及网络级别的隐私设置,例如是否启用网络预测功能以加速浏览,以及如何处理 DNS 预解析。

注意　在使用 privacy API 时,扩展通常需要请求用户的许可,因为它们会改变用户的隐私和安全首选项。扩展开发者需要在扩展的 manifest.json 文件中声明 privacy 权限,并在扩展的用户界面中清楚地说明其对隐私设置的更改。

这些 API 的目的是让用户能够更好地控制自己的隐私，并允许开发者创建可以增强用户隐私保护的扩展。例如，一个以隐私为核心的浏览器扩展可能会使用 privacy API 来自动配置浏览器，以最大限度地减少用户数据的泄露。

10.2.3　idle

在浏览器扩展中，idle API 是一个可以用来检测浏览器或者计算机的空闲状态的接口。这个 API 可以帮助开发者判断用户是否正在与设备进行交互，或者设备是否处于空闲状态。idle API 主要提供了以下几个功能。

（1）状态检测：可以使用 idle.queryState()方法来检查用户当前是否处于活动状态。这种方法接受一个参数，表示空闲的阈值（以秒为单位），并返回一个表示用户当前状态（空闲或活动）的回调函数。

（2）空闲和活动事件监听：可以使用 idle.onStateChanged 监听用户的状态变化。当用户的状态从活动变为空闲或从空闲变为活动时，这个事件将会被触发。

注意　在使用 idle API 时，需要在扩展的 manifest.json 文件中声明 idle 权限。这样扩展就可以访问 chrome.idle API 了。

这个 API 的一个常见用途是在用户空闲时执行一些低优先级的任务，如数据同步、预加载、清理缓存等；另一个常见的用途是在用户返回设备时提供一些有用的信息，如新的通知、更新等。

10.2.4　DevTools

在浏览器扩展中，devtools API 允许开发者为开发者工具（DevTools）添加自定义功能。这可以包括新的面板、侧边栏、网络请求分析等。通过扩展 DevTools，开发者可以为网页开发和调试提供更强大的工具和更丰富的功能。以下是 devtools API 的一些主要特性。

（1）自定义面板和侧边栏：可以使用 chrome.devtools.panels 创建自定义的 DevTools 面板和侧边栏，为用户提供新的界面，以此来展示信息或提供交互功能。这些面板和侧边栏可以包含 HTML、CSS 和 JavaScript，允许开发者设计丰富的用户界面和交互体验。

（2）网络请求分析：chrome.devtools.network 提供了观察和分析所有网络请求的能力，包括请求和响应的头部信息、体信息及请求的时间线。开发者可以用它来创建网络性能分析工具，或者监控和调试应用程序的网络活动。

（3）元素检查：chrome.devtools.inspected Window 允许扩展与当前检查的窗口进行交互，例如获取当前页面的 HTML 和 CSS，或者执行页面上下文中的 JavaScript 代码。这可以用来开发专门的 CSS 编辑器、布局调试工具等。

（4）资源访问和管理：扩展可以访问和修改页面的资源，如 JavaScript、CSS 文件和其他资源。

（5）调试支持：chrome.devtools.debugger 允许扩展附加到页面的 JavaScript 上下文并进行调试，这与浏览器内置的 JavaScript 调试器类似。开发者可以用它来创建更复杂的调试工具，例如断点管理器、性能分析器等。

注意 如果要使用 devtools API，开发者则需要在扩展的 manifest.json 文件中声明对 devtools 的权限。这通常意味着扩展将只在开发者工具打开时加载其相关的 devtools 脚本。

通过扩展 DevTools，开发者可以创建更专业的开发工具，帮助其他开发者更高效地构建和调试网页。这些工具可以是专门针对某个框架的调试工具、性能分析工具或者任何可以提高开发者生产力的工具。

10.2.5 扩展管理

在浏览器扩展中，扩展管理部分通常涉及使用 management API 来管理浏览器中安装的扩展和应用。这个 API 允许获取有关安装在浏览器上的扩展和应用的信息，还可以用来执行一些管理操作，如启用、禁用、安装或卸载扩展。以下是 management API 的一些主要功能。

（1）获取扩展和应用信息：使用 chrome.management.getAll() 函数可以获取所有已安装扩展和应用的详细信息列表。chrome.management.get(id) 函数可以获取特定扩展或应用的详细信息。

（2）扩展的启用和禁用：chrome.management.setEnabled(id，enabled) 函数允许启用或禁用指定 ID 的扩展。这可以用于创建扩展管理器，让用户能够控制哪些扩展是活动的。

（3）安装和卸载扩展：chrome.management.install() 函数允许程序化地安装扩展，而 chrome.management.uninstall() 和 chrome.management.uninstallSelf() 函数则可以用来卸载扩展。

（4）监听扩展和应用的事件：management API 提供了一系列的事件监听器，如 chrome.management.onInstalled、chrome.management.onUninstalled、chrome.management.onEnabled 和 chrome.management.onDisabled 等，这些事件会在相关动作发生时被触发。

注意 如果要使用 management API，则扩展通常需要在其 manifest.json 文件中声明 management 权限。出于安全和隐私的考虑，这个 API 可能会有一定的限制，例如普通扩展可能无法管理其他扩展，或者某些功能可能只在开发者模式下可用。

通过 management API，开发者可以构建扩展管理仪表板，帮助用户更好地了解和控制他们的扩展，然而，由于这涉及对用户安装的扩展进行较为深入的控制，因此在设计这类功能时，应当格外注意隐私和安全性等问题。

10.2.6　系统状态

在浏览器扩展 API 中，系统状态（System Display）API 允许扩展来获取有关用户设备系统状态的信息。对于 Chrome 扩展来讲，这通常是通过 chrome.system 命名空间下的一系列 API 来实现的，它包含如下几部分。

（1）chrome.system.cpu：提供了有关 CPU 的信息，如处理器架构、个数及每个处理器的使用情况。通过 chrome.system.cpu.getInfo()可以获取 CPU 的详细信息。

（2）chrome.system.memory：提供了有关系统内存的信息，如总内存量和可用内存量。通过 chrome.system.memory.getInfo()可以获取内存的详细信息。

（3）chrome.system.storage：提供了有关存储设备的信息，如硬盘和可移动存储设备的 ID、类型和容量。通过 chrome.system.storage.getInfo()可以获取存储设备的详细信息，并且可以使用 chrome.system.storage.ejectDevice()来安全地弹出可移动存储设备。

（4）chrome.system.display：提供了有关显示器的信息，如屏幕尺寸、分辨率、布局及多显示器设置。通过 chrome.system.display.getInfo() 和 chrome.system.display.setDisplayProperties()，扩展可以获取显示器信息并改变显示器的属性，如调整屏幕的方向。

如果要使用这些 API，则扩展的 manifest.json 文件中需要声明相应的权限，例如 permissions：[system.cpu，system.memory，system.storage，system.display]。

注意　出于安全和隐私的考虑，浏览器可能会限制这些 API 的使用，确保它们不会被滥用，即不侵犯用户的隐私。在使用这些 API 时应当注意只收集必要的信息，并且在用户隐私政策中清楚地说明这些信息的用途。

10.3　本章小结

本章首先着重地介绍了浏览器扩展 API，这是浏览器插件开发的核心。这些 API 为开发者提供了获取浏览器各种基础能力的途径，是构建功能丰富插件的基石。

接下来，从 API 的组织结构和 Promise 编程范式两个角度来深入理解浏览器扩展 API。了解 API 的组织方式有助于开发者快速定位和理解各个 API 的功能及其使用方法。同时，Promise 编程范式是现代 JavaScript 中处理异步操作的标准做法，它使异步代码更清晰和更易于维护，对于提高开发效率和代码质量至关重要。

最后，详细地介绍了浏览器扩展的 6 个关键功能，这些功能代表了浏览器插件 API 的强大能力。

（1）网络请求（Web Request）：允许扩展监视、分析和修改网络请求，这对于创建广告拦截器、缓存工具或隐私保护插件等功能至关重要。

（2）隐私（Privacy）：提供了一系列设置，使扩展能够配置浏览器的隐私相关功能，如控制历史记录、Cookie 和其他敏感数据。

（3）空闲状态（Idle）：检测用户的空闲状态，这对于开发需要在用户不活跃时执行操作的扩展（如定时提醒、资源同步等）非常有用。

（4）开发者工具（DevTools）：允许扩展将自定义功能添加到浏览器的开发者工具中，为开发者提供更强大的调试和测试工具。

（5）扩展管理（Management）：使扩展能够管理其他扩展，包括安装、卸载、启用和禁用扩展，这对于创建扩展管理工具或企业环境中的扩展部署非常有用。

（6）系统状态（System Display）：提供了获取和管理系统显示器相关信息的 API，对于需要根据用户屏幕设置调整自身行为的扩展来讲，这是一个关键功能。

通过这些 API，开发者可以实现高度定制化的浏览器扩展，满足特定场景下的用户需求。理解如何有效地利用这些关键功能的 API，是开发成功浏览器扩展的关键。本章内容旨在帮助开发者深刻理解这些关键功能，并学会如何将这些功能融合到自己的扩展应用中。

网　　络

尽管浏览器插件和网页都使用了相同的 API 和网络层来发送请求,但它们在开发和执行上有根本的不同之处。当构建一个相对比较完善的浏览器扩展插件时需要了解整个浏览器插件的网络体系。

11.1　网页与浏览器插件的比较

传统网站和浏览器扩展在很多方面有相似之处,但也存在一些显著的区别。以下是它们之间在一些方面的对比。

11.1.1　源

在 Web 开发中,源(Origin)是一个重要的概念,用于定义一个网页或者一个脚本的来源。Origin 通常由协议(例如 HTTP 或 HTTPS)、主机名和端口号三部分组成。例如,对于 URL https://www.example.com:80/path,其 Origin 就是 https://www.example.com:80。

Origin 的概念在处理跨域请求时尤为重要。由于浏览器的同源策略(Same-Origin Policy),在默认情况下,一个网页或脚本只能访问与其同源的资源。如果尝试访问不同源的资源,就会受到限制,除非目标资源明确允许跨源访问(CORS,跨源资源共享)。

在浏览器扩展中,Origin 也是一个关键的概念,但其含义和上下文稍有不同。浏览器扩展的 Origin 通常指的是扩展自身的 ID,这在 Chrome 或 Firefox 等浏览器中是唯一的。这个 ID 通常被用作扩展的 URL 的前缀,例如 chrome-extension://[your-extension-id]/somepage.html。

由于浏览器扩展在权限方面比普通的网页更加强大,所以它们可以请求与任何网页交互,无论这些网页的 Origin 是什么;然而,为了安全,浏览器扩展的权限通常需要在其清单文件中明确声明。例如,如果扩展需要访问某个特定网站的数据,则这个网站的 Origin 就需要被列在扩展的清单文件的 permissions 字段中。

11.1.2　API

在 Web 开发中,XMLHttpRequest 和 fetch()是两种常用的 API,它们都用于在浏览器中发起 HTTP 请求,以实现与服务器的通信。

XMLHttpRequest 是一个早期的 Web API,被广泛地应用于 AJAX(Asynchronous JavaScript and XML)编程。它可以用于发起异步或同步的 HTTP 请求,以便获取服务器上的数据。这个 API 提供了一套完整的接口,允许开发者控制 HTTP 请求的各方面,包括方法(GET、POST 等)、URL、头部、请求体等;然而,这个 API 的使用较为复杂,需要创建 XMLHttpRequest 对象,设置回调函数,打开连接,发送请求等多个步骤。

fetch 是一个较新的 Web API,用于替代 XMLHttpRequest。它提供了一种更简单、更强大的方式来发起 HTTP 请求。fetch API 主要有以下优点。

(1) 现代标准:fetch 是现代浏览器标准中定义的 API,提供了一种简洁而强大的方式来进行网络请求。

(2) Promise-based:fetch 返回的是一个 Promise 对象,这使异步操作更加容易管理和处理。可以使用 then()方法来处理请求成功的情况,也可以使用 catch()方法来处理请求失败的情况。

(3) 支持流式操作:fetch 允许使用 Bod 对象的流式方法,例如 json()、text()、blob() 等来处理响应体,这使对响应数据的处理更加灵活。

(4) 灵活性:可以使用 fetch 发送各种类型的请求(GET、POST、PUT、DELETE 等),并且可以通过配置选项来自定义请求的各方面,如请求头、请求体等。

(5) 跨平台性:fetch 是标准的 Web API,在大多数现代浏览器中得到了支持,包括 Chrome、Firefox、Safari 等,因此它可以在不同的浏览器和操作系统上使用。

总之,fetch API 提供了一种简洁而强大的方式来进行网络请求,特别适合在浏览器扩展中使用。它的 Promise-based 特性和灵活性使对网络请求的处理更加方便和高效。

在浏览器扩展插件中,当前 MV3 版本的 Service Worker 已不支持 XMLHttpRequest。主要使用 fetch()发起 HTTP 请求,然而,由于浏览器扩展的权限更强大,它们可以发起跨域请求,而无须考虑 CORS 策略,但是,为了安全,这些请求的目标 URL 仍然需要在扩展的清单文件中被列为权限。

在使用这些 API 时,需要注意的是,由于浏览器的同源策略,一般的网页只能发起对同源 URL 的请求。如果要发起跨域请求,则需要服务器支持 CORS 策略,而浏览器扩展则不受此限制,可以发起对任何 URL 的请求,只要这个 URL 在清单文件中被列为权限。

11.1.3　Remote assets

Remote assets 在 Web 开发和浏览器扩展开发中通常指的是存储在远程服务器上的资源,这些资源可以通过网络请求获取。这些资源可以包括各种类型的文件。

（1）JavaScript 文件：包含网页或浏览器扩展需要执行的 JavaScript 代码。这些文件可以包括库（如 jQuery 或 React）、框架（如 Angular 或 Vue.js），或者特定于应用的代码。

（2）CSS 文件：包含网页的样式信息。这些文件可以包括库（如 Bootstrap）、框架（如 Tailwind CSS），或者特定于应用的样式。

（3）图片和视频：网页可能会包含远程服务器上的图片和视频。这些资源可以通过 <img>或<video>标签引入。

（4）API 数据：网页或浏览器扩展可能需要从远程服务器获取数据。这些数据通常通过 API（如 REST API 或 GraphQL API）获取，并且通常以 JSON 或 XML 格式返回。

获取这些远程资源通常需要发起网络请求，例如使用 XMLHttpRequest 或 fetch API。由于浏览器的同源策略和 CORS（跨源资源共享）策略，获取跨域资源可能需要额外的配置。

在浏览器扩展中，远程资源必须以正确配置的跨域策略加载。如果扩展程序需要通过其他域加载资源（如图像、样式表、字体、脚本等），则在加载这些资源时必须正确地配置跨域策略。跨域策略控制了一个域中的资源是否允许被其他域加载和访问。如果跨域策略未正确配置，则浏览器可能会阻止加载远程资源，以防止潜在的安全风险。

不能从远程资源执行脚本。浏览器扩展中不允许从其他域加载并执行脚本文件。浏览器通常会执行同源策略，阻止页面或应用程序从一个域加载的脚本在另一个域上执行。这是出于安全考虑，以防止恶意脚本从外部网站执行并访问用户的敏感信息或对页面进行恶意操作。

11.1.4　页面类型

在传统的网页开发中，页面类型（Page Type）通常指的是网站中不同的页面类型，包括但不限于主页、内容页、登录页、注册页、搜索结果页等。每种页面类型都有其特定的设计和功能，以满足不同的需求和目标。网页可以发送请求和认证，通常使用 HTTP 或 HTTPS 协议，可以通过 Cookies 进行会话管理以保证一致性。

在浏览器扩展中，Page Types 可能指的是扩展中的不同组件，如弹出页（Popups）、选项页（Option Pages）、内容脚本（Content Scripts）和后台脚本（Background Scripts）。每种类型都有其特定的用途和限制。

（1）弹出页：当用户单击浏览器工具栏中的扩展图标时，可能会显示一个弹出窗口。这个窗口的内容由 HTML、CSS 和 JavaScript 构成，可以进行各种交互。

（2）选项页：这是扩展的设置页面，用户可以在这里定制扩展的行为。

（3）内容脚本：这些脚本可以直接与网页进行交互，修改网页的 DOM 或读取页面数据，但是，它们受到主机页面的跨源限制。

（4）后台脚本：这些脚本在后台运行，即使所有的浏览器窗口都关闭了，它们也可以运行。它们常常用来处理浏览器事件，如页面请求、标签变化等。

在浏览器扩展中，不同类型的页面或脚本发送请求的方式和限制可能会有所不同。例如，内容脚本受到主机页面的跨源限制，而弹出页则不受此限制。这是因为内容脚本直接运行在主机页面的上下文中,而弹出页则运行在扩展的上下文中。

11.1.5　服务器端请求

在传统的网页开发中,网站可以向后端服务器发送同源(Same-Origin)请求(Server Request)。同源策略是一种重要的安全措施,它限制了来自同一源(协议、域名和端口都相同)的文档或脚本只能获取或设置具有相同源的属性。这意味着,只有来自同一源的请求才能访问后端的资源,除非后端明确允许跨源资源共享(CORS)。

如果浏览器扩展使用了后端服务器,则发送的请求将始终是跨源的(Cross-Origin)。这是因为扩展的源是其自身的扩展 ID,而不是任何特定的网站或网络位置,然而,浏览器扩展通常被赋予比普通网页更高的权限,包括跨源请求的权限。这意味着,尽管请求是跨源的,但扩展仍然可以向任何公开的 API 发送请求,获取或修改数据,只要它在其权限声明中请求了这种能力。

11.1.6　认证

在传统的网页开发中,网站可以在任何地方使用多种认证(Authentication)方式,没有固定的限制。常见的认证方式包括以下几种。

(1) Cookie 认证:服务器将一个带有会话信息的 Cookie 发送给客户端,客户端在随后的请求中返回这个 Cookie,从而实现状态的维护。

(2) JWT(JSON Web Tokens)认证:使用一个加密的 Token 来进行状态的维护,这个 Token 通常在 HTTP 请求的 Authorization 头部被发送。

(3) OAuth:一个开放标准,允许用户提供一个令牌,而不是用户名和密码来访问他们存储在特定服务提供者上的数据。

然而,即使在传统网页开发中也存在一些特殊情况,例如 HTTP Only 的 Cookie 是无法通过 JavaScript 访问的,这是为了增强安全性。

在浏览器扩展中,认证的情况有些不同。虽然扩展可以使用多种认证方式,但某些形式的认证在扩展的不同部分中可能会受到限制。

服务工作线程:在浏览器扩展中,服务工作线程不能使用基于 Cookie 的认证,因为它们不属于任何特定的域,无法直接访问 Cookie。它们通常用于实现推送通知和背景同步等功能。

内容脚本:内容脚本由于运行在网页的上下文中,通常可以读取页面上的 Cookie(除非有 HTTPOnly 标记),但它们不能直接访问扩展存储的数据。它们需要通过后台脚本来进行认证操作。

对于浏览器扩展来讲,通常需要使用基于 Token 的认证方法(如 JWT 或 OAuth),因为这些方式不依赖于 Cookie,并且可以在扩展的各部分之间安全地传递 Token。扩展的后台脚本可以安全地存储这些 Token,并在需要时使用它们进行认证。

11.1.7　长请求

在传统的网页开发中，任何长时间运行的请求（Long-running Request），如长轮询或 WebSocket 连接都将在标签页打开的情况下保持活动状态。这意味着，只要用户没有关闭或刷新页面，这些请求就会一直存在，但是，如果用户关闭或刷新了页面，则这些请求将会被终止。

在浏览器扩展中，长时间运行的请求可能会在各种情况下意外地被终止。

（1）服务工作线程：由事件驱动，意味着它们在没有事件处理时会被终止，因此，如果服务工作线程中有长时间运行的请求，则可能会在事件处理完成后被意外终止。

（2）弹出窗口：在用户关闭它们时会被终止，因此，如果在弹出窗口中有长时间运行的请求，则可能会在用户关闭弹出窗口时被意外终止。

（3）内容脚本：在页面被关闭或刷新时会被终止，因此，如果内容脚本中有长时间运行的请求，则可能会在页面关闭或刷新时被意外终止。

为了处理这些情况，浏览器扩展可能需要使用一些策略，例如使用持久性存储来保存未完成的请求状态，或者在后台脚本中处理长时间运行的请求，因为后台脚本在整个浏览器会话期间都保持活动状态。

11.2　浏览器插件的网络架构

浏览器扩展在发送网络请求时，不同的组件对于特定任务的适应性各有不同。可以根据浏览器扩展的性质，选择不同的方式来发送网络请求。

11.2.1　选项页

选项页（Options Pages）与传统网站非常相似，因此在构建浏览器扩展时，许多开发者自然而然地选择使用它们。它们提供了一个熟悉的开发环境，使开发者能够利用他们现有的 Web 开发技能和知识。例如与远程服务交互的认证功能，可以使用 Cookie 认证、JWT 及 OAuth 认证。

使用 Options Pages 的主要优势之一是可以在扩展本身内部创建无缝的用户体验。通过在 Options Pages 中构建整个用户界面，开发者可以确保扩展的设置和配置易于访问，并可供用户自定义。这种方法消除了用户需要导航到外部网站或单独的配置面板的需求，提供了更流畅的体验。

此外，Options Pages 提供了一系列特定于浏览器扩展的功能。开发者可以利用扩展的 API 和功能，例如访问存储 API 进行持久数据存储，与后台脚本进行通信，以便执行后台任务，以及与其他扩展组件进行交互。这些功能使开发者能够创建功能强大、丰富的选项界面，超越了传统网站的能力。

此外,Options Pages 为处理敏感用户数据和配置提供了安全环境。作为扩展生态系统的一部分,它们继承了浏览器提供的安全措施和权限框架。这确保了用户数据的保护,并使扩展在浏览器的安全模型定义的边界内运行。

然而,需要考虑在 Options Pages 中构建整个用户界面可能带来的潜在问题,主要包括以下几点。

(1)性能问题:Options Pages 通常是在浏览器扩展的选项菜单中打开的,而不是在浏览器的主窗口中打开。如果用户界面过于复杂或包含大量元素,则可能会导致 Options Pages 加载和渲染速度变慢,从而影响用户的响应性和体验。

(2)界面限制:Options Pages 的界面受到浏览器扩展选项菜单的限制。这意味着可能无法自由地实现一些复杂的布局或交互效果,或者无法使用某些特定的前端框架或库。

(3)可扩展性问题:如果整个用户界面都构建在 Options Pages 中,当需要在扩展中添加更多功能或模块时,则可能会变得难以管理和维护。将用户界面分割成多个模块或组件,并使用模块化的开发方式,可以提高可扩展性和代码的可维护性。

(4)安全性问题:Options Pages 具有更高的权限,可以访问扩展的 API 和功能。如果整个用户界面都在 Options Pages 中,则可能会增加潜在的安全风险。恶意用户可能会尝试利用这些权限来进行攻击或滥用,因此,需要特别关注输入验证和数据过滤,以确保请求的安全性。

11.2.2　弹出和开发者工具页

开发者工具页是专门用于浏览器开发者工具的界面。它们提供了强大的调试和分析功能,以便帮助开发者检查和修改网页的结构、样式和行为。开发者工具页通常在开发者需要时打开,并在调试或分析任务完成后关闭。

与选项页相比,弹出窗口和开发者工具页(Popup&DevTools Page)的使用方式更加频繁,并且它们的生命周期更短。用户通常会在短时间内打开和关闭它们,而不是长时间停留在页面上,因此,对于弹出窗口和开发者工具页的设计和功能,需要考虑快速加载和响应,并保持用户界面的简洁性和效率。

弹出窗口和开发者工具页与选项页在本质上非常相似,但有一个主要区别:它们被期望经常性地早早关闭。由于弹出窗口和开发者工具页的生命周期较短,所以它们不适合执行需要较长时间完成的网络请求。长时间运行的网络请求可能会导致用户界面被冻结或响应延迟,给用户带来不良的体验,因此,对于涉及大量数据传输或需要较长时间处理的操作,最好将其放在后台脚本或其他适合执行长时间任务的环境中,然而,弹出窗口和开发者工具页对于进行身份验证和发送一般性的网络请求非常适合。例如,可以使用它们来与服务器进行身份验证和授权,以便用户可以访问受保护的资源。此外,它们也可以用于向服务器发送简单的 HTTP 请求,获取或提交数据等常见操作。

总之，虽然弹出窗口和开发者工具页不适合用于长时间运行的网络请求，但它们是进行身份验证和一般网络请求的良好选择。开发者可以利用它们的集成性和便利性，处理身份验证、发送简单的 HTTP 请求和实现浏览器的其他功能。

11.2.3　内容脚本

内容脚本是一种特别有趣的工具，可以用于发送网络请求。虽然受到跨域限制，但通过将请求委托给后台脚本，可以绕过这些限制。同时，内容脚本可以使用宿主页面的 Cookie，使发送经过身份验证的请求变得更加方便。这使内容脚本成为与页面进行通信和操作的强大工具。

内容脚本的重要优势是可以使用宿主页面的 Cookie。这意味着，如果用户在宿主页面进行了身份验证并获得了相应的 Cookie，则内容脚本可以使用这些 Cookie 在发送请求时作为经过身份验证的用户。这为发送经过身份验证的请求提供了便利，无须用户再次进行身份验证。

11.2.4　服务工作线程

服务工作线程是一个在浏览器后台运行的脚本，它可以拦截和处理扩展发出的网络请求。这为扩展提供了一个强大的工具，可以处理身份验证和网络请求的缓存，同时提供离线访问的能力。使用 Service Worker 进行网络请求的不同形式如下。

（1）监听请求事件：在 Service Worker 脚本中，使用 self. addEventListener('fetch'，callback)来监听请求事件。当扩展发出网络请求时，Service Worker 将拦截这些请求。

（2）处理请求：在请求事件的回调函数中，可以根据需要对请求进行处理。

以下是一些常见的处理方式。

① 身份验证：检查请求中是否包含有效的身份验证信息（如 JWT 或 OAuth 令牌），并根据需要进行身份验证。可以在请求的头部添加身份验证信息，或者在请求中修改身份验证参数。

② 修改请求：根据需要修改请求的 URL、方法、头部或主体内容。这可以用于重定向请求、添加额外的头部信息或修改请求的主体数据。

③ 修改响应：接收到服务器的响应后，可以对响应进行修改。这包括修改响应的状态码、头部或主体内容。可以根据需要提取所需的数据或进行其他处理。

④ 返回响应：在处理完请求后，通过调用 event. respondWith()方法返回响应。可以返回从缓存中获取的响应，或者使用 fetch()函数发起新的网络请求并返回响应。

通过利用 MV3 的 Service Worker 进行网络请求重写，可以提高扩展的性能和可靠性，并为用户提供更好的体验。Service Worker 可以处理身份验证、缓存资源及拦截和修改网络请求，从而使扩展具有更大的灵活性和控制权。需要根据扩展的具体需求，使用合适的逻辑和技术来实现网络请求的重写。

11.3　浏览器插件网络 API

浏览器扩展被授予访问一些强大的 API 的权限,这些 API 可用于检查和修改浏览器内部的流量。这些 API 赋予插件各种功能,使它们能够与网络浏览的各方面进行交互,主要包括网络流量监控、请求修改、响应操纵、流量重定向、资源注入、浏览器交互等。著名的广告拦截插件就是基于这些 API 来实现强大的功能。下面主要关注 WebNavigation、WebRequest、DeclarativeNetRequest 这 3 个 API。

11.3.1　WebNavigation API

Chrome 的 WebNavigation API 最初是为了满足开发者监视和分析浏览器导航事件的需求。在这个 API 出现之前,扩展开发者很难准确地知道页面何时开始加载、何时完成加载,以及在加载过程中发生了什么变化。这使创建某些类型的扩展变得复杂,尤其是那些需要在页面加载的特定时刻运行代码的扩展。

Chrome. WebNavigation API 提供了一组方法和事件,允许扩展程序跟踪浏览器标签中的导航事件。这包括页面加载、URL 变化、重定向和错误等事件。

图 11-1 展示了浏览器导航成功完成后事件的触发顺序。在此过程中发生的任何错误都会导致一个 onErrorOccurred 事件。对于特定的导航,在出现 onErrorOccurred 事件后不会再触发其他事件。如果一个导航帧包含子框架,则其 onCommitted 会在其任何子框架的 onBeforeNavigate 之前触发,而 onCompleted 则会在其所有子框架的 onCompleted 之后触发。

如果框架的引用片段被更改,则会触发 onReferenceFragmentUpdated 事件。这个事件可以在 onDOMContentLoaded 之后的任何时候触发,甚至在 onCompleted 之后也可以触发。

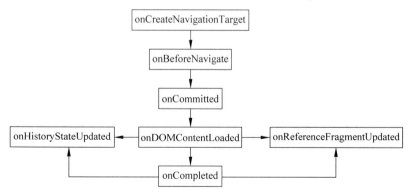

图 11-1　浏览器导航成功完成后事件的触发顺序

以下是一些 WebNavigation API 的主要功能和事件。

(1) getFrame 和 getAllFrames：这两种方法允许获取特定标签中的单个 Frame 或所有 Frame 的详细信息。这对于处理包含多个 iframe 的页面非常有用。

（2）onBeforeNavigate：此事件在导航即将发生时触发，但需要在浏览器有机会验证或取消导航之前。这对于跟踪用户的浏览行为或阻止特定的导航非常有用。

（3）onCommitted：此事件在浏览器已经决定进行导航并且不能被取消时触发。这是在新的页面开始加载前的最后一个时刻。

（4）onDOMContentLoaded：此事件在页面的 DOM 已经加载并解析，但在所有资源（如图片和样式表）都加载完成之前触发。这是一个在页面加载过程中进行操作的好时机。

（5）onCompleted：此事件在页面的所有资源都已加载完成时触发。这是在页面完全加载后进行操作的好时机。

（6）onErrorOccurred：此事件在导航过程中发生错误时触发。这对于处理网络错误或提供用户反馈非常有用。

（7）onReferenceFragmentUpdated：此事件在 URL 的参考片段（♯后的部分）发生变化时触发。

（8）onTabReplaced：此事件在一个标签被另一个标签替换时触发，例如当用户导航到一个已经打开的标签时。

（9）onHistoryStateUpdated：此事件在页面的历史状态（由 history. pushState 或 history. replaceState 修改）发生变化时触发。

下面使用 Chrome Extension MV3 版本来创建一个示例，展示 WebNavigation API 的使用。

在一个文件夹中创建以下文件：

```
`manifest. json`: 描述扩展的清单文件。
`background. js`: 用作后台脚本,处理事件。
`popup. html`: 用作弹出窗口与用户交互。
```

编写清单文件 manifest. json，代码如下：

```
//第 11 章 11.3.1.1

{
  "manifest_version": 3,
  "name": "WebNavigation Demo",
  "version": "1.0",
  "permissions": ["webNavigation"],
  "background": {
    "service_worker": "background. js"
  },
  "action": {
    "default_popup": "popup. html"
  }
}
```

编写 service-worker 文件 background.js,代码如下:

```
//第11章 11.3.1.1

chrome.webNavigation.onCompleted.addListener(function(details) {
  console.log('Page loaded: ' + details.url);
}, {url: [{urlMatches : 'http:// * / * '}, {urlMatches : 'https:// * / * '}]});
```

此脚本会监听所有通过 HTTP 或 HTTPS 加载的页面。onCompleted 事件在页面加载完成时触发,然后输出页面的 URL。

11.3.2　WebRequest API

chrome.WebRequest API 是 Chrome 扩展 API 初始 API,它在 Chrome 的早期版本中就已经存在。这个 API 的设计初衷是允许扩展程序监视和修改网络请求的细节。开发者利用这个 API 可以分析、修改或阻止发出的请求。在浏览器插件中的网络请求的流程如图 11-2 所示。

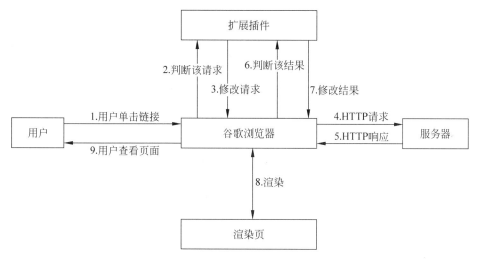

图 11-2　浏览器插件中的网络请求的流程

当使用 Web 请求时,Chrome 会将所有数据发送到正在监听的扩展插件,包括请求中包含的任何敏感数据,如个人照片或电子邮件。浏览器插件会评估请求,然后告诉 Chrome 如何处理该请求:允许、阻止或发送时进行一些修改,因此,利用 Web 请求 API 的插件通常可以读取和操纵用户在网络上所做的一切。

虽然这个 API 被善意的开发者用来实现功能强大的特性,例如内容拦截器,但它也可能被滥用,而且已经被滥用过。因为所有的请求数据都暴露给了扩展,这让恶意开发者很容易滥用这种访问权限来获取用户的凭据、账户或个人信息。除此之外,这个 API 的使用始终伴随着对性能的考虑,因为它需要在请求的每个阶段同步执行,这可能会导致浏览器的网络性能下降。主要表现为性能开销、阻塞请求及扩展冲突。

（1）性能开销：WebRequest API 的事件是在每个请求的不同阶段触发的，扩展程序需要处理大量的事件。如果扩展程序的逻辑复杂或需要处理大量请求，则可能会导致性能开销增加。

（2）阻塞请求：在某些事件中，扩展程序可以阻止请求或修改请求参数，这可能会导致请求的延迟。如果扩展程序的逻辑耗时较长，则可能会对整体请求的性能产生影响。

（3）扩展冲突：如果多个扩展程序同时使用 WebRequest API，并且对同一个请求进行操作，则可能会导致冲突和性能问题。这可能需要开发者进行适当的协调和处理。

WebRequest API 定义了一组遵循网络请求生命周期的事件。可使用这些事件来观察和分析流量。某些同步事件将允许拦截、阻止或修改请求。WebRequest 的事件流如图 11-3 所示。

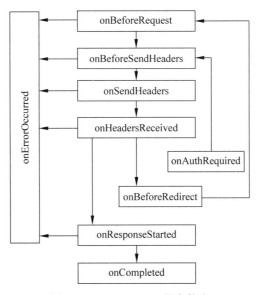

图 11-3 WebRequest 的事件流

以下是 WebRequest API 的主要事件。

（1）onBeforeRequest：在发送网络请求之前触发，允许扩展程序阻止请求或修改请求参数。

（2）onBeforeSendHeaders：在发送请求头之前触发，允许扩展程序修改请求头。

（3）onSendHeaders：在发送请求头之后触发。

（4）onHeadersReceived：在接收到响应头之后触发，允许扩展程序修改响应头。

（5）onAuthRequired：在需要身份验证时触发，允许扩展程序提供身份验证凭据。

（6）onResponseStarted：在接收到响应的第 1 字节之后触发。

（7）onBeforeRedirect：在重定向之前触发。

（8）onCompleted：在请求完成时触发，包括成功的响应和错误的响应。

（9）onErrorOccurred：在请求发生错误时触发。

WebRequest API 的 filter 属性提供了在多个维度上限制触发事件的请求。以下是 filter 属性的几个维度信息。

（1）URL 模式：可以使用 URL 模式来指定哪些请求应该触发事件。URL 模式可以是完整的 URL 或通配符模式，例如使用通配符 ∗ 匹配所有的 URL。通过 URL 模式，可以选择性地在特定的 URL 或 URL 模式上触发事件。

（2）请求类型：可以通过指定请求类型来限制触发事件的请求。请求类型可以是 main_frame(主框架)、sub_frame(子框架)、stylesheet(样式表)、script(脚本)、image(图像)、object(对象)、xmlhttprequest(XMLHttpRequest)等。通过选择特定的请求类型，可以仅在特定类型的请求上触发事件。

（3）资源类型：可以通过指定资源类型来限制触发事件的请求。资源类型可以是 main_frame(主框架)、sub_frame(子框架)、stylesheet(样式表)、script(脚本)、image(图像)、object(对象)、xmlhttprequest(XMLHttpRequest)等。通过选择特定的资源类型，可以仅在特定类型的资源请求上触发事件。

（4）请求标志：可以使用请求标志来限制触发事件的请求。请求标志可以是 main_frame(主框架)、sub_frame(子框架)、stylesheet(样式表)、script(脚本)、xmlhttprequest(XMLHttpRequest)等。通过选择特定的请求标志，可以仅在具有特定标志的请求上触发事件。

通过在 filter 属性中组合使用这些维度信息，可以定义一个筛选条件，仅在满足条件的请求上触发事件。这样可以限制事件触发的范围，提高扩展程序的性能和响应性能，并减少不必要的事件处理。

下面基于 Chrome Extension MV3 来创建一个示例，展示 WebRequest API 的使用。

在一个文件夹中创建以下文件：

```
`manifest.json`：描述扩展的清单文件。
`background.js`：用作后台脚本，处理事件。
`popup.html`：用作弹出窗口与用户交互。
```

编写清单文件 manifest.json，代码如下：

```
//第 11 章 11.3.2.1

{
  "manifest_version": 3,
  "name": "My Extension",
  "version": "1.0",
  "background": {
    "service_worker": "background.js"
  },
  "permissions": [
    "webRequest",
```

```
    "webRequestBlocking",
    "https://*/*"
  ],
  "action": {
    "default_popup": "popup.html"
  }
}
```

编写后台脚本 background.js，代码如下：

```
//第 11 章 11.3.2.1

chrome.webRequest.onBeforeRequest.addListener(
  function(details) {
    console.log("URL intercepted:", details.url);
    //在这里处理请求
  },
  {
    urls: ["https://example.com/*"],
    types: ["main_frame", "sub_frame"]
  },
  ["blocking"]
);
```

编写弹出窗口文件 popup.html，代码如下：

```
//第 11 章 11.3.2.1

<!DOCTYPE html>
<html>
<head>
  <title>My Extension Popup</title>
  <script src="popup.js"></script>
</head>
<body>
  <h1>Welcome to My Extension!</h1>
  <button id="btnClick">Click Me</button>
</body>
</html>
```

编写弹出窗口脚本 popup.js，代码如下：

```
//第 11 章 11.3.2.1

document.addEventListener("DOMContentLoaded", function() {
  var btnClick = document.getElementById("btnClick");
  btnClick.addEventListener("click", function() {
    //在这里处理按钮单击事件
```

```
    console.log("Button clicked!");
  });
});
```

这个示例演示了使用 chrome. WebRequest. onBeforeRequest 事件监听器拦截特定 URL 模式和请求类型的请求，并在控制台输出拦截的 URL。在 popup. html 文件中，创建了一个简单的弹出窗口，显示欢迎消息和一个按钮。在 popup. js 文件中，添加了一个按钮单击事件的监听器，并在控制台输出单击事件的消息。

11.3.3 DeclarativeNetRequest API

DeclarativeNetRequest(DNR)是一种用于浏览器扩展的新型 API，用于管理网络请求。它的出现是为了取代传统的阻塞式 Web 请求 API，旨在提高安全性、性能、可维护性和隐私保护。

在过去，浏览器扩展通常使用 WebRequest API 来拦截、修改或阻止网络请求，包括广告拦截器、隐私保护工具等，然而，这种方式存在以下几点问题。

（1）性能问题：阻塞式的 Web 请求处理可能会影响浏览器的性能，尤其是在处理大量请求时。

（2）安全问题：拦截网络请求的过程可能会导致安全漏洞，特别是当处理用户敏感信息时。

（3）隐私问题：传统的 Web 请求 API 可能会泄露用户的隐私信息，因为扩展程序需要访问请求的内容并以此做出处理。

为了解决这些问题，谷歌公司开始推出声明式的网络请求 API，即 DeclarativeNetRequest。这种新型 API 允许扩展程序使用一组规则来描述对网络请求的处理方式，而不需要编写复杂的代码逻辑。这样可以提高性能、降低安全风险，并简化扩展程序的开发和维护工作，同时保护用户的隐私。

图 11-4 展示了在浏览器插件中声明式网络请求的流程。

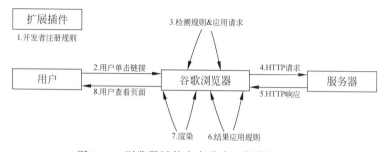

图 11-4 浏览器插件中声明式网络请求的流程

这种方法对用户安全、隐私及性能都有优势。采用声明式方法，Chrome 不需要向扩展程序暴露任何敏感数据。浏览器可以在不发送与网络请求相关的所有数据的情况下执行扩展程序请求的操作，因为扩展程序已经指定了在不同条件下采取的操作。这使扩展程序能够对内容进行拦截，而无须访问用户所有的个人信息。

这对性能有着显著的影响。最重要的是，不再需要持续运行的长期进程，因为规则是在请求发出之前注册的，而不是在运行时需要处理它们。这也减少了序列化所有请求数据和将进程间消息传递给监听扩展程序的成本。这些性能改进将使扩展程序在资源受限的平台上更加可行。

在安全与隐私方面，Chrome 团队坚信，如果扩展程序实际上不需要访问用户的电子邮件、照片、社交媒体或任何其他敏感数据来执行其功能，则用户就不应该被要求暴露这些信息，因此，声明式网络请求提高了扩展平台的安全性和隐私性。

所有的声明式网络请求（DNR）规则都采用 JSON 对象的形式。每个请求每个扩展只会应用一个规则。每个规则对象的结构如下。

（1）ID：必须是一个唯一的正整数。

（2）priority：可选的整数，用于控制在多个规则匹配请求的情况下应该应用哪个规则。

（3）condition：描述何时应该应用此规则的对象。它可以包括或排除域、域类型、标签 ID 和资源类型。

（4）action：描述此规则执行的操作的对象。它包括一种类型，可以是 block、redirect、allow、upgradeScheme、modifyHeaders 或 allowAllRequests，以及各种属性，用于配置规则的行为方式。

以下是一个简单的示例，展示了一个声明式网络请求规则的结构，代码如下：

```
{
  "id": 1,
  "priority": 10,
  "condition": {
    "domains": ["example.com"],
    "resourceTypes": ["script"]
  },
  "action": {
    "type": "block"
  }
}
```

在这个示例中有以下几条规则：

（1）规则的 ID 是 1，表示它是唯一的。

（2）将优先级设置为 10，用于在多个规则匹配请求时确定应该应用哪个规则。

（3）条件指定了当请求针对 example.com 域且资源类型为 script 时，应该应用此规则。

（4）动作指定了当条件匹配时应该执行的操作，此处为阻止（block）请求。

声明式网络请求规则可以通过静态规则集（Static Ruleset）和动态规则（Dynamic Rule）两种形式定义。

11.4　本章小结

　　本章深入探索了浏览器扩展在发送网络请求方面的多种机制。首先区分了网页与浏览器扩展之间的关键差异,这些差异是导致它们在网络请求行为上存在不同特点的根本原因。为了深入理解这些差异,回顾了浏览器扩展的各种组件,包括后台脚本、内容脚本、弹出页面等,以及它们在发送网络请求方面的不同能力和限制。

　　接下来,详细分析了浏览器扩展可用的网络 API,探讨了这些 API 的种类及它们如何随着时间的推移而演变。着重讨论了如何利用这些 API 在浏览器扩展中处理网络请求,包括了解权限设置、跨域请求的安全性问题及如何在扩展的不同组件之间传递消息。

　　最后,通过实际的代码示例演示了如何在扩展中实现网络请求。这些示例不仅包括了基本的 GET 和 POST 请求,还展示了如何处理响应、如何管理错误及如何在扩展中妥善使用异步编程模式。通过这些实际操作,读者可以获得在开发自己的浏览器扩展时处理网络请求的宝贵经验。

项 目 实 战

现代浏览器扩展很少从零开始编写。开发者可以利用丰富的开发工具,这些工具允许开发者在选择的 JavaScript 框架中高效地构建和测试扩展,并无缝地将它们发布到多个扩展市场。

12.1 基础知识

Node.js、TypeScript 和 CSS3 是前端开发领域的基础技术,如果之前没有任何前端开发经验,则需要仔细看下面的介绍,它为前端开发人员提供强大的支持,让现代前端开发插上翅膀。

12.1.1 Node.js

Node.js 是一个基于 Chrome V8 引擎的 JavaScript 运行环境。它使用了事件驱动的、非阻塞式 I/O 的模型,轻量又高效,它的底层是用 C/C++编写的。Node.js 于 2009 年由瑞安·达尔(Ryan Dahl)创建,最初是为了开发实时聊天应用程序。Node.js 的出现对于前端开发者意义重大,它使 JavaScript 语言不再局限于浏览器,而是成为一门比肩于 Python、Java、Go 等一样的独立编程语言,从此之后,前端开发者可以使用 JavaScript 语言编写更复杂的后端应用程序。Node.js 的出现对 Web 开发产生了深远的影响,它催生了许多新的 JavaScript 框架和库,并推动了现代 Web 开发的创新。Node.js 也被广泛地应用于其他领域,如物联网、机器学习和数据分析。

1. Node.js 的运行时环境

Node.js 的运行时环境如图 12-1 所示。

1) V8 引擎

V8 引擎是 Chrome 浏览器使用的 JavaScript 引擎,它是 Node.js 的核心。它负责解释和执行 JavaScript 代码。V8 引擎以其高效的性能和对最新 ECMAScript 标准的良好支持

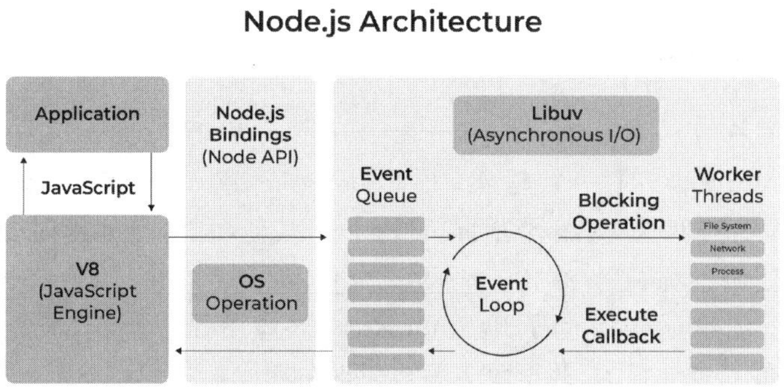

Node.js Architecture

图 12-1　Node.js 的运行时环境

而闻名。V8 引擎还提供了一种机制,使开发者在 C++ 中编写的函数能够在 JavaScript 中调用,这使 Node.js 能够提供一些超出纯粹 JavaScript 能力范围的功能,如文件 I/O 和网络通信。

2)事件循环

事件循环是 Node.js 的核心概念,它允许 Node.js 通过将操作卸载到系统内核来执行非阻塞 I/O 操作。内核是多线程的,这意味着它们可以处理后台执行的多个操作。当其中的一个操作完成时,内核会通知 Node.js,以便将适当的回调添加到轮询队列中执行。

这两个组件是 Node.js 的核心,使 Node.js 成为一个高效且功能强大的 JavaScript 运行环境,特别适合开发 I/O 密集型应用,如网络服务器和实时通信应用,如图 12-1 所示。

2. Node.js 的模块系统

Node.js 的模块系统是一种用于组织和重用代码的机制。它允许开发者将代码拆分为独立的模块,每个模块都有自己的功能和责任,并且可以在需要时被引入和使用。Node.js 的模块系统基于 CommonJS 规范,它定义了模块的导入和导出方式。在 Node.js 中,每个文件被视为一个模块,模块可以通过 require 函数导入,通过 module.exports 或 exports 对象导出。模块系统为开发者提供了一种组织、重用和管理代码的机制,通过模块化的方式编写代码,可以提高代码的可读性、可维护性和可重用性,同时也方便了依赖管理和命名空间隔离。有了模块系统就可以利用开发者类似建设 Java 生态那样建设 Node.js 生态。

3. Node.js 的生态系统

Node.js 的生态系统是指围绕 Node.js 平台形成的一系列工具、框架、库和社区资源的集合。框架提供了一个应用程序的结构,可以帮助开发人员快速地开发应用程序,常见的框架包括 Express、NestJS、Sails.js 等;库提供了一些常用的功能,可以帮助开发人员避免重复造轮子,常见的库包括 Mocha、Chai、axios 等,而工具可以帮助开发人员完成各种任务,如代码编辑、测试、部署等。常见的 Node.js 工具包括 Visual Studio Code、NPM、Heroku 等。总之 Node.js 生态系统有一个庞大而活跃的社区,为开发者提供了丰富的资源和工具,用于构建各种类型的应用程序。

Node.js 是后端 Web 开发领域的主流技术之一,它具有性能高、生态系统丰富、学习成本低等优势。

12.1.2　TypeScript

TypeScript 简称 TS,是一种由 Microsoft 开发的基于 JavaScript 的静态类型语言。TypeScript 是 JavaScript 的一个超集,可以编译成 JavaScript 代码输出。它可以为 JavaScript 代码提供类型检查、编译器、语言服务和其他功能,在编译时去掉类型和特有的语法,用生成 JS 代码的方式来提高代码的安全性和可维护性。TypeScript 于 2012 年由 Anders Hejlsberg 创建,最初是为了开发 Windows 8 应用程序。TypeScript 最初的版本是 0.8,此后已经发布了多个版本,截至笔者写本书时的最新版本是 5.3。

1. TypeScript 与 JavaScript 的对比

1) 静态类型检查

TypeScript 引入了静态类型系统,开发者可以在代码中显式地声明变量的类型,并进行类型检查。解决了很多程序员吐槽的 JavaScript 代码灵活不好维护的特点,帮助开发者在编码阶段捕获潜在的类型错误,提前发现和修复 Bug,提高代码的可靠性和可维护性。

2) 更好的 IDE 支持

TypeScript 提供了更丰富的类型信息,使 IDE 能够提供更强大的代码补全、代码导航和重构工具。开发者可以获得更好的开发体验,减少编码错误和提高开发效率。

3) 提供最新 ECMAScript 特性的支持

TypeScript 是建立在 JavaScript 之上的,它提供了对最新 ECMAScript 标准的支持。这意味着开发者可以使用最新的 JavaScript 语言特性,而无须担心浏览器或 Node.js 版本的兼容性问题。

4) 更好的团队分工协作

通过在代码中明确声明类型,TypeScript 使代码更具可读性,开发者可以更容易地理解代码的意图和结构。此外,类型系统还可以提供更好的文档和自动化工具支持,有助于代码的维护和团队协作。很多知名的软件、框架、工具(如 VS Code、Vue.js、Babel)在成名之后选择使用 TypeScript 进行重写,以方便维护和团队协作。

2. TypeScript 的流行度

TypeScript 在 2023 年的 GitHub 开源社区流行度调研报告上显示,TypeScript 的用户数量增长了 37%,首次超过 Java,成为 GitHub 上开源软件项目中第三受欢迎的语言,可以预见,TypeScript 在未来将继续得到发展,作为开发者一定不能忽视它的发展。

3. TypeScript 语言的学习

首先,确保你对 JavaScript 有一定的了解,因为 TypeScript 是 JavaScript 的超集。理解 JavaScript 的基本语法、变量、函数和面向对象编程等概念对学习 TypeScript 至关重要。

熟悉 TypeScript 的语法和特性,这包括类型系统、接口、类、模块等。掌握这些内容可以让你更好地理解和使用 TypeScript。

阅读 TypeScript 官方文档和其他优质教程,例如微软提供的如何使用 TypeScript 来构建 JavaScript 应用程序。官方文档提供了详细的语言说明和示例,而其他教程可能会提供更多的实践经验和技巧。

12.1.3 CSS 预处理语言

1. CSS 预处理语言

CSS 预处理器是一种脚本语言,它扩展了 CSS 的功能并且编译成可用的 CSS 样式表。预处理器添加了许多编程语言的特性,如变量、函数、混入(Mixins)和嵌套规则等来编写更具表达力和可维护性的 CSS 代码。使用 CSS 预处理语言的主要原因是为了提高 CSS 代码的可维护性、可读性和可重用性。它们提供了更强大的编程能力,使开发者能够更高效地编写和管理样式代码。此外,CSS 预处理语言还可以减少样式冲突和代码冗余,并提供更好的代码组织和模块化开发的支持。这些都是原生 CSS 所不具备的。这些特性使样式表的维护变得更加方便。总体而言,使用 CSS 预处理语言可以提升前端开发效率,改善代码质量,并为项目的长期维护提供便利。

2. CSS 预处理语言代表

CSS 预处理中最流行的 3 种语言:Sass、Less 和 Stylus。

Syntactically Awesome Stylesheets(Sass)是最流行的 CSS 预处理语言之一。它提供了一种类似于 CSS 的语法,同时引入了变量、嵌套规则、混合、继承等功能,Sass 有两个语法格式:Sass(使用缩进)和 SCSS(使用大括号和分号)。

Less 是另一种常用的 CSS 预处理语言,与 Sass 类似,提供了变量、嵌套规则、混合等功能。Less 与 Sass 类似,但它使用了不同的语法和一些不同的特性。Less 是基于 JavaScript 开发的,并且可以在客户端或服务器端运行。它的语法和 CSS 非常相似,因此对于初学者来讲,上手会比较容易。

Stylus 是另一种富有表现力的预处理语言,它提供了极大的灵活性和自由度。Stylus 的语法非常宽松,允许省略括号、冒号甚至逗号等。这种灵活性意味着可以写出非常接近于纯 CSS 的代码,也可以选择一种更简洁的语法风格。Stylus 的文件扩展名是.styl。

3. CSS 预处理语言选择

CSS 预处理语言都具有类似的功能,但在语法和特性方面有些许差异,选择哪种预处理语言取决于个人偏好、团队要求和项目需求。无论选择哪种预处理语言都可以通过相应的编译器或构建工具将其转换为普通的 CSS 代码,以供浏览器解析和渲染。由于 Stylus 的语法比较间接,本章的项目示例中会使用 Stylus 语法来作为示例。

12.1.4 静态规则集

静态规则集是包含在 JSON 文件中的规则对象数组。规则集文件可以在清单文件中提供,也可以通过编程的方式添加。它们也可以按需启用或禁用。静态规则集只能作为不可变文件存在,并随扩展一起打包。浏览器对静态规则的总数有限制。

下面基于 Chrome Extension MV3 版本来创建一个示例，展示静态规则集的使用。
在一个文件夹中创建以下文件：

`manifest.json`：描述扩展的清单文件。
`background.js`：用作后台脚本，处理事件。
`rule.json`：静态规则集的 JSON 文件。

编写清单文件 manifest.json，代码如下：

```
//第 12 章 12.1.4

{
  "manifest_version": 3,
  "name": "My Extension",
  "version": "1.0",
  "permissions": ["declarativeNetRequest", "storage"],
  "action": {
    "default_popup": "popup.html"
  },
  "background": {
    "service_worker": "background.js"
  },
  "declarative_net_request": {
    "rule_resources": ["rules.json"]
  }
}
```

编写静态规则集文件 rule.json，代码如下：

```
//第 12 章 12.1.4
[
  {
    "id": 1,
    "priority": 1,
    "action": {
      "type": "block"
    },
    "condition": {
      "resourceTypes": ["image"],
      "domains": [" * "],
      "ExceludedDomains": [],
      "urlFilter": " * "
    }
  }
]
```

编写 background.js 文件,代码如下:

```
//第 12 章 12.1.4

//background.js
chrome.action.onClicked.addListener((tab) => {
  chrome.tabs.create({
    url: 'https://www.example.com'
  });
});
```

在该示例中扩展会阻止所有的图片请求,并在用户单击浏览器时打开一个新的标签页。

12.1.5　动态规则集

动态规则是仅通过编程方式创建的规则对象。可以添加、移除、修改动态规则,并且可以启用或禁用动态规则。动态规则的一个子集是会话规则,这些规则是不会跨浏览器持久化的动态规则。浏览器对动态规则的总数也有限制。

注意　在不同的 Chrome 浏览器版本中所允许的规则集的大小也是不同的。在 Chrome 120 之前,动态规则和会话规则的组合被限制为 5000 个。从 Chrome 121 开始,每个扩展可以拥有最多 30 000 个安全动态规则。

下面基于 Chrome Extension MV3 来创建一个示例,展示动态规则的使用。
在一个文件夹中创建以下文件:

```
`manifest.json`: 描述扩展的清单文件。
`background.js`: 用作后台脚本,处理事件。
`popup.html`: 用作弹出窗口与用户交互。
```

编写清单文件 manifest.json,代码如下:

```
//第 12 章 12.1.5

{
  "manifest_version": 3,
  "name": "My Extension",
  "version": "1.0",
  "permissions": ["declarativeNetRequest", "declarativeNetRequestFeedback", "storage"],
  "action": {
    "default_popup": "popup.html"
  },
  "background": {
    "service_worker": "background.js"
  },
```

```
    "declarative_net_request": {
       "rule_resources": ["rules.json"]
    }
}
```

注意　声明 declarativeNetRequest 和 declarativeNetRequestFeedback 的权限。

创建一个 background.js 文件，代码如下：

```
//第12章 12.1.5
//background.js

//添加一个动态规则,该规则会阻止所有的图片请求
chrome.declarativeNetRequest.updateDynamicRules({
  addRules: [
    {
      "id": 1,
      "priority": 1,
      "action": {
        "type": "block"
      },
      "condition": {
        "resourceTypes": ["image"],
        "domains": ["*"],
        "ExceludedDomains": [],
        "urlFilter": "*"
      }
    }
  ]
});

//在这里,可以监听扩展的其他事件,如浏览器动作的单击事件
chrome.action.onClicked.addListener((tab) => {
  chrome.tabs.create({
    url: 'https://www.example.com'
  });
});
```

在这个例子中扩展会动态地添加一个规则来阻止所有的图片请求，并在用户单击浏览器时打开一个新的标签页。

12.2　框架与工具

随着前端技术的发展与成熟，JavaScript 前端框架及对应的工具链的版本已经语法成熟和好用，本书中也会尽量使用相对较新的且稳定的前端技术，本节会从 JavaScript 前端框

架的历史发展脉络开始,讲述浏览器技术开发框架的变迁,然后会着力讲述本文后面要用到的 Vue 3 和 Vite 4 技术,读者也可以根据自己的兴趣选择自己感兴趣的框架搭建自己的项目脚手架。

12.2.1　JavaScript 框架

JavaScript 前端框架是一种用于简化和加速 Web 前端开发的工具或库,它提供了一套结构、模式和工具,帮助开发者组织代码、管理数据、处理用户交互和渲染视图等。它们的目标是提高开发效率、代码可维护性和用户体验。前端框架的发展脉络可以追溯到 1995 年,文本罗列了一些关键的里程碑事件,以此来一览 JavaScript 框架的发展,希望读者对该技术的演进有一个清晰直观的认识。

1) 1995—2006 年

早期框架,JavaScript 前端框架还处于萌芽阶段,主要有以下几种:Prototype.js 于 1996 年发布,是 JavaScript 最早的面向对象框架;ExtJS 于 2006 年发布,是当时最流行的 JavaScript 框架之一,主要用于构建复杂的 Web 应用程序;YUI 于 2006 年发布,是另一个流行的 JavaScript 框架,主要用于构建动态 Web 页面。

2) 2006—2010 年

MVC 框架,在该阶段 JavaScript 前端框架开始转向 MVC(模型-视图-控制器)架构,这使前端开发更加规范化和可维护。Backbone.js 于 2010 年发布,是当时最流行的 MVC 框架之一,主要用于构建 SPA(单页应用程序);Knockout.js 于 2010 年发布,是另一个流行的 MVC 框架,主要用于构建响应式 Web 应用程序。

3) 2010—2011 年

SPA 框架,在此阶段 SPA(单页应用程序)开始流行起来,这使前端开发更加高效和用户友好。Angular.js 于 2010 年发布,是当时最流行的 SPA 框架之一,主要用于构建复杂的 Web 应用程序;Ember.js 于 2011 年发布,是另一个流行的 SPA 框架,主要用于构建大型 Web 应用程序。

4) 2011 年至今

现代框架,在该阶段,JavaScript 前端框架继续发展,出现了许多新的框架,如 React.js、Vue.js、Svelte 等。这些框架更加灵活和易用,使前端开发更加简单和高效。React.js 于 2013 年发布,是目前最流行的 JavaScript 框架之一,主要用于构建复杂的 Web 应用程序;Vue.js 于 2014 年发布,是另一个流行的 JavaScript 框架,主要用于构建大型 Web 应用程序;Svelte 于 2019 年发布,是一个轻量级的 JavaScript 框架,主要用于构建高性能的 Web 应用程序。

与此同时随着前端技术的发展,出现了许多现代化的工具和框架,如 Webpack、Babel、Vue CLI、Create React App 等,它们提供了更高效的开发环境和构建流程。同时,出现了大量的第三方库和组件,形成了庞大的前端生态系统。

以上就是 JavaScript 前端框架发展的大致脉络,JavaScript 前端框架的发展仍在继续,未来也将会出现更多新的框架和技术，需要一直对前端框架的发展保持关注。

12.2.2　Vue 3

Vue 由尤雨溪（Evan You）在 2014 年开发，很快成为最受欢迎的前端框架之一。Vue 2 版本发布于 2016 年，在 Vue 1 的基础上进行了大量改进，并取得了更大的成功。

Vue 3 是 Vue 的第 3 代版本，开发始于 2019 年，并于 2021 年 4 月发布。Vue 3 的开发目标是打造一个更现代、更灵活、更高性能的前端框架，它在 Vue 2 的基础上进行了一系列重大改进，包括组件化 API 的升级：Vue 3 引入了 Composition API，将组件化的 API 拆分成更小、更灵活的组件，让开发者更容易构建复杂的应用；Vue 3 采用了新的 Compiler 实现，在性能上有了显著提升；Vue 3 的生态系统正在不断完善，提供了丰富的组件库、工具和插件。

Vue 本质上是一个基于组件的 JavaScript 框架，它使用声明式 API 来描述用户界面。它的主要特性如下。

（1）渐进式开发：Vue.js 提供了一个渐进式的开发模式，可以逐步应用到现有的项目中，也可以从头开始构建一个完整的单页面应用程序（SPA）。这种灵活性使开发者可以根据项目需求选择性地采用 Vue.js，并逐步引入其他特性和功能。

（2）组件化开发：Vue.js 基于组件化开发的思想，将 UI 拆分为独立、可复用的组件。每个组件都有自己的模板、逻辑和样式，可以独立开发、测试和维护。组件化开发使代码更加模块化，可维护性更高，同时也提高了开发效率。

（3）声明式渲染：Vue.js 使用声明式的模板语法，将数据和 DOM 绑定在一起。开发者只需关注数据的变化，Vue.js 会自动更新相应的 DOM，从而实现了数据驱动的视图更新。这种声明式渲染的方式简化了视图的操作和维护，提高了开发效率。

（4）双向数据绑定：Vue.js 支持双向数据绑定，即数据的变化会自动反映到视图中，同时用户的输入也可以自动更新数据。这种双向数据绑定简化了数据和视图之间的同步工作，减少了手动操作的代码量。

（5）虚拟 DOM：Vue.js 使用虚拟 DOM 技术，通过在内存中构建一个轻量级的 DOM 树来代表真实的 DOM 结构。在数据变化时，Vue.js 会先比较虚拟 DOM 的差异，然后只更新需要更新的部分，从而提高了性能和渲染效率。

Vue.js 主要解决了在前端开发中的组件化、数据驱动视图、双向数据绑定和性能优化等问题，提供了一种简洁、灵活的开发方式，使构建复杂的前端应用更加高效和可维护。

12.2.3　Vite 5

Vite 是一个现代化的前端构建工具，用于快速构建现代化的 Web 应用程序。它的本质是一个开发服务器，利用 ESM 模块的原生支持和现代浏览器的特性，实现了快速的冷启动和热模块替换（HMR）。

1. 为什么会出现 Vite

Vite 的出现是为了解决传统构建工具(如 Webpack)的启动速度慢,影响开发体验、热更新功能不完善、影响开发效率、性能不高、影响应用的性能等问题。传统的前端构建工具(如 Webpack)在开发过程中需要将所有的模块打包成一个或多个 Bundle 文件,并在每次修改代码后重新构建整个应用。这种构建过程耗时较长,影响了开发者的开发效率。Vite 的核心思想是利用浏览器原生支持的 ESM 模块系统,以及现代浏览器的特性(如原生的动态 import),在开发过程中直接使用源码文件,无须打包成 Bundle 文件。当开发者修改代码时,Vite 只需重新编译修改的模块,并将更新的模块发送给浏览器,实现了快速的冷启动和热模块替换,解决了传统构建工具存在的问题,为前端开发带来了新的便利和效率。

2. Vite 的历史

Vite 是由尤雨溪创建的一个前端构建工具。它的发展历史可以追溯到 2020 年初。在早期阶段,尤雨溪是 Vue.js 框架的创造者和核心开发者。他在开发 Vue 3 的过程中意识到传统的前端构建工具在开发过程中存在一些性能瓶颈,特别是在大型项目中。传统的构建工具需要将所有模块打包成一个或多个 Bundle 文件,导致每次修改代码都需要重新构建整个应用,耗费大量的时间。基于 Bundle 的开发模式如图 12-2 所示。

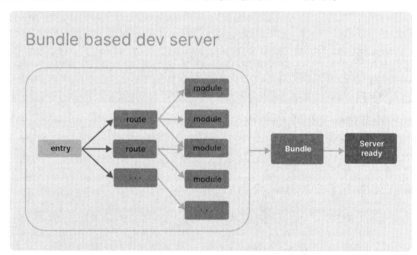

图 12-2　基于 Bundle 的开发模式

基于 ESM 模块的开发模式如图 12-3 所示。

Vite 通过原生 ESM 提供源代码。这本质上是让浏览器接管了捆绑器的部分工作:Vite 只需根据浏览器的请求按需转换和提供源代码。仅当在当前屏幕上实际使用时,才会根据处理条件动态地导入背后的代码。与其说 Vite 是与 Webpack 类似的打包构建工具,不如将其认为是一个原生的 ESM 开发服务器,只负责将浏览器 ESM 模式下无法解析的文件通过第三方库转换为 ESM,例如将 CommonJS 转换为 ESM,将 CSS 转换为 ESM,其大多数真正的文件转换和打包构建能力是借助于 ESBuild 或 Rollup 的。

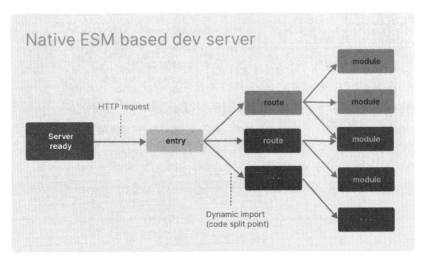

图 12-3　基于 ESM 模块的开发模式

2022 年 12 月，Vite 4.0 发布。Vite 4.0 在 Vite 3.0 的基础上进行了一系列改进，包括支持 TypeScript 4.7，支持 ES2023 新特性，优化了性能，完善了生态系统。本书后面的示例将会以 Vite 4.0 版本进行介绍。

12.3　快速上手

1. 初始化项目

（1）创建一个项目目录并进入，代码如下：

```
mkdir - p my - extentions - app
```

（2）使用 YARN 执行安装命令，命令如下：

```
yarn create vite
```

（3）填入项目名称，代码如下：

```
Project name: > ctx - vite - app
```

（4）选择 Vue 框架，代码如下：

```
(base) my - extentions - app yarn create vite
yarn create v1.22.19
warning package.json: No license field
[1/4] 🔍 Resolving packages...
[2/4] 🚚 Fetching packages...
```

```
[3/4] ⊘ Linking dependencies...
[4/4] ⚒ Building fresh packages...

success Installed "create - vite@5.2.1" with binaries:
        - create - vite
        - cva
Project name: … ctx - vite - app
Select a framework: › - Use arrow - keys. Return to submit.
      Vanilla
›     Vue
      React
      Preact
      Lit
      Svelte
      Solid
      Qwik
      Others
```

（5）选择 Typescript 开发语言：

```
Project name: … ctx - vite - app
Select a framework: › Vue
? Select a variant: › - Use arrow - keys. Return to submit.
›     TypeScript
      JavaScript
      Customize with create - vue
      Nuxt
```

（6）完成以上交互之后，即可完成 Vite 项目创建。

2. 安装并运行项目

（1）进入项目目录安装依赖包，代码如下：

```
ctx - vite - app yarn
```

如果没有安装 YARN，则可以通过 NPM 安装，命令如下：

```
npm install -- global yarn
```

（2）安装完成之后执行以下命令运行项目：

```
yarn dev
```

（3）手动打开访问地址，代码如下：

```
http://localhost:5173/
```

项目运行成功后的访问页面如图 12-4 所示。

count is 0

Edit `components/HelloWorld.vue` to test HMR

Check out create-vue, the official Vue + Vite starter

Install Volar in your IDE for a better DX

Click on the Vite and Vue logos to learn more

图 12-4　项目页面展示

3. 调整目录结构

下面展示了该项目的目录结构,将通过删除不需要的资源文件来简化项目的目录结构,加粗部分是需要删除的文件:

```
├── tsconfig.node.json
├── vite.config.ts
└── yarn.lock
```

调整后的项目结构如下：

```
├── README.md
├── index.html
├── node_modules
├── package.json
├── public
├── src
│   ├── App.vue
│   ├── main.ts
│   └── vite-env.d.ts
├── tsconfig.json
├── tsconfig.node.json
├── vite.config.ts
└── yarn.lock
```

src/App.vue 文件中的代码如下：

```
<script setup lang="ts">
</script>

<template>
  <div>
      Hello Ctx Vite
  </div>
</template>
```

src/main.ts 文件中的代码如下：

```
import { createApp } from 'vue'
import App from './App.vue'

createApp(App).mount('#app')
```

src/index.html 文件中的代码如下：

```
<!doctype html>
<html lang="en">
  <head>
    <meta charset="UTF-8" />
    <link rel="icon" type="image/svg+xml" href="/vite.svg" />
    <meta name="viewport" content="width=device-width, initial-scale=1.0" />
    <title>Vite + Vue + TS</title>
```

```
    </head>
    <body>
      <div id = "app"></div>
      <script type = "module" src = "/src/main.ts"></script>
    </body>
</html>
```

4. Vite 基础配置

1）配置国内镜像源

YARN 是一个流行的 JavaScript 包管理工具，它可以通过配置国内镜像源来加速依赖包的下载速度。在国内，因为网络问题，直接使用官方的 NPM 镜像可能会很慢，所以很多开发者会选择使用国内镜像。

以下是如何配置 YARN 使用国内镜像的步骤。

（1）临时使用国内镜像。如果只是想临时使用国内镜像来安装某个包，则可以在安装时添加 --registry 参数，代码如下：

```
yarn add some - package -- registry https://registry.npm.taobao.org
```

这样就会从淘宝的 NPM 镜像安装 some-package。

（2）持久配置国内镜像。如果想要永久改变 YARN 的源，则可以通过 yarn config 命令来设置：

```
yarn config set registry 'https://registry.npm.taobao.org'
```

这条命令会更新 YARN 的配置文件，将镜像源设置为淘宝的 NPM 镜像。

（3）验证配置。执行以下命令来验证是否配置成功：

```
yarn config get registry
```

如果输出的是 https://registry.npm.taobao.org，则说明配置成功。

（4）使用.yarnrc 文件配置。可以直接编辑项目的.yarnrc 文件（或全局的.yarnrc 文件），添加以下内容：

```
registry "https://registry.npm.taobao.org"
```

当 YARN 在该项目中运行时，它会使用指定的镜像源。

2）支持 CSS 预处理器

YARN 本身是一个包管理工具，而不是一个构建工具或 CSS 预处理器。不过可以使用 YARN 来安装支持 CSS 预处理器的包，例如 Sass、Less 或 Stylus。下面是如何使用 YARN 安装和配置这些预处理器的基本步骤。

（1）安装 Sass，代码如下：

```
yarn add sass
```

或者安装全局的 Sass，代码如下：

```
yarn global add sass
```

（2）安装 Less，代码如下：

```
yarn add less
```

或者安装全局的 Less，代码如下：

```
yarn global add less
```

（3）安装 Stylus，代码如下：

```
yarn add stylus
```

或者安装全局的 Stylus，代码如下：

```
yarn global add stylus
```

3）自定义开发环境端口

在 Vite 中，可以通过修改配置文件来自定义开发服务器的端口。以下是在 vite. config. js 或 vite. config. ts 文件中设置 server. port 选项的方法：

```
//vite.config.js 或 vite.config.ts
import { defineConfig } from 'vite';

export default defineConfig({
  server: {
    port: 3000      //将端口设置为 3000,可以根据需要更改为任何合适的端口号
  }
});
```

在上述配置中，开发服务器将尝试监听端口 3000。如果该端口已被占用，则 Vite 默认会尝试下一个可用端口。如果想要 Vite 在端口被占用时不自动寻找下一个可用端口，而是直接抛出错误，则可以将 server. strictPort 选项设置为 true，代码如下：

```
//vite.config.js 或 vite.config.ts
import { defineConfig } from 'vite';

export default defineConfig({
  server: {
```

```
    port: 3000,
    strictPort: true        //当设置为 true 时,如果端口已被占用,则会直接抛出错误
  }
});
```

4）自定义开发环境自动打开浏览器

在使用 Vite 作为前端开发和构建工具时,如果想要在启动开发服务器时自动打开浏览器,则可以在 Vite 的配置文件中设置 server. open 选项。

Vite 配置文件通常是保存在项目根目录下的 vite. config. js 或 vite. config. ts,代码如下：

```
//vite.config.js 或 vite.config.ts
import { defineConfig } from 'vite';
export default defineConfig({
  server: {
    open: true        //当设置为 true 时,开发服务器启动后会自动在浏览器中打开应用
  }
});
```

如果想要打开特定的 URL,则可以提供一个字符串：

```
//vite.config.js 或 vite.config.ts
import { defineConfig } from 'vite';

export default defineConfig({
  server: {
    open: '/specific - path'        //开发服务器启动后会自动在浏览器中打开应用的特定路径
  }
});
```

确保 Vite 版本是最新的,因为配置选项可能会随着版本的更新而发生变化。如果配置不起作用,则需检查 Vite 的官方文档或更新日志,以确认配置方式是否正确。

5）设置路径别名

在 Vite 中,设置@通常是为了简化模块的导入路径。通常,Vite 默认会将@解析为项目的根目录。这样做的好处是,可以使用相对路径来导入项目中的模块,而不必担心深层嵌套的文件结构。在本项目中@需要进行以下配置。

首先,需要用到 Node 中的 path,命令如下：

```
npm install @types/node -- save - dev
```

其次,在 vite. config. ts 配置文件中进行配置。先引入 import path from 'path',然后进行配置,代码如下：

```
import { defineConfig } from 'vite'
import vue from '@vitejs/plugin - vue'
import path from 'path'
```

```
export default defineConfig({
  resolve: {
    alias: {
      '@': path.resolve(__dirname, 'src'),
    },
  },
  plugins: [vue()],
})
```

最后,修改 tsconfig.json 的编译指令,代码如下:

```
{
  "compilerOptions": {
    "target": "ES2020",
    "useDefineForClassFields": true,
    "module": "ESNext",
    "lib": [
      "ES2020",
      "DOM",
      "DOM.Iterable"
    ],
    "skipLibCheck": true,
    "baseUrl": "./",
    "paths": {
      "@/*": [
        "./src/*"
      ]
    },
    ...
}
```

上述代码用于将 baseUrl 设置为. /和将 paths 中@/ * 的值设置为[. /src/ *]。

5. 项目目录结构设计

本章计划实现一个完整的谷歌浏览器插件,包含 Popup 页面、Option 页面、content. js、background. js 共 4 个模块,其对应的 Manifest 的配置文件如下:

```
{
    "name":"ctx - vue - app",
    "version":"1.0",
    "description":"build chrome extention base vue & vite5 demo",
    "manifest_version":3,
    "background":{
        "service_worker":"background. js"
    },
    "content_script":[
        {
            "matches":["< all_urls"],
```

```
            "css":["content.css"],
            "js":["content.js"],
            "run_at":"document_end:"
        }
    ],
    "permission":["storage","declarativeContent"],
    "host_permission":[],
    "web_accessible_resources":[
        {
            "resources":["images/app.png"],
            "matches":["<all_urls"]
        },
        {
            "resources":["insert.js"],
            "matches":["<all_urls"]
        }
    ],
    "action":{
        "default_popup":"index.html",
        "default_icon":{
            "16":"images/app.png",
            "32":"images/app.png",
            "48":"images/app.png",
            "128":"images/app.png"
        }
    }
}
```

基于此设计，需要构建目标项目目录，设计如下：

```
├── background
│      └── background.ts
├── content
│      ├── components
│      ├── content.ts
│      ├── content.vue
│      ├── element-plus.scss
│      └── images
├── options
│      └── options.ts
├── pages
│      ├── options
│      └── popup
├── popup
│      └── popup.ts
```

该目录设计将 popup、option、content、background 作为独立目录单独维护，并且设置公共目录，使更加模块化和易于维护。这样设置的目的主要有以下几点。

（1）popup：作为与用户交互的独立页面，承载产品的主要功能，该页面是标准的 Website 页面有自己的 HTML、CSS 和 JavaScript，可以使用标准的 Vue 架构进行开发。

（2）option：作为产品配置的相关页面，是用户交互的次要页面，但也属于标准的 Website 页面，也可以使用 Vue 的架构开发。由于谷歌浏览器的插件本身要求每个组件都是单独的页面，故可以使用 Vue 的多页面应用机制实现，具体细节在后续展开。

（3）content：在谷歌浏览器插件中内容脚本页面不是 HTML 页面，是运行在目标页面的 JavaScript 脚本，不能使用 Vue 的多页面机制，但是 Vite 提供了 Lib 构建方式，可直接生成 JS 文件。Vite 的 build-lib 配置选项专为构建前端库设计，允许开发者定义库的入口文件、输出格式、全局变量名等。它提供了丰富的自定义能力，如 CSS 代码拆分、压缩选项、源映射生成等，以满足不同项目的需求。build-lib 还包括对资源内联的限制、CSS 目标浏览器的设定、以及与 Rollup 插件集成的高级选项。此外，它还支持服务器端渲染（SSR）配置，以及在构建过程中对输出目录的处理选项。通过这些细致的配置，开发者可以优化库的打包和压缩，确保其在各种环境下都能高效运行。

（4）background：background 脚本与 content 脚本类似，只不过 background 常驻浏览器后台的 Service Worker 运行，没有实际页面。故也可采用与 content 一样的方式构建。

6. 配置构建脚本

1）全局构建配置

在项目的根目录下新建 globalConfig.ts 文件，用于配置项目所需的全局配置，其文件的内容如下：

```
export const CRX_OUTDIR: string = 'build';
//临时 build content script 的目录
export const CRX_CONTENT_OUTDIR: string = '_build_content';
//临时 build background script 的目录
export const CRX_BACKGROUND_OUTDIR: string = '_build_background';
```

build 目录是最终构建的完整的目录。_build_content 和 _build_background 用于保存中间构建的临时文件。

2）设置 Popup 页面的 build 配置

将当前的 Vue 页面作为 Popup 的主页面，修改 vite.config.ts 的配置如下：

```
//第 12 章 12.3.6.1

import { defineConfig } from 'vite'
import vue from '@vitejs/plugin-vue'
import path, { resolve } from 'path'
import { CRX_OUTDIR } from './globalConfig'

export default defineConfig({
  build: {
        //输出目录
```

```
        outDir: CRX_OUTDIR,
        rollupOptions: {
            input: {
                popup: resolve(__dirname, '/index.html'),
            }
        }
    },
    ...
    resolve: {
        alias: {
            '@': path.resolve(__dirname, 'src'),
        },
    },
    plugins: [vue()],
})
```

3）设置 Option 页面的 build 配置

多页面应用的核心是使用 Vite 指定多个 .html 文件作为入口点。在前文介绍过 Option 页面与 Popup 共享 Vue 的框架并通过多页面机制来实现，即需要在 Vite 中做好多页面应用配置。修改的 vite.config.js 配置文件如下：

```
//第 12 章 12.3.6.2

import { defineConfig } from 'vite'
import vue from '@vitejs/plugin-vue'
import path, { resolve } from 'path'
import { CRX_OUTDIR } from './globalConfig'

export default defineConfig({
  build: {
        //输出目录
        outDir: CRX_OUTDIR,
        rollupOptions: {
            input: {
                options: resolve(__dirname, '/options/index.html'),
                popup: resolve(__dirname, '/index.html'),
            }
        }
    },
    ...
    resolve: {
        alias: {
            '@': path.resolve(__dirname, 'src'),
        },
    },
    plugins: [vue()],
})
```

该配置是关于构建(build)过程的设置,其中包含了输出目录和 Rollup 选项。

(1) outDir(输出目录):这个属性指定了构建后文件的输出目录,其中 CRX_OUTDIR 是一个变量,代表输出目录的路径。所有构建生成的文件都会被放置在这个目录下。

(2) rollupOptions:关于 Rollup 打包工具的配置选项,用于指定 Rollup 的行为。input 是 Rollup 打包的入口点配置,指定了要打包的源文件。它是一个对象,其中每个键表示一个入口点,对应的值是入口文件的路径。options 表示一个入口点的配置,其中 resolve (__dirname, '/options/index. html')是一个路径解析函数,用于解析输入文件的路径。这个配置可能是一个 HTML 文件,作为入口点,路径为/options/index. html。popup:表示另一个入口点的配置,其中 resolve(__dirname, '/index. html')是另一个路径解析函数,用于解析输入文件的路径。这个配置可能是一个 HTML 文件,作为入口点,路径为/index. html。

4) 设置 Content 脚本的 build 配置

在项目的根目录下创建 vite. content. config. ts 文件,其内容如下:

```
//第 12 章 12.3.6.3

import { defineConfig } from 'vite'
import vue from '@vitejs/plugin-vue'
import path from 'path'
import { CRX_CONTENT_OUTDIR } from './globalConfig'

export default defineConfig({
    build: {
        //输出目录
        outDir: CRX_CONTENT_OUTDIR,
        lib: {
            entry: [path.resolve(__dirname, 'src/content/index.ts')],
            //Content Script 不支持 ES6,因此不用使用 ES 模式,需要改为 CJS 模式
            formats: ['cjs'],
            //设置生成文件的文件名
            fileName: () => {
                //将文件后缀名强制定为 JS,否则会生成 CJS 的后缀名
                return 'content.js'
            },
        },
        rollupOptions: {
            output: {
                assetFileNames: (assetInfo) => {
                    //附属文件命名,Content Script 会生成配套的 CSS
                    return 'content.css'
                },
            },
        },
    },
    resolve: {
        alias: {
```

```
            '@': path.resolve(__dirname, 'src'),
        },
    },
    //解决代码中包含 process.env.NODE_ENV 而导致无法使用的问题
    define: {
        'process.env.NODE_ENV': null,
    },
    plugins: [vue()],
})
```

其中构建方式使用 Vite 的 build.lib 的构建方式，它的作用是将 TypeScript 或 JavaScript 源代码转换为一个可发布的 JavaScript 库。在该配置中，entry 指定了库的入口文件路径，通常是一个 TypeScript 或 JavaScript 文件；name 指定了库的全局变量名，这个变量名将作为在浏览器环境下访问库的入口。fileName 指定了构建后的文件名，format 是指输出格式，通常有 ES、UMD、CJS 等格式。CJS 则表示使用 CommonJS 格式进行构建，这意味着构建后的库将以 CommonJS 模块的形式导出，适用于 Node.js 等环境。有关 Vite 构建库的更多细节可以参考 Vite 的官方网站。

5）设置 Background 脚本的 build 配置

在项目的根目录下创建 vite.background.config.ts 文件，其内容如下：

```
//第 12 章 12.3.6.4

import { defineConfig } from 'vite'
import vue from '@vitejs/plugin-vue'
import path from 'path'
import { CRX_BACKGROUND_OUTDIR } from './globalConfig'

//https://vitejs.dev/config/
export default defineConfig({
  build: {
    //输出目录
    outDir: CRX_BACKGROUND_OUTDIR,
    lib: {
      entry: [path.resolve(__dirname, 'src/background/index.ts')],
      //Background Script 不支持 ES6,因此不用使用 ES 模式,需要改为 CJS 模式
      formats: ['cjs'],
      //设置生成文件的文件名
      fileName: () => {
        //将文件后缀名强制定为 JS,否则会生成 CJS 的后缀名
        return 'background.js'
      },
    },
  },
  resolve: {
    alias: {
      '@': path.resolve(__dirname, 'src'),
```

```
        },
    },
    plugins: [vue()],
})
```

Background 的设置与 Content 类似, 在此不再赘述。

6) 设置项目构建配置

项目的构建目标将临时生成的内容脚本和后台脚本复制到最终的输出目录中, 并在复制完成后删除临时生成的目录。可以通过自定义 build.js 脚本实现, 其构建脚本如下:

```
//第 12 章 12.3.6.5

import fs from 'fs'
import path from 'path'

export const CRX_OUTDIR = 'build'
//临时 build content script 的目录
export const CRX_CONTENT_OUTDIR = '_build_content'
//临时 build background script 的目录
export const CRX_BACKGROUND_OUTDIR = '_build_background'

//复制目录文件
const copyDirectory = (srcDir, destDir) => {
    //判断目标目录是否存在,如果不存在,则创建
    if (!fs.existsSync(destDir)) {
        fs.mkdirSync(destDir)
    }
    fs.readdirSync(srcDir).forEach((file) => {
        const srcPath = path.join(srcDir, file)
        const destPath = path.join(destDir, file)

        if (fs.lstatSync(srcPath).isDirectory()) {
            //递归复制子目录
            copyDirectory(srcPath, destPath)
        } else {
            //复制文件
            fs.copyFileSync(srcPath, destPath)
        }
    })
}
//删除目录及文件
const deleteDirectory = (dir) => {
    if (fs.existsSync(dir)) {
        fs.readdirSync(dir).forEach((file) => {
            const curPath = path.join(dir, file)
            if (fs.lstatSync(curPath).isDirectory()) {
                //递归删除子目录
```

```
                    deleteDirectory(curPath)
              } else {
                    //删除文件
                    fs.unlinkSync(curPath)
              }
        })
        //删除空目录
        fs.rmdirSync(dir)
    }
}

//源目录:Content Script 临时生成目录
const contentOutDir = path.resolve(process.cwd(), CRX_CONTENT_OUTDIR)
//源目录:Background Script 临时生成目录
const backgroundOutDir = path.resolve(process.cwd(), CRX_BACKGROUND_OUTDIR)
//目标目录:Chrome Extension 最终的 build 目录
const outDir = path.resolve(process.cwd(), CRX_OUTDIR)
//将源目录内的文件和目录全部复制到目标目录中
copyDirectory(contentOutDir, outDir)
copyDirectory(backgroundOutDir, outDir)
//删除源目录
deleteDirectory(contentOutDir)
deleteDirectory(backgroundOutDir)
```

该代码使用 Node.js 脚本，用于在构建 Chrome 扩展时处理临时生成的文件和目录。

首先，使用 import 语句导入了 Node.js 的核心模块 fs（文件系统）和 path（路径处理）。

然后定义了一些常量，包括 CRX_OUTDIR、CRX_CONTENT_OUTDIR 和 CRX_BACKGROUND_OUTDIR，它们分别表示最终输出目录、内容脚本的临时构建目录和后台脚本的临时构建目录。接着定义了两个函数：copyDirectory 和 deleteDirectory。copyDirectory 用于递归地将源目录中的文件和子目录复制到目标目录中，deleteDirectory 用于递归地删除指定目录及其所有内容。

然后通过 path.resolve() 将临时构建目录的路径转换为绝对路径。随后，使用 copyDirectory 函数将内容脚本和后台脚本的内容从临时构建目录中复制到最终输出目录中，然后使用 deleteDirectory 函数删除临时构建目录。

7. 公共样式配置

Element Plus 是一个基于 Vue 3.0 的组件库，是对 Element UI 的升级版本。它提供了一套丰富的 UI 组件，包括按钮、表单、对话框、菜单、布局等，可以帮助开发者快速地构建出美观、易用的前端界面。Element Plus 的设计风格简洁大方，符合现代 Web 应用的审美标准。

Element Plus 在继承了 Element UI 的优点的基础上，还进行了一些改进和优化，使组件库更加轻量，性能更好，体验更优。同时，Element Plus 还充分利用了 Vue 3.0 的新特性，如 Composition API，以及对 TypeScript 的支持，使代码更加简洁，可维护性更高。

首先,执行如下命令:

```
yarn add element - plus
```

其次,引入 Element Plus,修改 src/main.js 文件,代码如下:

```
//第 12 章 12.3.7.1

import { createApp } from 'vue'
import App from './App.vue'
import ElementPlus from 'element - plus'
import 'element - plus/dist/index.css'

//createApp(App).mount('#app')
const app = createApp(App)
app.use(ElementPlus)
app.mount('#app')
```

注意　需要导入 element-plus/dist/index.css,不然组件的样式会丢失。

最后,修改 src/App.vue 文件来验证 Element Plus,代码如下:

```
//第 12 章 12.3.7.1

< script setup lang = "ts">
</script>

< template >
  < div >
      Hello Ctx Vite
  </div >
< div >
    < el - button type = "primary"> Primary </el - button >
</div >
</template >
```

执行下面的命令以启动预览:

```
yarn run dev
```

预览效果如图 12-5 所示。

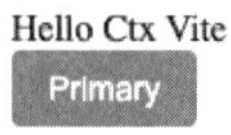

图 12-5　Element Plus 效果预览

将默认语言设置为中文,修改 src/main.js 文件,代码如下:

```
import { createApp } from 'vue'
import App from './App.vue'
import ElementPlus from 'element - plus'
import 'element - plus/dist/index.css'
import zhCn from 'element - plus/dist/locale/zh - cn.mjs'
//createApp(App).mount('# app')
const app = createApp(App)
app.use(ElementPlus,{
    locale:zhCn,
})
app.mount('# app')
```

8. Popup 开发

1) 开发登录页面

(1) 安装 Stylus CSS 预处理器依赖,代码如下:

```
yarn add - D stylus
```

(2) 在 src/popup/views/login/目录下创建 login.vue 文件,代码如下:

```
//第12章 12.3.8.1

< template >
  < el - form
    ref = "ruleFormRef"
    :model = "formData"
    :rules = "rules"
    labelPosition = "left"
    status - icon
  >
    < div class = "P - login">
      < img
        src = "./logo.png"
        class = "logo"
      />
      < div class = "ipt - con">
        < el - form - item prop = "username">
          < el - input
            v - model = "formData.username"
            placeholder = "用户名"
          />
        </el - form - item >
      </div >
      < div class = "ipt - con">
        < el - form - item prop = "password">
          < el - input
            type = "password"
```

```
                v-model = "formData.password"
                placeholder = "密码"
                show-password
              />
          </el-form-item>
        </div>
        <div class = "ipt-con-btn">
          <el-button
            style = "width: 100%"
            @click = "registerForm()"
          >注册</el-button>
          <el-button
            style = "width: 100%"
            @click = "submitForm(ruleFormRef)"
          >登录</el-button>
        </div>
      </div>

  </el-form>
</template>

<script lang = "ts" setup>
import { reactive, ref } from 'vue'
import type { FormInstance, FormRules } from 'element-plus'

//router 钩子,返回路由器实例
//const router = useRouter()

const ruleFormRef = ref<FormInstance>()
interface RuleForm {
  username: string;
  password: string;
}
const formData = reactive<RuleForm>({
  username: '',
  password: '',
})
const rules = reactive<FormRules<RuleForm>>({
  username: [
    { required: true, message: '请输入用户名', trigger: 'blur' },
    { min: 3, max: 10, message: '长度应该在 3~10 个字符之间', trigger: 'blur' },
  ],
  password: [
    { required: true, message: '请输入密码', trigger: 'blur' },
    { min: 3, max: 10, message: '长度应在 3~10 个字符之间', trigger: 'blur' },
  ],
})
</script>

<style scoped lang = "stylus">
.P-login
    position: absolute
    width: 350px
```

```
        height: 280px
        background: #14C9C9
        .logo
            display: block
            margin: 10px auto
            width: 96px
            height : 96px
        .ipt－con
            margin: 0 auto 20px
            width: 250px
            text－align: center
        .ipt－con－btn
            display: flex
            margin: 0 auto 20px
            width: 250px

</style>
```

（3）修改 main. ts 文件，增加 Popup 文件引入，代码如下：

```
//第12章 12.3.8.1

import { createApp } from 'vue'
import App from './App.vue'
import Login from '@/popup/views/login/login.vue'
import ElementPlus from 'element－plus'
import 'element－plus/dist/index.css'
import zhCn from 'element－plus/dist/locale/zh－cn.mjs'
const app = createApp(Login)
app.use(ElementPlus,{
    locale:zhCn,
})
app.mount('#app')
```

（4）执行启动命令，命令如下：

```
yarn run dev
```

（5）登录页面的显示效果如图 12-6 所示。

图 12-6　登录页面的显示效果

2）开发插件主页面

（1）在 src/popup/views/home/目录下创建 home. vue 文件，代码如下：

```
//第 12 章 12.3.8.2

<template>
  <div class = "P - home">
    <el - form
      :model = "form"
      label - width = "150px"
      width = "200px"
      label - position = "left"
    >
      <div class = "main - container">
        <el - form - item label = "字数">
          <el - input v - model = "form.wordcount" />
        </el - form - item>
        <el - form - item label = "文本语言检测">
          <el - select
            v - model = "form.detected_language"
            clearable
          >
            <el - option
              label = "英文"
              value = "en - US"
            />
            <el - option
              label = "简体中文"
              value = "zh - CN"
            />
          </el - select>
        </el - form - item>

        <el - form - item label = "目标语言">
          <el - select
            v - model = "form.target_language"
            clearable
          >
            <el - option
              label = "英语"
              value = "en - US"
            />
            <el - option
              label = "简体中文"
              value = "zh - CN"
            />
          </el - select>
        </el - form - item>
```

```html
        <el-form-item>
          <el-button
            class="btn"
            type="primary"
            @click="onSubmit"
          >
            确认
          </el-button>
        </el-form-item>
      </div>
    </el-form>

    <div class="settings_btn">
      <el-button
        class="btn"
        type="info"
        @click="gotoSettings"
      >
        <div class="setting_ico">
          <el-icon>
            <Setting />
          </el-icon>
        </div>
        设置
      </el-button>

    </div>


    <div class="logo">
      <el-text
        class="mx-1"
        type="info"
      >AnythingtoContent</el-text>
    </div>
  </div>
</template>

<script lang="ts" setup>
import { reactive } from 'vue'
const form = reactive({
  wordcount: '',
  detected_language: '',
  target_language: '',
})
</script>

<style scoped lang="stylus">
.P-home
```

```
        position relative
        width: 350px
        height: 280px
        background - color: #14C9C9
        padding - top: 20px
        padding - right:10px


.main - container
    margin - left: 2px
.main - container label
    font - weight: bold
    font - size: 15px
.settings_btn
    radius: 10px
    margin - left:5px
.setting_ico
    margin - right: 3px
.logo
    position: absolute
    bottom: 10px
    left: 48 %
.logo span
    font - size: 20px
    font - weight: bold
    color: #114BA3

</style>
```

(2) 修改 main.ts 文件,增加 home 文件入口,代码如下:

```
//第 12 章 12.3.8.2

import { createApp } from 'vue'
import App from './App.vue'
//import Login from '@/popup/views/login/login.vue'
import Home from '@/popup/views/home/home.vue'
import ElementPlus from 'element - plus'
import 'element - plus/dist/index.css'
import zhCn from 'element - plus/dist/locale/zh - cn.mjs'
const app = createApp(Home)
app.use(ElementPlus,{
    locale:zhCn,
})
app.mount('#app')
```

注意 该示例使用了简体中文来实现语言的国际化配置,需要在 vite-env.d.ts 文件中声明变量 declare module 'element-plus/dist/locale/zh-cn.mjs'。

（3）执行以下命令：

```
yarn run dev
```

（4）其显示效果如图 12-7 所示。

图 12-7　插件主页面的显示效果

3）配置页面路由

关于登录页面和主页面串联可以使用 Vue Router。Vue Router 是 Vue.js 官方的路由管理器，它可以让开发者构建单页应用（Single Page Application，SPA）更加轻松。在 Vue Router 中，路由可以分为一级路由和二级路由。

一级路由指的是应用中的主要页面级别，通常对应于页面的顶层导航，例如主页、用户信息页、商品列表页等。一级路由的路径会直接在 URL 中显示，例如/home、/user、/products 等。

二级路由则是在一级路由下的更细分的页面，它们通常展示在一级路由页面内部的某个区域中，用于展示更详细的内容或功能。例如，在用户信息页（/user）下可能包含用户资料页、用户设置页等二级路由，它们的路径可能是/user/profile、/user/settings 等。

Vue Router 允许通过嵌套路由的模式来管理这些一级和二级路由的关系。在路由配置中，可以为每个一级路由指定一个组件，并在这个组件内部配置二级路由。这样一来，当用户访问一级路由时，Vue Router 会根据路由配置渲染对应的一级路由组件，并根据 URL 匹配渲染相应的二级路由组件。

（1）安装路由管理器，代码如下：

```
yarn add vue-router@4
```

（2）在 src/popup/router/目录下创建 router.ts 文件，代码如下：

```
//第 12 章 12.3.8.3

import { RouteRecordRaw } from 'vue-router'
```

```
import Entry from '@/popup/views/entry/entry.vue'

const routes: Array<RouteRecordRaw> = [
  {
    path: '/login',
    name: 'login',
    component: () => import('@/popup/views/login/login.vue'),
    meta: {
      title: '内容转音频 - 登录',
    },
  },
  {
    path: '/home',
    name: 'home',
    component: () => import('@/popup/views/home/home.vue'),
    meta: {
      title: '内容转音频 - 主页',
    },
  },
  {
    path: '',
    redirect: '/home',
  },
  {
    path: '/',
    component: Entry,
    children: [{ path: '/:pathMatch(.*)', redirect: '/home' }],
  },
]
export default routes
```

（3）在 src/popup/router/目录下创建 router.config.ts 文件，代码如下：

```
//第 12 章 12.3.8.3

import { createRouter, createWebHistory } from 'vue-router'
import routes from './router.ts'
import { sessionKey } from '../utils/auth'

const router = createRouter({
  history: createWebHistory(),
  routes,
```

```
    })

    //路由守卫

    router.beforeEach((to, from, next) => {
      //判断用户是否登录
      const userInfo = localStorage.getItem(sessionKey)
      if (!userInfo) {
        if (to.path === '/login') {
          next()
          return
        } else {
          next('/login')
        }
      } else {
        next()
      }
    })

    export default router
```

  路由守卫是 Vue Router 提供的一种机制，用于在导航过程中对路由进行监控和控制。通过路由守卫，可以在导航到某个路由前或导航离开某个路由时，执行一些特定的逻辑，例如权限验证、页面加载状态管理等。

  在 Vue Router 中，路由守卫包括全局前置守卫、全局解析守卫、全局后置钩子、路由独享的守卫及组件内的守卫等几种类型。

  ① 全局前置守卫（Global Before Guards）：全局前置守卫是在路由导航触发之前执行的逻辑。可以通过 router.beforeEach 方法来注册全局前置守卫，它接收一个回调函数，在导航触发之前执行。

  ② 全局解析守卫（Global Resolve Guards）：全局解析守卫是在路由组件解析之前执行的逻辑。可以通过 router.beforeResolve 方法来注册全局解析守卫，它接收一个回调函数，在路由组件解析之前执行。

  ③ 全局后置钩子（Global After Hooks）：全局后置钩子是在导航完成之后执行的逻辑。可以通过 router.afterEach 方法来注册全局后置钩子，它接收一个回调函数，在导航完成之后执行。

  ④ 路由独享的守卫（Per-Route Guards）：路由独享的守卫是针对某个特定路由配置的守卫。在路由配置对象中，可以通过 beforeEnter 字段来指定路由独享的守卫，它接收一个回调函数，在导航到该路由时执行。

  ⑤ 组件内的守卫（In-Component Guards）：组件内的守卫是针对某个组件内部的守卫

逻辑。可以在 Vue 组件中定义 beforeRouteEnter、beforeRouteUpdate 和 beforeRouteLeave 这 3 个生命周期钩子函数来实现组件内的守卫逻辑。

通过合理地使用这些路由守卫,可以对路由导航过程中的各个阶段进行精细化控制和处理,从而实现一些高级的路由管理逻辑,例如权限验证、页面加载状态管理、路由过渡效果控制等。

(4) 构建 Entry 二级路由页面。

在 src/popup/views/entry/目录下创建 entry.vue 文件,代码如下:

```
//第 12 章 12.3.8.3

< template >
  < div class = "M - entry">
    < router - view />
  </div>
</template>

< style scoped lang = "stylus">
.M - entry
    display: flex
    flex - direction: column
    height: 100 %
    .main - container
        position: relative
        flex: 1
</style>
```

router-view 是 Vue Router 提供的一个功能性组件,用于在 Vue.js 应用中渲染匹配当前 URL 的组件。在 Vue Router 中定义了路由规则,并且在应用中使用了 router-view 组件,这样 Vue Router 就会根据当前 URL 匹配对应的路由规则,并将匹配到的组件渲染到 router-view 所在的位置。

(5) 新建 Popup 入口页面。

在 src/目录下创建 popup.vue 文件,代码如下:

```
//第 12 章 12.3.8.3

< script setup lang = "ts">
</script>

< template >
  < router - view ></router - view >
</template>

< style lang = "stylus">
body
    position relative
```

```
   width: 350px
   height: 280px
</style>
```

(6) 重新修改入口文件,代码如下:

```
//第 12 章 12.3.8.3

import { createApp } from 'vue'
import ElementPlus from 'element - plus'
import 'element - plus/dist/index.css'
import zhCn from 'element - plus/dist/locale/zh - cn.mjs'
import router from '@/popup/router/router.config.ts'
import popup from '@/popup.vue'

const app = createApp(popup)
app.use(ElementPlus, {
    locale: zhCn,
})
app.use(router)
app.mount('#app')
```

(7) 展示登录界面。
在浏览器中输入以下路径,代码如下:

```
http://localhost:3000/login
```

效果如图 12-8 所示。
(8) 展示主页面。
在浏览器中输入以下路径,代码如下:

```
http://localhost:3000/home
```

效果如图 12-9 所示。

图 12-8　登录页面的显示效果　　　　　图 12-9　主页面的显示效果

4）构建项目并载入插件

（1）资源准备。

由于目前未配置 background.js 和 content.js 脚本，所以需要在 public 目录下修改 manifest.json 文件，代码如下：

```
//第 12 章 12.3.8.4

{
  "name": "ctx - vue - app",
  "version": "1.0",
  "description": "build chrome extention base vue & vite5 demo",
  "manifest_version": 3,
  "action": {
    "default_popup": "index.html",
    "default_icon": {
      "16": "images/app.png",
      "32": "images/app.png",
      "48": "images/app.png",
      "128": "images/app.png"
    }
  },
  "icons": {
    "16": "images/app.png",
    "32": "images/app.png",
    "48": "images/app.png",
    "128": "images/app.png"
  },
  "permissions": ["storage", "declarativeContent"]
}
```

（2）准备图标文件。

在 public 文件夹下创建 images 文件夹，并将准备好的插件的图标复制到 images 文件夹下。

（3）执行构建项目命令，命令如下：

```
yarn build
```

执行完毕后在当前项目的根目录下会生成一个 build 文件夹，关于编译配置在本节的第 5 部分已经有详细的介绍，这里不再赘述。

（4）在浏览器中加载构建的插件资源。

打开谷歌浏览器，在网址栏中输入 chrome://extensions/命令，在右上角打开开发者模式，若已开启，则在左上角单击选择已解压的扩展程序，选择刚刚构建出来的 build 目录便可完成加载，效果如图 12-10 所示。

图 12-10　已加载的插件程序

（5）预览插件效果。

首先任意打开一个标签，然后单击右侧的扩展图标，即可看到弹出的 Popup 页面，效果如图 12-11 所示。

图 12-11　展示浏览器插件效果

9. Option 页面开发

1）多页面配置

多页面应用程序是指具有多个独立的 HTML 页面的应用程序。每个页面通常对应于应用程序的一个功能或视图。在 Vue 3 中，MPA 通常不需要额外的路由管理器，因为每个页面都有自己的 HTML 文件和对应的 Vue 组件。

Chrome 插件通常相对简单，不需要像大型单页面应用程序（SPA）那样复杂的路由和状态管理。使用多页面可以更直观地组织代码和功能。因为 Popup 页面与 Option 页面在浏览器插件设计中就是不同的页面组件，而 Vue 3 也可以支持多页面应用。下面来展示在 Vue 3 中如何配置多页面。

调整项目的目录结构，调整后的目录结构如下：

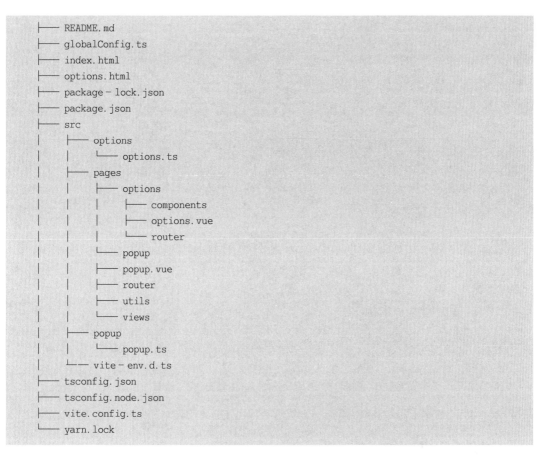

```
├── README.md
├── globalConfig.ts
├── index.html
├── options.html
├── package-lock.json
├── package.json
├── src
│   ├── options
│   │   └── options.ts
│   ├── pages
│   │   ├── options
│   │   │   ├── components
│   │   │   ├── options.vue
│   │   │   └── router
│   │   └── popup
│   │       ├── popup.vue
│   │       ├── router
│   │       ├── utils
│   │       └── views
│   ├── popup
│   │   └── popup.ts
│   └── vite-env.d.ts
├── tsconfig.json
├── tsconfig.node.json
├── vite.config.ts
└── yarn.lock
```

在以上的文件结构中对项目目录进行了调整,方便维护多页面应用。首先在根目录中原有的 Popup 入口文件 index.html 的基础上增加了 Option 页面的入口文件 options.html。在 src 目录下新建了 options 和 popup 目录,分别作为两个应用的启动目录,在对应的启动目录里面分别创建的是 options.ts 和 popup.ts 应用启动文件。

注意 在入口文件中需要引入正确的 Vue 启动文件的地址。

同时创建了 pages 目录,并且在此目录下包含 options 和 popup 目录,用于存放 options 和 popup 各自应用的 Vue 的组件,包含 Vue 文件、路由脚本及子组件。

2)开发 Option 模块

(1) Option 的入口文件。

在项目的根目录下创建 options.html,代码如下:

```
//第 12 章 12.3.9.2

<!DOCTYPE html>
```

```
< html lang = "en">
  < head >
    < meta charset = "UTF - 8" />
    < link rel = "icon" type = "image/svg + xml" href = "/favicon. ico" />
    < meta name = "viewport" content = "width = device - width, initial - scale = 1.0" />
    < title > Vite + Vue Demo </title >
  </head >
  < body >
    < div id = "app"></div >
    < script type = "module" src = "/src/options/options. ts"></script >
  </body >
</html >
```

（2）Option 的 TypeScript 入口文件。

在 src/options/目录下创建 options. ts 文件，代码如下：

```
//第 12 章 12.3.9.2

import { createApp } from 'vue'
import Options from '@/pages/options/options. vue'
import OptionsRouter from '@/pages/options/router/router. config'
import ElementPlus from 'element - plus'
import 'element - plus/dist/index. css'
import zhCn from 'element - plus/dist/locale/zh - cn. mjs'

createApp(Options)
  . use(ElementPlus, { locale: zhCn })
  . use(OptionsRouter)
  . mount('♯ app')
```

（3）开发组件页面。

在 src/pages/options/目录下创建 options. vue 文件，代码如下：

```
//第 12 章 12.3.9.2

< script
  lang = "ts"
  setup
>
</script >

< template >
  < div id = "wrapper">
    < header >
      < h1 >内容转语音</h1 >
      < span > v1. 0. 0 </span >
    </header >
    < nav >
```

```
    < div class = "inner">
      < ul >
        <li>< router - link to = "/settings">设置</router - link ></li>
        <li>< router - link to = "/information">账号信息</router - link ></li>
        <li>< router - link to = "/price">价格</router - link ></li>
        <li>< router - link to = "/about">关于</router - link ></li>
      </ul >
    </div >
  </nav >
  < article >
    < div class = "inner">
      < router - view ></router - view >
    </div >
  </article >
 </div >
</template >
…
```

（4）创建路由文件。

在 src/pages/options/router 目录下创建 router. ts 和 router. config. ts 文件,代码如下：

```
//第 12 章 12.3.9.2

import { RouteRecordRaw } from 'vue - router'
import SettingsComponent from '@/pages/options/components/SettingsComponent.vue'
import InformationComponent from '@/pages/options/components/InformationComponent.vue'
import PriceComponent from '@/pages/options/components/PriceComponent.vue'
import AboutComponent from '@/pages/options/components/AboutComponent.vue'

const routes: Array < RouteRecordRaw > = [
  { path: '/', component: SettingsComponent },
  { path: '/settings', component: SettingsComponent },
  { path: '/information', component: InformationComponent },
  { path: '/price', component: PriceComponent },
  { path: '/about', component: AboutComponent },
]

export default routes
```

router. config. ts 文件中的代码如下：

```
import { createRouter, createWebHashHistory } from 'vue - router'
import routes from './router.ts'
const options_router = createRouter({
  history: createWebHashHistory(),
  routes,
})
export default options_router
```

（5）创建子组件。

在 src/pages/options/components 目录下创建 informationComponent. vue 文件，代码
如下：

```
//第 12 章 12.3.9.2

< template >
  < el - form
    ref = "ruleFormRef"
    :model = "ruleForm"
    :rules = "rules"
    :size = "formSize"
    labelPosition = "left"
    status - icon
  >
    < el - form - item
      label = "用户名"
      prop = "username"
    >
      < el - input v - model = "ruleForm.username" />
    </el - form - item >

    < el - form - item
      label = "邮箱"
      prop = "email"
    >
      < el - input v - model = "ruleForm.email" />
    </el - form - item >

    < el - form - item
      label = "电话"
      prop = "phone"
    >
      < el - input v - model = "ruleForm.phone" />
    </el - form - item >

    < el - form - item >
      < el - button
        type = "primary"
        @click = "submitForm(ruleFormRef)"
      >修改</el - button >
    </el - form - item >

  </el - form >
</template >

< script
  lang = "ts"
```

```
  setup
>
import { ref, reactive } from 'vue'
import type { FormInstance, FormRules } from 'element - plus'

interface RuleForm {
  username: string,
  email: string,
  phone: string,
}
const formSize = ref('default')
const ruleFormRef = ref < FormInstance >()

const ruleForm = reactive < RuleForm >({
  username: '',
  email: '',
  phone: '',
})

const rules = reactive < FormRules < RuleForm >>({
  username: [
    { required: true, message: '请输入用户名', trigger: 'blur' },
    { min: 3, max: 10, message: '长度应为 3～10 个字符', trigger: 'blur' },
  ],
  email: [
    {
      required: true,
      message: '请输入邮箱',
      trigger: 'blur',
    },
    { type: 'email', message: '请输入正确的邮箱格式', trigger: [ 'blur', 'change' ] },
  ]
});


const submitForm = async (formEl: FormInstance | undefined) => {
  if (!formEl) return
  await formEl.validate((valid, fields) => {
    if (valid) {
      console.log('submit!')
      console.log(ruleForm)
    } else {
      console.log('error submit!', fields)
    }
  })
}
</script >
```

其他子组件的代码与此类似，此处不再赘述。

（6）创建跳转。

在 src/pages/popup/views/home 目录下修改 home.vue 文件中的内容,代码如下：

```
//第 12 章 12.3.9.2

    …
< div class = "settings_btn">
    < el - button
        class = "btn"
        type = "info"
        @click = "gotoSettings"
    >
        < div class = "setting_ico">
          < el - icon >
            < Setting />
          </el - icon >
        </div >
        设置
    </el - button >

</div >
…
const gotoSettings = () => {
  console. log('gotoSettings')
  window. open('/options. html')
}
…
```

将设置按钮的执行动作增加跳转到 Option 界面的行为。

3）构建 Option 页面

本节已经详细介绍了多页面编译的配置机制,在这里只需执行构建脚本。vite. config. ts 的配置脚本如下：

```
//第 12 章 12.3.9.3

    …
  build: {
    outDir: CRX_OUTDIR,
    rollupOptions: {
      input: {
        popup: path. resolve(__dirname, 'index. html'),
        options: path. resolve(__dirname, 'options. html'),
      },
    },
  },
  resolve: {
    alias: {
      '@': path. resolve(__dirname, 'src'),
```

```
    },
  },
  plugins: [vue()],
})
```

4）构建并查看 Option 页面

执行以下命令进行项目构建：

```
yarn build
```

结果会生成对应的 build 文件，目录结构如下：

```
├── assets
├── images
│    └── app.png
├── index.html
├── insert.js
├── manifest.json
└── options.html
```

5）构建并查看 Option 页面

打开谷歌浏览器，在网址栏中输入 chrome：//extensions/命令，在已经安装的插件中选择 ctx-vue-app，单击"刷新"按钮，如图 12-12 所示。

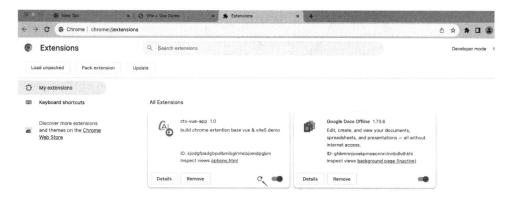

图 12-12　更新 Option 页面资源

重新打开一个新的浏览器标签页，在浏览器右上角单击已经打开的插件，进入主页面，并单击"设置"按钮，效果如图 12-13 所示。

最终在新的标签上显示 Option 配置页面，效果如图 12-14 所示。

10.　Content Script 开发

1）安装依赖

（1）安装 Chrome 扩展 API 类型声明：大多数 Chrome 扩展 API 有相应的 TypeScript

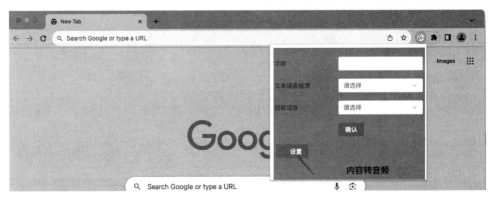

图 12-13　跳转 Option 页面操作

图 12-14　Option 页面展示

类型声明文件。可以通过在项目中安装这些类型声明文件来获得代码补全和类型检查的支持，命令如下：

```
npm install -- save-dev @types/chrome
```

（2）安装 Dexie 依赖：在项目中使用 IndexedDB，以便允许在浏览器中存储大量结构化数据，并提供强大的查询和索引功能，命令如下：

```
yarn add -D dexie
```

（3）安装 Saas 依赖：该命令会在项目中安装 Sass 编译器，以便可以在项目中使用 Sass 编写样式，并通过编译将其转换为普通的 CSS 文件。

```
yarn add -D sass
```

2）开发 Content 模块

在 src 目录中创建 content 目录，其内部详细的目录结构如下：

```
├── components
│       └── taskDialog.vue
├── content.ts
├── content.vue
├── element-plus.scss
└── images
        └── content-icon.png
```

content.ts 是项目的入口文件；content.vue 是 Content 的 Vue 模板文件，components 目录中存放的是 content.vue 所依赖的子组件；images 是依赖的图片资源；element-plus.scss 文件是样式文件，用于防止样式污染，在后面会详细介绍。

在 src/content/ 目录下创建 content.ts 文件，代码如下：

```
//第 12 章 12.3.10.2

import { createApp } from 'vue'
import ElementPlus from 'element-plus'
import '@/content/element-plus.scss'
import zhCn from 'element-plus/dist/locale/zh-cn.mjs'
import Content from '@/content/content.vue'

//创建 id 为 CRX-container 的 div
const crxApp = document.createElement('div')
crxApp.id = 'CRX-container'
//将刚创建的 div 插入 body 的最后
document.body.appendChild(crxApp)

//创建 Vue App
const app = createApp(Content)
//集成 Element Plus
app.use(ElementPlus, {
  locale: zhCn,
})
//将 Vue App 插入刚创建的 div
app.mount('#CRX-container')

//向目标页面驻入 JS
try {
  let insertScript = document.createElement('script')
  insertScript.setAttribute('type', 'text/javascript')
  insertScript.src = window.chrome.runtime.getURL('insert.js')
  document.body.appendChild(insertScript)
} catch (err) {}
```

在 src/content/目录下创建 content.vue 文件,代码如下:

```ts
//第 12 章 12.3.10.2

<script
  lang = "ts"
  setup
>
import { ref, onMounted, Ref } from 'vue'
import TaskDialog from '@/content/components/taskDialog.vue'


//对话框显示状态
const isShowMainDialog = ref(false)
const wordCount: Ref < number > = ref(0)
const webtext: Ref < string > = ref('')

onMounted(() => {
  getText()
})

function getText() {
  //Get the webpage content
  const webContent = document.body.innerText;
  if (webContent) {
    //Extract all the words from the content
    const words = webContent.match(/[^\s] + /g);
    const length = words?.length;

    //Set the values in the webtext and wordCount fields
    try {
      if (words != null) {
        webtext.value = words.join('');
      }
    } catch (e) {
      //Handle the exception appropriately
    }
    if (typeof length !== 'undefined') {
      wordCount.value = length;
    }
  } else {
    console.log("Web content is null");
  }
}
</script>

<template>
  <el - config - provider namespace = "CRX - el">
    <div class = "CRX - content">
```

```
    < div
      class = "content - entry"
      @click = "isShowMainDialog = true"
    >
    </div >
    < TaskDialog
      :wordCount = "wordCount"
      :webtext = "webtext"
      :visible = "isShowMainDialog"
      @onClose = "() => { isShowMainDialog = false }"
    />
  </div >
 </el - config - provider >
</template >

< style
  scoped
  lang = "stylus"
>
…
</style >
```

创建任务列表文件。在 src/content/components 目录下创建 taskDialog.vue 文件,该页面用于展示任务详情面板,代码如下:

```
//第12章 12.3.10.2

<template >
  <el - dialog
    v - model = "isVisible"
    v - if = "isVisible"
    title = "任务列表"
    width = "920"
    draggable
  >
    < div class = "C - task - main">
      < el - table
        :data = "paginatedData"
        style = "width: 100 %"
      >
        < el - table - column
          prop = "date"
          label = "日期"
          width = "150"
        />
        < el - table - column
          prop = "title"
          label = "标题"
          width = "180"
```

```
          />
          <el-table-column
            prop="url"
            label="链接地址"
            width="180"
          />
          <el-table-column
            prop="status"
            label="状态"
          />
          <el-table-column
            prop="download_link"
            label="下载链接"
            width="180"
          />
        </el-table>
      </div>
      <div class="pagination">
        <el-pagination
          background
          :default-current-page="1"
          :page-size="pagesize.valueOf()"
          :current-page="current_page.valueOf()"
          layout="prev, pager, next"
          :total="total.valueOf()"
          @current-change="handleCurrentChange"
          @prev-click="handlePrevClick"
          @next-click="handleNextClick"
        />

      </div>
    </el-dialog>
</template>

<script
  lang="ts"
  setup
>
import { computed, watch, watchEffect } from 'vue';
import { ref } from 'vue'
import { Task } from '../../db/db.ts';



interface Props {
  visible: boolean;
  wordCount: number;
  webtext: string;
}
```

```
const tableData = ref<Task[]>([]);
const emit = defineEmits(['onClose'])
const props = defineProps<Props>();
const isVisible = ref(props.visible);
watchEffect(() => {
  isVisible.value = props.visible;
  //get data
  chrome.runtime.sendMessage(
    {
      action: 'getTasks',
    },
    (response) => {
      console.log("get response result")
      console.log(response.data);
      tableData.value = response.data;
      total.value = response.data.length
    }
  )
});

watch(isVisible, (newVal) => {
  if (!newVal) {
    emit('onClose')
  }
});

function sortData(data: Task[]): Task[] {
  return data.sort((a: Task, b: Task) => {
    const dateA = new Date(a.date!);
    const dateB = new Date(b.date!);
    return dateB.getTime() - dateA.getTime();
  });
}

//页码
const pagesize = ref(5)
const total = ref(0)
const current_page = ref(1)

const paginatedData = computed(() => {
  const startIndex = (current_page.value - 1) * pagesize.value
  const endIndex = startIndex + pagesize.value
  return sortData(tableData.value).slice(startIndex, endIndex)
})


const handleCurrentChange = (val: number) => {
  //current_page.value = val
  console.log(`当前页: ${val}`)
```

```
    current_page.value = val
  }
const handlePrevClick = (val: number) => {
    //current_page.value = val
    console.log(`上一页: ${val}`)
    current_page.value = val
  }
const handleNextClick = (val: number) => {
    //current_page.value = val
    console.log(`下一页: ${val}`)
    current_page.value = val
  }

</script>

<style
  scoped
  lang = "stylus"
>
.my - header
  display: flex;
  flex - direction: row;
  justify - content: space - between;
.pagination
  display: flex;
  justify - content: center;
  align - items: center;
  margin - top: 10px;

</style>
```

由于本项目中的任务使用 IndexDB 管理，所以需要添加一个 db 目录用于存放任务的元信息文件。在 src 目录下创建一个 db 目录，并创建 db.d.ts、db.ts 两个文件。

db.d.ts 文件中的代码如下：

```
//第 12 章 12.3.10.2

import Dexie, { Table } from 'dexie'

export interface Task {
  id?: number
  title: string
  url: string
  status: string
  download_link?: string
  date?: string
}
```

```
export class MySubClassedDexie extends Dexie {
  tasks!: Table<Task>
}

export const db: MySubClassedDexie

declare module 'db'
```

db.ts 文件中的代码如下:

```
//第12章 12.3.10.2

import Dexie, { Table } from 'dexie'

export interface Task {
  id?: number
  title: string
  url: string
  status: string
  download_link?: string
  date?: string
}

export class MySubClassedDexie extends Dexie {
  tasks!: Table<Task>

  constructor() {
    super('myDatabase')
    this.version(1).stores({
      tasks: '++id, title', //Primary key and indexed props
    })
  }
}

export const db = new MySubClassedDexie()
```

CSS 样式污染是指由于 CSS 的全局作用域特性,样式定义可能会泄漏到不应该影响的组件或元素中,从而导致样式冲突、覆盖和意外的样式渲染问题。在浏览器插件的内容脚本场景中内容脚本依赖的 CSS 样式与目标页面的 CSS 没有隔离,由于 CSS 的全局作用域的特性,并且在项目中内容脚本使用了 Element Plus 组件及对应的样式,如果目标页面也使用了 Element-UI 且与内容脚本页的样式版本不一致,就有可能造成样式互相污染,因此通过给内容脚本集成的 Element Plus 增加特殊的命名空间的方法解决此问题,具体做法如下。

在 src/content/ 目录下创建 element-plus.scss 文件,并增加如下代码:

```
//第12章 12.3.10.2

@forward 'element-plus/theme-chalk/src/mixins/config.scss' with (
```

```
    $ namespace: 'CRX - el'
);

@use "element - plus/theme - chalk/src/index.scss" as * ;
```

这段代码的作用是将 element-plus/theme-chalk/src/mixins/config.scss 中的内容导出，并设置了一个名为 $namespace 的变量。首先将其传递给被导出的文件；然后使用 @use 规则将 element-plus/theme-chalk/src/index.scss 中的内容导入，并将其作为当前文件的一部分；最后在 content.ts 脚本文件中引入该文件。

3）配置插件的配置文件

修改 public/manifest.json 文件，增加 content.js 脚本的配置，修改后的内容如下：

```
//第 12 章 12.3.10.3

...
"content_scripts": [
    {
        "matches": ["https:// * / * "],
        "css": ["content.css"],
        "js": ["content.js"],
        "run_at": "document_end"
    }
  ],
...
```

注意 Content 脚本是在目标页面上执行的，与目标页面 JS 是相互隔离的，由于 CSS 会相互污染，所以需要将 Content 依赖的 CSS 单独注入。

4）配置构建脚本

（1）新增 Vite 配置文件。

在项目的根目录下增加 vite.content.config.ts 脚本，文件中的内容如下：

```
//第 12 章 12.3.10.4

import { defineConfig } from 'vite'
import vue from '@vitejs/plugin - vue'
import path from 'path'
import { CRX_CONTENT_OUTDIR } from './globalConfig'

export default defineConfig({
  build: {
    //输出目录
    outDir: CRX_CONTENT_OUTDIR,
    lib: {
```

```
            entry: [path.resolve(__dirname, 'src/content/content.ts')],
            //Content Script 不支持 ES6,因此不用使用 ES 模式,需要改为 CJS 模式
            formats: ['cjs'],
            //设置生成文件的文件名
            fileName: () => {
              //将文件后缀名强制定为 JS,否则会生成 CJS 的后缀名
              return 'content.js'
            },
        },
        rollupOptions: {
          output: {
            assetFileNames: (assetInfo) => {
              //附属文件命名,Content Script 会生成配套的 CSS
              return 'content.css'
            },
          },
        },
      },
      resolve: {
        alias: {
          '@': path.resolve(__dirname, 'src'),
        },
      },
      //解决代码中包含 process.env.NODE_ENV 而导致无法使用的问题
      define: {
        'process.env.NODE_ENV': null,
      },
      plugins: [vue()],
})
```

（2）配置 build.js 文件。

在 build.js 文件中先注释与 Background 相关的操作,只保留 Popup 构建与 Content 构建的结果处理部分,代码如下:

```
//第 12 章 12.3.10.4

…
//源目录:Content Script 临时生成目录
const contentOutDir = path.resolve(process.cwd(), CRX_CONTENT_OUTDIR)
//源目录:Background Script 临时生成目录
const backgroundOutDir = path.resolve(process.cwd(), CRX_BACKGROUND_OUTDIR)
//目标目录:Chrome Extension 最终的 build 目录
const outDir = path.resolve(process.cwd(), CRX_OUTDIR)
//将源目录内的文件和目录全部复制到目标目录中
copyDirectory(contentOutDir, outDir)
//copyDirectory(backgroundOutDir, outDir)
//删除源目录
deleteDirectory(contentOutDir)
```

```
//deleteDirectory(backgroundOutDir)
…
```

（3）配置 package.json 文件。

在 package.json 文件中的 scripts 部分增加以下配置，代码如下：

```
//第 12 章 12.3.10.4

…
"scripts": {
"dev": "vite",
"build": "vue - tsc && vite build",
"build:all": "vue - tsc && vite build - c vite.config.ts && vite build - c vite.content.config.
ts && sudo node build.js",
"build:content": "vite build - c vite.content.config.ts",
"preview": "vite preview -- port 8080"
},
…
```

5）效果展示

在根目录下执行以下命令。

```
yarn run build:all
```

打开谷歌浏览器，在网址栏中输入 chrome://extensions/命令，在右上角打开开发者模式，若已开启，则在左上角单击选择已解压的扩展程序，选择刚刚构建出来的 build 目录便可完成加载，效果如图 12-15 所示，右下角有在页面注入的一个 AI 图标。

渐进式
JavaScript 框架

易学易用，性能出色，适用场景丰富的 Web 前端框架。

图 12-15 内容脚本效果展示

单击右下角的 AI 图标，会弹出一个任务详情对话框表格，用于展示任务列表信息，效果如图 12-16 所示。

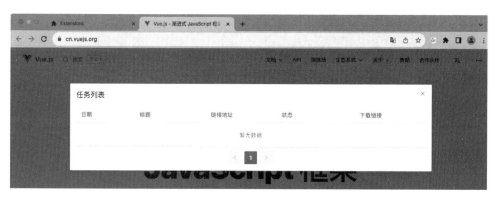

图 12-16　内容脚本任务详情页

11．Background 开发

1）开发 Background 模块

（1）Background 目录结构。

在项目的 src 目录下创建 Background 文件夹，并且创建 background.ts 文件，其目录结构如下：

```
├── background
│       └── background.ts
```

（2）编辑 background.ts 文件，代码如下：

```
//第 12 章 12.3.11.1

/* global chrome */
import { db, Task } from '../db/db.ts'

//manifest.json 的 Permissions 配置需添加 declarativeContent 权限
chrome.runtime.onInstalled.addListener(function () {
  //默认先禁止 Page Action。如果不加这一句,则无法使下面的规则生效
  chrome.action.disable()
  chrome.declarativeContent.onPageChanged.removeRules(undefined, () => {
    //设置规则
    let rule = {
      //运行插件的页面 URL 规则
      conditions: [
        new chrome.declarativeContent.PageStateMatcher({
          pageUrl: {
            //适配所有域名以"WWW."开头的网页
            hostPrefix: 'WWW'
            //适配所有域名以".element-plus.org"结尾的网页
            hostSuffix: '.element-plus.org',
            //适配域名为"element-plus.org"的网页
            hostEquals: 'element-plus.org',
```

```
                        //适配 HTTPS 的网页
                        schemes: ['https'],
                    },
                }),
            ],
            actions: [new chrome.declarativeContent.ShowAction()],
        }
        //整合所有规则
        const rules = [rule]
        //执行规则
        chrome.declarativeContent.onPageChanged.addRules(rules)
    })
})
chrome.runtime.onMessage.addListener(function (message, sender, sendResponse) {
    console.log('Received message from :')
    console.log(message)
    console.log(sender)
    if (message.action === 'getTasks') {
        console.log('getTasks from indexed db')
        db.tasks
            .toArray()
            .then((tasks: Task[]) => {
                //storage_data = tasks
                console.log('storage_data:', tasks)
                sendResponse({ data: tasks })
                console.log('sendResponse success')
            })
            .catch((error: Error) => {
                console.error('Error fetching tasks:', error)
                //Handle the error appropriately
            })
        return true
    } else if (message.action === 'addTask') {
        console.log('addTask')
        //add db
        let task_info: Task = {
            title: message.title,
            url: message.url,
            status: 'pending',
            download_link: '',
            date: new Date().toLocaleDateString(),
        }
        db.tasks.add(task_info)
        console.log('add task success ')
    }
    sendResponse({ message: '处理完成' })
})
```

以上代码是 Chrome 扩展的后台脚本，它定义了两个事件监听器。

chrome. runtime. onInstalled. addListener：当插件安装或更新时触发。在这个监听器中，首先调用了 chrome. action. disable（）方法来禁用当前的 Page Action，然后使用 chrome. declarativeContent. onPageChanged API 来定义页面规则。规则包括条件和操作，条件指定了插件运行的页面 URL 规则，这里指定了适配 HTTPS 的所有网页，操作则指定了在满足条件时显示插件。chrome. runtime. onMessage. addListener 当插件收到消息时触发。这个监听器用于接收来自内容脚本或其他扩展的消息。在这里，根据收到的消息类型进行相应操作。如果收到的消息的 action 属性是 getTasks，则从 indexedDB 数据库中获取任务列表，并通过 sendResponse 方法将任务列表发送回发送消息的源。如果收到的消息的 action 属性是 addTask，则向 indexedDB 数据库中添加新任务。最后，向消息源发送一条消息，通知处理完成。

2）配置构建脚本

（1）新增 Vite 配置文件。

在项目的根目录下增加 vite. background. config. ts 脚本，文件中的内容如下：

```
//第 12 章 12.3.11.2

import { defineConfig } from 'vite'
import vue from '@vitejs/plugin - vue'
import path from 'path'
import { CRX_BACKGROUND_OUTDIR } from './globalConfig'

export default defineConfig({
  build: {
    //输出目录
    outDir: CRX_BACKGROUND_OUTDIR,
    lib: {
      entry: [path. resolve(__dirname, 'src/background/background.ts')],
      //Background Script 不支持 ES6,因此不用使用 ES 模式,需要改为 CJS 模式
      formats: ['cjs'],
      //设置生成文件的文件名
      fileName: () => {
        return 'background. js'
      },
    },
  },
  resolve: {
    alias: {
      '@': path. resolve(__dirname, 'src'),
    },
  },
  plugins: [vue()],
})
```

（2）配置 build. js 文件。

在 build.js 文件中打开与 Background 相关的注释，其结果如下：

```
//第 12 章 12.3.11.2

…

//源目录:Content Script 临时生成目录
const contentOutDir = path.resolve(process.cwd(), CRX_CONTENT_OUTDIR)
//源目录:Background Script 临时生成目录
const backgroundOutDir = path.resolve(process.cwd(), CRX_BACKGROUND_OUTDIR)
//目标目录:Chrome Extension 最终的 build 目录
const outDir = path.resolve(process.cwd(), CRX_OUTDIR)
//将源目录内的文件和目录全部复制到目标目录中
copyDirectory(contentOutDir, outDir)
copyDirectory(backgroundOutDir, outDir)
//删除源目录
deleteDirectory(contentOutDir)
deleteDirectory(backgroundOutDir)

…
```

（3）配置 package.json 文件。

在 package.json 文件中的 scripts 部分增加以下配置：

```
//第 12 章 12.3.11.2

…

  "scripts": {
    "dev": "vite",
    "build": "vue-tsc && vite build",
    "build:all": "vue-tsc && vite build -c vite.config.ts && vite build -c vite.content.
config.ts && vite build -c vite.background.config.ts && sudo node build.js",
    "build:content": "vite build -c vite.content.config.ts",
    "build:background": " vite build -c vite.background.config.ts",
    "preview": "vite preview -- port 8080"
  },

…
```

3）配置插件的配置文件

修改 public/manifest.json 文件，增加 Background 脚本的配置，修改后的内容如下：

```
//第 12 章 12.3.11.3

…

  "background": {
    "service_worker": "background.js"
  },

…
```

4）执行构建

在根目录下执行以下命令。

```
yarn build:all
```

最终构建好的 build 目录结构如下：

```
.
├── assets
├── background.js
├── content.css
├── content.js
├── images
│   └── app.png
├── index.html
├── insert.js
├── manifest.json
└── options.html
```

可以看到这个就是一个标准的 Chrome 浏览器插件的目录结构，已实现本节第 4 部分设计的目录结构，自此一个标准的浏览器框架已经搭建完毕，后面将会继续完善调试及网络相关的细节。

5）效果预览

打开谷歌浏览器，在网址栏中输入 chrome://extensions/ 命令，在右上角打开开发者模式，若已开启，则在左上角选择已解压的扩展程序，选择刚刚构建出来的 build 目录便可完成加载，下发任务。

打开浏览器新的 Tab 页，在网址栏输入 www.baidu.com 地址，然后选择文本语言和目标语言，单击"确认"按钮，即可完成任务下发，任务会被存入 indexdb 数据库中，如图 12-17 所示。

图 12-17 任务下发

使用插件查看任务状态，如图 12-18 所示。

单击浏览器插件管理面板的 Inspect views service worker 链接，进入 Service Worker 的调试面板，如图 12-19 所示。

在调试面板中可以看到 Background 代码中打印的获取任务消息的日志信息，详情如图 12-20 所示。

图 12-18　任务查看

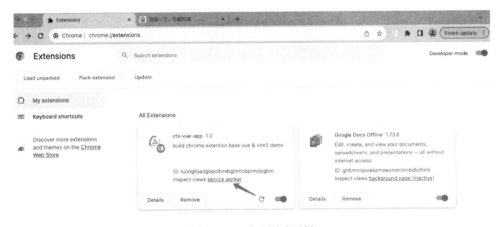

图 12-19　进入调试面板

图 12-20　Background 日志信息打印

12．调试

1）Popup 与 Option 页面调试

在开发 Popup 和 Option 页面时，执行 yarn dev 命令，可以一边修改代码一边实时地修改和查看 Popup 和 Option 页面修改后的效果。

2）Content Script

在开发 Content Script 脚本时，需要执行 yarn build：all 命令，构建出来所有脚本，再通过 extension：//网址栏的插件管理器刷新插件才能调试 Content Script 脚本。其实，还有其他的方式来达到与 Popup 页面的类似功能。原理是 Content 脚本是在目标环境中运行的,其实可以将 Content 脚本插入 Popup 中完成所需的功能,操作步骤如下。

（1）修改 Popup 文件。

在 Script 脚本中加入 content.ts 的导入,代码如下：

```
//第 12 章 12.3.12.1

< script
  setup
  lang = "ts"
>

import '@/content/content.ts'

</script >

< template >
  < router - view ></router - view >
</template >

< style lang = "stylus">
body
    position relative
    width: 350px
    height: 280px
</style >
```

（2）修改 taskDialog.vue 文件。

由于 taskDialog.vue 文件使用了 Chrome 扩展的 API,所以在调试阶段需要注释掉该部分代码,修改 src/content/components/文件下的 taskDialog.vue 文件,主要注释代码如下：

```
//第 12 章 12.3.12.1

...
watchEffect(() => {
  isVisible.value = props.visible;
  //get data
  //chrome.runtime.sendMessage(
  //{
  //action: 'getTasks',
  //},
  //(response) => {
  //console.log("get response result")
  //console.log(response.data);
  //tableData.value = response.data;
  //total.value = response.data.length
```

```
    //}
    //)
});
…
```

（3）mock 任务数据。

由于不能通过 Background 脚本获取 indexdb 的数据，所以可以仿造一些测试数据，用于接口呈现，具体可修改 taskDialog.vue 文件中的代码，修改后的代码如下：

```
//第 12 章 12.3.12.1

…
const mockTasks: Task[ ] = [
  {
    id: 1,
    title: '任务 1',
    url: 'https://example.com/task1',
    status: '进行中',
    download_link: 'https://example.com/download/task1',
    date: '2024 - 03 - 12'
  },
  {
    id: 2,
    title: '任务 2',
    url: 'https://example.com/task2',
    status: '已完成',
    download_link: 'https://example.com/download/task2',
    date: '2024 - 03 - 11'
  },
  //添加更多的模拟数据
];

const tableData = ref< Task[ ]>(mockTasks);
…
```

该部分用于填充任务列表的数据。

注意　在实际构建阶段需要注释掉 mock 代码及 popup.vue 文件中的 import 代码，避免将调试模式的代码发布到实际应用中。

3）效果查看

执行 yarn dev 命令，可以看到在 Popup 页面的右下角已经注入了 Content 脚本，其效果如图 12-21 所示。

可看到在 Popup 页面中注入了内容脚本的图标，然后单击图标之后可以看到内容脚本展示的任务详情页面，效果如图 12-22 所示。

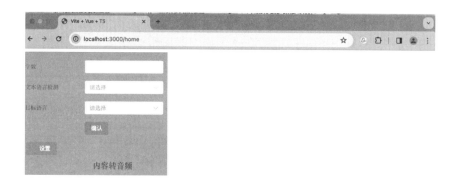

图 12-21　Popup 页面注入内容脚本

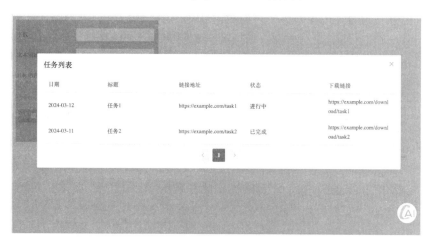

图 12-22　任务列表内容展示

13. 网络请求

1) 后端 API

后端 API 部分主要涉及后端的 API 开发,由于内容是关于插件开发的,所以后端只给出接口和数据结构定义,读者可以根据自己擅长的语言来实现以下接口。

登录接口数据入参见表 12-1。

表 12-1　登录接口数据入参

属　　性	类　　型	描　　述
username	string	用户名
password	string	密码

这是一个简单的登录入参,以便用户可以输入用户名和密码来访问扩展的特定功能。登录接口的返回数据见表 12-2。

表 12-2　登录接口的返回数据

属　　性	类　　型	描　　述
code	number	返回状态码
msg	string	返回消息
data	object	返回数据对象
data.username	string	用户名
data.roles	Array < string >	当前登录用户的角色
data.accessToken	string	访问令牌
data.refreshToken	string	刷新令牌
data.expires	Date	访问令牌过期时间(格式'xxxx/xx/xx xx:xx:xx')

浏览器插件通常需要 Token 这种认证方式来确保用户的安全和数据的保密性。主要原因是浏览器插件可能需要与远程服务器进行通信,以获取用户数据或执行某些操作。为了确保只有经过身份验证的用户才能进行这些操作,需要使用令牌进行身份验证。令牌是一种安全的身份验证机制,只有持有有效令牌的用户才能访问受保护的资源。令牌通常与用户的角色和权限相关联。通过令牌,可以对用户进行授权,以限制其对资源的访问权限。这样可以确保用户只能访问其被授权的资源,从而提高了系统的安全性。同时使用令牌认证可以避免在每次请求中传输用户的密码。传输密码可能存在安全风险,尤其是在不安全的网络环境中,而令牌是一种临时凭证,无法用于恢复用户的原始密码,因此更安全。最后,令牌通常具有一定的有效期,可以控制用户的登录状态。用户在一段时间内可以使用令牌访问资源,一旦令牌过期,用户就需要重新进行身份验证并获取新的令牌。这可以有效地管理用户的登录状态,防止长时间不活动的会话存在安全风险。在后端一般会使用 JWT(JSON Web Token)实现登录认证。JWT 是一种用于在各方之间安全传输信息的开放标准(RFC 7519)。它允许开发者以一种紧凑、URL 安全的方式来表示声明,这些声明可以被验证和信任。因为 JWT 是自包含的,所以不需要对服务器进行查询来验证或解读它们。这个库提供了生成、验证和解析 JWT 的功能。可以在实际开发中根据使用的后端语言选择具体对应的实现库来简化认证过程。

这种任务数据结构设计具有多个好处,包括通用性、优先级管理、多业务分组和多用户分配等,见表 12-3。

(1)通用性:该数据结构设计的通用性强,适用于各种类型的任务。通过包含任务 ID、名称、类型和参数等基本字段,可以灵活地满足不同的任务需求。这种通用性使任务管理系统能够处理各种任务类型,从而提高了系统的灵活性和可扩展性。

(2)优先级管理:通过优先级字段,可以对任务进行排序和优先级管理。这有助于确定哪些任务应优先处理,从而提高工作效率。此外,优先级字段还可以用于自动化任务调度,确保高优先级任务得到及时处理。

（3）多用户分配：通过用户 ID 字段，可以将任务分配给特定的用户。这对于需要个别任务分配的情况非常有用。将任务直接分配给特定的用户，可以提高任务的执行速度，并增强个人责任感。

（4）多业务分组：通过用户组 ID 字段，可以将任务分配给特定的用户组。这对于需要将任务划分到不同的业务部门或团队的组织非常有用。通过将任务分配给特定的用户组，可以确保任务被正确地分配给负责相关业务的团队或成员，从而提高协作和工作效率。

该任务数据结构设计具有通用性、优先级管理、多业务分组和多用户分配等优势，使其可以扩展不同类型的任务，提高任务的管理效率和协作能力。

表 12-3 任务下发接口入参

属 性	类 型	描 述	属 性	类 型	描 述
task_id	string	任务 ID	status	enum	任务状态
name	string	任务名称	group_id	string	用户组 ID
type	string	任务类型	priority	int	优先级
param	string	页面 URL	user_id	int	用户 ID

从查询角度来看，这个数据结构设计为任务管理系统提供了多维度的筛选和检索功能，见表 12-4。该设计允许用户从多个维度（如用户、时间、页面信息等）来筛选和排序任务。这种设计满足了复杂查询的需求，如时间范围查询、用户特定任务查询及与特定网页相关的任务查询，从而提高了任务管理的效率和用户体验。

表 12-4 任务查询接口入参

属 性	类 型	描 述	属 性	类 型	描 述
user_id	int	用户名	title	string	页面标题
page	int	页码	start_date	string	任务创建时间
size	int	页面大小	end_date	string	任务结束时间
url	string	页面 URL			

2）开发 HTTP 模块

创建 src/api 目录并且新建 index.ts 文件，主要包括登录接口、获取任务数据结果接口及任务下发接口，代码如下：

```
//第 12 章 12.3.13.2

//dev 调试接口,后端已经开启跨域请求
let API_DOMAIN: string = 'https://example.com/'
//请求服务器地址(正式 build 环境真实请求地址)
if (import.meta.env.MODE === 'production') {
  API_DOMAIN = 'https://example.com/'
}

//API 请求异常报错内容
export const API_FAILED: string = '网络连接已中断,稍后重试.'
```

```typescript
//定义 config 接口类型
export interface Config {
  url?: string
  method?: string
  data?: any
  formData?: boolean
  success?: (res: any) => void
  fail?: (err: any) => void
  done?: () => void
  background?: boolean
}

export type LoginResult = {
  code: number
  msg: string
  data: {
    / 用户名 * /
    username: string
    / 当前登录用户的角色 * /
    roles: Array<string>
    / `token` * /
    accessToken: string
    / 用于调用刷新 accessToken 的接口时所需的 token * /
    refreshToken: string
    / accessToken 的过期时间(格式 'xxxx/xx/xx xx:xx:xx') * /
    expires: Date
  }
}

//API 请求汇总
export const apiReqs = {
  //登录
  signIn: (config: Config) => {
    //新增扩展登录接口
    config.url = API_DOMAIN + 'v1/extendLogin'
    config.method = 'post'
    apiFetch(config)
  },
  //获取数据
  getData: (config: Config) => {
    config.url = API_DOMAIN + 'getData/'
    config.method = 'get'
    apiFetch(config)
  },
  //委托 Background 提交数据
  submitByBackground: (config: Config) => {
    config.background = true
    config.url = API_DOMAIN + 'api/process'
    config.method = 'post'
```

```
      apiFetch(config)
  },
}
//发起请求
function apiFetch(config: Config) {
  //if (config.background && import.meta.env.MODE === 'production') {
  if (config.background && import.meta.env.MODE === 'production') {
    //[适用于 build 环境的 Content Script]委托 Background Script 发起请求,此种方式
    //只能传递普通的 JSON 数据,不能传递函数及 file 类型数据
    sendRequestToBackground(config)
  } else {
    //[适用于 Popup 及开发环境的 Content Script]发起请求
    apiRequest(config)
    console.log('invoke apiRequest')
  }
}


/ *
 * API 请求封装(带验证信息)
 * config.method: [必须]请求 method
 * config.url: [必须]请求 URL
 * config.data: 请求数据
 * config.formData: 是否以 formData 格式提交(用于上传文件)
 * config.success(res): 请求成功回调
 * config.fail(err): 请求失败回调
 * config.done(): 请求结束回调
 * /
export function apiRequest(config: Config) {
  //如果没有设置 config.data,则默认为{}
  if (config.data === undefined) {
    config.data = {}
  }

  //如果没有设置 config.method,则默认为 post
  config.method = config.method || 'post'

  //请求头设置
  let headers: { [key: string]: string } = {}
  let data: any = null

  if (config.formData) {
    //上传文件的兼容处理,如果 config.formData = true,则以 form - data 的方式发起请求
    //fetch()会自动将 Content - Type 设置为 multipart/form - data,无须额外设置
    data = new FormData()
    Object.keys(config.data).forEach(function (key) {
      data.append(key, config.data[key])
    })
  } else {
    //如果不长传文件,fetch()默认的 Content - Type 为 text/plain;charset = UTF - 8,则
```

```
      //需要手动进行修改
      headers['Content - Type'] = 'application/json;charset = UTF - 8'
      data = JSON.stringify(config.data)
    }

    //准备好请求的全部数据
    let axiosConfig: RequestInit = {
      method: config.method,
      headers,
      body: data,
    }
    //发起请求
    fetch(config.url!, axiosConfig)
      .then((res) => res.json())
      .then((result) => {
        //请求结束的回调
        config.done && config.done()
        //请求成功的回调
        config.success && config.success(result)
      })
      .catch((error) => {
        //请求结束的回调
        config.done && config.done()
        //请求失败的回调
        config.fail && config.fail(API_FAILED)
        console.log('occur excption: ', error)
      })
}


//委托 Background 执行请求
function sendRequestToBackground(config: Config) {
  //chrome.runtime.sendMessage 中只能传递 JSON 数据,不能传递 file 类型数据,因此直
  //接从 Popup 发起请求
  The message to send. This message should be a JSON - ifiable object
  //详情参阅
  //https://developer.chrome.com/extensions/runtime#method - sendMessage
  if (chrome && chrome.runtime) {
    chrome.runtime.sendMessage(
      {
        //带上标识,让 Background Script 接收消息时知道此消息是用于请求 API 的
        contentRequest: 'apiRequest',
        config: config,
      },
      (result) => {
        //接收 Background Script 的 sendResponse 方法返回的数据 result
        config.done && config.done()
        if (result.result === 'succ') {
          config.success && config.success && config.success(result)
        } else {
```

```
                config.fail && config.fail(result.msg)
            }
        }
    )
  }
}
```

3）增加插件动态逻辑

在 Popup 的子页面 login.vue 页面中实现 submitForm 方法，具体的代码如下：

```
//第12章 12.3.13.3

…
const submitForm = async (formEl: FormInstance | undefined) => {
  if (!formEl) return
  await formEl.validate((valid, fields) => {
    if (valid) {

      //登录校验
      let config: Config = {
        data: {
          username: formData.username,
          password: formData.password
        },
        success: (res: LoginResult) => {
          console.log(res)
          if (res?.code === 0) {
            console.log('res.data', res.data)
            setToken(res.data)
            //localStorage.setItem('userInfo', JSON.stringify(formData))
            router.push('/home')
          } else {
            alert(res.msg)
            removeToken()
            router.push('/login')
          }
        },
        fail: (res: LoginResult) => {
          console.log("登录失败", res)
          router.push('/login')
        }
      }
      apiReqs.signIn(config)
      router.push('/home')
    } else {
      console.log('error submit!', fields)
      router.push('/login')
    }
  })
}
…
```

　　在用户登录之后页面跳转到了主页面，当用户打开新的浏览器页面时，如果用户单击"插件"按钮，则会弹出 Popup 页面，此页面会自动检测并显示当前的网页的字数、文本语言类型、目标语言类型等页面信息，用户单击"确认"按钮后，Popup 页面会发送消息给 Service Worker，Service Worker 会处理这些消息并与真实的后端交互，Popup 发送消息的主要代码如下：

```
//第 12 章 12.3.13.3

const onSubmit = async () => {
  console.log('submit!', form)
  //获取当前激活 Tab 页的信息
  let queeryOptions = {
    active: true,
    currentWindow: true,
  }
  chrome.tabs.query(queeryOptions, async (tabs) => {
    let activateTab = tabs[0];
    let id = activateTab.id;
    let title = activateTab.title!;
    let url = activateTab.url!;

    console.log("sendMessage from popup", url, title, id, activateTab)
    chrome.runtime.sendMessage({
      action: "addTask",
      tabInfo: activateTab,
      id: id,
      url: url,
      title: title
    }, function (response) {
      console.log("sendMessage from popup", response)
    })

    //关闭页面
    window.close()
  })
```

Service Worker 的主要处理消息的代码如下：

```
//第 12 章 12.3.13.3

chrome.runtime.onMessage.addListener(function (message, sender, sendResponse) {
  console.log('Received message from :')
  console.log(message)
  console.log(sender)
  …
  } else if (message.action === 'addTask') {
    console.log('addTask to db and remote service')
    //add remote service
```

```
        const taskAddReqBody = {
          user_id: 'xx',
          group_id: 'default',
          priority: 5,
          name: 'content2audio',
          type: 'http',
          source: 'chrome - ext',
          params: {
            url: message.url,
            title: message.title,
            character_len: '20',
            text_lang: 'en',
            tts_config: {},
          },
        }
        let addReqConfig: ReqConfig = {
          data: { taskAddReqBody },
          success: (res: ResponseResult) => {
            console.log(res)
            if (res?.code === 0) {
              console.log('res.data', res.data)
            } else {
              console.log(res.msg)
              //removeToken()
              //router.push('/login')
            }
          },
          fail: (res: ResponseResult) => {
            console.log('提交任务失败', res)
          },
        }
        apiReqs.submitTask(addReqConfig)
        console.log('add task success ')
      }
```

在用户下发任务之后，如果需要查看任务状态，则需要单击 ContentScript 脚本生成的 icon 图标并触发任务列表的面板，用户可以在任务面板的状态栏中查看任务的状态。ContentScript 同样也会将消息发送给 Server Worker 以获取任务详细信息。ContentScript 发送消息的主要代码如下：

```
//第 12 章 12.3.13.3

…
watchEffect(() => {
  isVisible.value = props.visible;
  //get data
  chrome.runtime.sendMessage(
    {
      action: 'getTasks',
```

```
    },
    (response) => {
      console.log("get response result")
      console.log(response.data);
      tableData.value = response.data;
      total.value = response.data.length
    }
  )
});
…
```

Service Worker 的主要处理消息的代码如下：

```
//第 12 章 12.3.13.3

chrome.runtime.onMessage.addListener(function (message, sender, sendResponse) {
  console.log('Received message from :')
  console.log(message)
  console.log(sender)
  if (message.action === 'getTasks') {
    console.log('getTasks from indexed db')
    db.tasks
      .toArray()
      .then((tasks: Task[]) => {
        //storage_data = tasks
        console.log('storage_data:', tasks)
        sendResponse({ data: tasks })
        console.log('sendResponse success')
      })
      .catch((error: Error) => {
        console.error('Error fetching tasks:', error)
        //Handle the error appropriately
      })
    return true
…
```

12.4　本章小结

　　本章首先深入探讨了现代前端开发项目涉及的关键技术。包括对 Node.js 的全面介绍，它作为一个强大的 JavaScript 运行时环境，为项目提供了必要的后端支持；还包括 TypeScript，它通过为 JavaScript 增加类型系统而大幅度地提升了代码的可靠性和可维护性。CSS 及其预处理器同样是关注的重点，它们赋予控制网页布局和样式的能力。这些技术栈是现代前端项目成功的基石。

　　然后进一步介绍了本次实战项目所采用的 Vue 3 框架及 Vite 5 构建工具。Vue 3 作为一款前端框架,它提供了一个响应式的数据绑定和组合式的 API,极大地提高了开发效率和项目的可维护性。与此同时,Vite 5 作为一种新兴的前端构建工具,它利用现代浏览器的原生 ES 模块导入特性来提供极速的服务启动和模块热更新。这两种工具的结合使用,不仅优化了开发体验,也为项目带来了前所未有的高性能和快速迭代能力。

最后通过一项简单但实用的项目(任意内容转音频)来实际体验和理解项目的搭建过程。这个项目不仅能实践前面学习的理论知识,而且可以深入地了解到如何将 Node. js、TypeScript、CSS 预处理器、Vue 3 框架及 Vite 5 构建工具结合起来,创建一个实际的浏览器插件。通过这种实战体验,可以更好地理解和掌握这些工具和技术,从而更有效地在未来的项目中应用它们。

图 书 推 荐

书　　名	作　者
仓颉语言实战(微课视频版)	张磊
仓颉语言核心编程——入门、进阶与实战	徐礼文
仓颉语言程序设计	董昱
仓颉程序设计语言	刘安战
仓颉语言元编程	张磊
仓颉语言极速入门——UI 全场景实战	张云波
HarmonyOS 移动应用开发(ArkTS 版)	刘安战、余雨萍、陈争艳 等
公有云安全实践(AWS 版·微课视频版)	陈涛、陈庭暄
虚拟化 KVM 极速入门	陈涛
虚拟化 KVM 进阶实践	陈涛
移动 GIS 开发与应用——基于 ArcGIS Maps SDK for Kotlin	董昱
Vue＋Spring Boot 前后端分离开发实战(第 2 版·微课视频版)	贾志杰
前端工程化——体系架构与基础建设(微课视频版)	李恒谦
TypeScript 框架开发实践(微课视频版)	曾振中
精讲 MySQL 复杂查询	张方兴
Kubernetes API Server 源码分析与扩展开发(微课视频版)	张海龙
编译器之旅——打造自己的编程语言(微课视频版)	于东亮
全栈接口自动化测试实践	胡胜强、单镜石、李睿
Spring Boot＋Vue.js＋uni-app 全栈开发	夏运虎、姚晓峰
Selenium 3 自动化测试——从 Python 基础到框架封装实战(微课视频版)	栗任龙
Unity 编辑器开发与拓展	张寿昆
跟我一起学 uni-app——从零基础到项目上线(微课视频版)	陈斯佳
Python Streamlit 从入门到实战——快速构建机器学习和数据科学 Web 应用(微课视频版)	王鑫
Java 项目实战——深入理解大型互联网企业通用技术(基础篇)	廖志伟
Java 项目实战——深入理解大型互联网企业通用技术(进阶篇)	廖志伟
深度探索 Vue.js——原理剖析与实战应用	张云鹏
前端三剑客——HTML5＋CSS3＋JavaScript 从入门到实战	贾志杰
剑指大前端全栈工程师	贾志杰、史广、赵东彦
JavaScript 修炼之路	张云鹏、戚爱斌
Flink 原理深入与编程实战——Scala＋Java(微课视频版)	辛立伟
Spark 原理深入与编程实战(微课视频版)	辛立伟、张帆、张会娟
PySpark 原理深入与编程实战(微课视频版)	辛立伟、辛雨桐
HarmonyOS 原子化服务卡片原理与实战	李洋
鸿蒙应用程序开发	董昱
HarmonyOS App 开发从 0 到 1	张诏添、李凯杰
Android Runtime 源码解析	史宁宁
恶意代码逆向分析基础详解	刘晓阳
网络攻防中的匿名链路设计与实现	杨昌家
深度探索 Go 语言——对象模型与 runtime 的原理、特性及应用	封幼林
深入理解 Go 语言	刘丹冰

书　名	作　者
Spring Boot 3.0 开发实战	李西明、陈立为
全解深度学习——九大核心算法	于浩文
HuggingFace 自然语言处理详解——基于 BERT 中文模型的任务实战	李福林
动手学推荐系统——基于 PyTorch 的算法实现（微课视频版）	於方仁
深度学习——从零基础快速入门到项目实践	文青山
LangChain 与新时代生产力——AI 应用开发之路	陆梦阳、朱剑、孙罗庚、韩中俊
图像识别——深度学习模型理论与实战	于浩文
编程改变生活——用 PySide6/PyQt6 创建 GUI 程序（基础篇·微课视频版）	邢世通
编程改变生活——用 PySide6/PyQt6 创建 GUI 程序（进阶篇·微课视频版）	邢世通
编程改变生活——用 Python 提升你的能力（基础篇·微课视频版）	邢世通
编程改变生活——用 Python 提升你的能力（进阶篇·微课视频版）	邢世通
Python 量化交易实战——使用 vn.py 构建交易系统	欧阳鹏程
Python 从入门到全栈开发	钱超
Python 全栈开发——基础入门	夏正东
Python 全栈开发——高阶编程	夏正东
Python 全栈开发——数据分析	夏正东
Python 编程与科学计算（微课视频版）	李志远、黄化人、姚明菊 等
Python 数据分析实战——从 Excel 轻松入门 Pandas	曾贤志
Python 概率统计	李爽
Python 数据分析从 0 到 1	邓立文、俞心宇、牛瑶
Python 游戏编程项目开发实战	李志远
Java 多线程并发体系实战（微课视频版）	刘宁萌
从数据科学看懂数字化转型——数据如何改变世界	刘通
Dart 语言实战——基于 Flutter 框架的程序开发（第 2 版）	亢少军
Dart 语言实战——基于 Angular 框架的 Web 开发	刘仕文
FFmpeg 入门详解——音视频原理及应用	梅会东
FFmpeg 入门详解——SDK 二次开发与直播美颜原理及应用	梅会东
FFmpeg 入门详解——流媒体直播原理及应用	梅会东
FFmpeg 入门详解——命令行与音视频特效原理及应用	梅会东
FFmpeg 入门详解——音视频流媒体播放器原理及应用	梅会东
FFmpeg 入门详解——视频监控与 ONVIF＋GB28181 原理及应用	梅会东
Python 玩转数学问题——轻松学习 NumPy、SciPy 和 Matplotlib	张骞
Pandas 通关实战	黄福星
深入浅出 Power Query M 语言	黄福星
深入浅出 DAX——Excel Power Pivot 和 Power BI 高效数据分析	黄福星
从 Excel 到 Python 数据分析：Pandas、xlwings、openpyxl、Matplotlib 的交互与应用	黄福星
云原生开发实践	高尚衡
云计算管理配置与实战	杨昌家
HarmonyOS 从入门到精通 40 例	戈帅
OpenHarmony 轻量系统从入门到精通 50 例	戈帅
AR Foundation 增强现实开发实战（ARKit 版）	汪祥春
AR Foundation 增强现实开发实战（ARCore 版）	汪祥春